AF356345

LE

FOUR ÉLECTRIQUE

PAR

M. Henri MOISSAN

DE L'INSTITUT

PARIS

G. STEINHEIL, ÉDITEUR

2, RUE CASIMIR-DELAVIGNE, 2

1897

LE

FOUR ÉLECTRIQUE

IMPRIMERIE LEMALE ET Cie, HAVRE

LE
FOUR ÉLECTRIQUE

PAR

M. Henri MOISSAN

DE L'INSTITUT

PARIS

G. STEINHEIL, ÉDITEUR

2, RUE CASIMIR-DELAVIGNE, 2

1897

PRÉFACE

L'étude des fluorures de phosphore m'a conduit, après bien des tâtonnements et des recherches, à l'isolement du fluor. Lorsque j'ai su manier ce nouveau corps simple, j'ai pensé à utiliser ses réactions si énergiques à la reproduction du carbone cristallisé.

Tout d'abord j'ai démontré qu'il était facile de préparer deux fluorures de carbone gazeux. Mais ces gaz ne m'ont fourni, par leur décomposition pyrogénée, que du noir de fumée.

Si ces composés fluorés ne m'ont pas donné les résultats espérés, ils m'ont amené à reprendre l'étude méthodique des trois variétés de carbone et à rechercher leurs moyens de transformation.

Reconnaissant alors que la pression avait dû intervenir pour produire la cristallisation du charbon, je me suis servi de l'augmentation de volume qu'éprouve la fonte, au moment où elle passe de l'état liquide à l'état solide, pour obtenir une pression très énergique.

Cette expérience est réalisée vers 1000°, mais comme j'avais besoin de faire dissoudre beaucoup de carbone dans ma fonte, j'ai dû porter ce métal à une température très élevée. De là, l'invention de mon four électrique.

J'ai donc été conduit à construire un appareil de laboratoire pouvant se plier à toutes les conditions de la recherche. Je le crois simple et commode. En tous cas, il m'a rendu de grands services pour mener à bien cette étude de la reproduction du diamant, en même temps qu'il me permettait d'étendre nos connaissances sur la chimie des hautes températures.

Ce sont les résultats obtenus au moyen de cet appareil que je vais exposer dans ce volume. J'ai cru devoir les réunir pour en faire mieux comprendre l'importance.

Mais ce que je ne puis rendre dans ces chapitres successifs, c'est la joie que j'ai éprouvée à poursuivre toutes ces découvertes. Marcher dans un sillon nouvellement ouvert, se sentir les coudées franches et voir de tous côtés surgir de nouveaux sujets d'étude, procure un bonheur, que ceux-là seuls, qui ont éprouvé l'âpre plaisir de la recherche, peuvent entièrement comprendre. Aussi, lorsque mon ami G. Steinheil est venu me demander ce volume, j'ai accepté sans hésitation, car c'était une façon pour moi de revivre, en l'écrivant, ces nombreuses et bonnes heures de travail.

INTRODUCTION

Ce livre est divisé en quatre chapitres.

Dans le premier, nous décrivons les différents modèles des fours électriques que nous avons employés dans nos recherches. Nous appliquons ensuite ces appareils à l'étude de la fusion et de la volatilisation d'un certain nombre de corps réfractaires.

Le deuxième chapitre comprend l'étude des trois variétés de carbone : Carbones amorphes, graphites et diamants.

Le chapitre III a pour sujet la préparation au four électrique de quelques corps simples. Nous y décrivons les études exécutées au moyen du four électrique sur le Chrome, le Manganèse, le Molybdène, le Tungstène, l'Uranium, le Vanadium, le Zirconium, le Titane, le Silicium et l'Aluminium.

Enfin le chapitre IV contient les recherches entreprises sur de nouvelles séries de composés binaires : les carbures, siliciures et borures. Nous y indiquons la découverte de corps nouveaux dont nous donnons la préparation, les propriétés et l'analyse. La préparation du carbure de calcium, en particulier, a été le sujet de nouvelles recherches que nous reproduisons avec quelques détails.

Des conclusions générales terminent cet exposé.

FOUR ÉLECTRIQUE

CHAPITRE PREMIER

Description de différents modèles de fours électriques.

GÉNÉRALITÉS

Les températures les plus élevées atteintes dans l'industrie sont comprises entre 1700° et 1800°. Dans nos fourneaux de laboratoire, nous n'obtenons le plus souvent, même avec le charbon de cornue, que 1500° à 1600°. Dans ces conditions, les expériences deviennent déjà difficiles à conduire, et les recherches scientifiques se trouvent limitées aux points de fusion de la terre réfractaire et de la porcelaine.

La découverte du chalumeau à oxygène par Henri Sainte-Claire-Deville et Debray a rendu de grands services à la chimie. Non seulement, au moyen de cet appareil, il a été facile de fondre et d'affiner le platine, d'obtenir des alliages nouveaux, mais on a pu aussi étendre et généraliser un certain nombre de questions de chimie minérale.

La température que l'on peut atteindre avec cet appareil

alimenté par le gaz d'éclairage et l'oxygène est d'environ 2000°. D'après M. Violle, le point de fusion du platine est de 1775°. On sait que Deville et Debray n'ont pu trouver que la chaux vive pour résister à cette température élevée.

Ayant eu besoin, dans mes recherches relatives aux différentes variétés de carbone, de soumettre des métaux à une température supérieure à 2000°, j'ai songé à utiliser la chaleur fournie par l'arc électrique.

Le problème à résoudre était théoriquement très simple ; il consistait à placer dans une cavité aussi petite que possible et à une certaine distance au-dessus de la substance à chauffer, un arc de grande intensité. Les difficultés se sont présentées lorsque nous avons voulu traduire cet énoncé en un modèle maniable et peu coûteux.

Les appareils que je décris dans ce chapitre sont les premiers dans lesquels on ait nettement séparé l'action calorifique du courant, de son action électrolytique.

Antérieurement à nos recherches, différentes tentatives avaient été faites pour utiliser la grande chaleur fournie par l'arc électrique. Nous devons rappeler en particulier l'étude de Despretz portant pour titre : *Fusion et volatilisation des corps réfractaires. Note sur quelques expériences faites avec le triple concours de la pile voltaïque, du soleil et du chalumeau* (1). A la suite de ce premier travail, Despretz utilisa plus spécialement la chaleur produite par l'arc d'une pile puissante (2). Nous rappellerons, dans nos différents chapitres, les résultats obtenus par ce savant.

Dans l'étude de Despretz et dans quelques autres similaires,

____

(1) *Comptes rendus de l'Académie des Sciences*, t. **XXVIII**, p. 755 ; 1849.

(2) Notes sur la fusion et la volatilisation des corps. *Comptes rendus*, t. **XXIX**, p. 48, 545 et 712.

les matières que l'on voulait mettre en réaction étaient placées dans l'arc même. Dans ces conditions, la vapeur de carbone et les impuretés des électrodes, qui le plus souvent sont loin d'être négligeables, interviennent rapidement et compliquent beaucoup les conditions de l'expérience (1).

Nous ferons la même objection aux nombreux modèles de fours électriques industriels. Je ne rappellerai que pour mémoire les fours de Siemens et Hutington, de Cowles, de Grabau et d'Acheson.

Dans les premiers de ces appareils, le creuset formait l'une des électrodes et le courant traversait la masse à fondre de façon qu'il était difficile d'établir la part qui revenait dans l'expérience à l'action électrique du courant et celle qui était due à l'élévation de température de l'arc.

De plus, Siemens et Hutington opéraient dans un creuset de charbon. Ce dernier corps étant une substance bonne conductrice, on perdait, par rayonnement, une grande quantité de chaleur. Ce fait explique pourquoi Siemens n'est arrivé à fondre qu'avec beaucoup de difficultés et en petite quantité, la fonte de tungstène (2). Ce savant dit bien, dans un de ses brevets anglais, que l'on peut utiliser une enveloppe en chaux vive, mais il ne paraît pas avoir fait beaucoup d'expériences sur ce sujet, sans quoi il eût été frappé de la différence des résultats.

Néanmoins, nous ne devons pas oublier que c'est à Siemens et Hutington que nous devons le premier emploi d'un four électrique pratique.

Le four de Cowles répond très bien aux besoins industriels

(1) L'action produite par les impuretés des électrodes est d'autant plus importante que l'on opère sur de petites quantités de matière et pendant un temps très court.

(2) SIEMENS et HUTINGTON. Sur le fourneau électrique. *Association britannique*, Southampton, 1883, et *Ann. de ch. et de phys.*, t. XXX, p. 465 ; 1883.

pour lesquels il a été créé, mais on peut lui faire les mêmes objections qu'au four de Siemens.

Dans le four d'Acheson, une âme en graphite, placée au milieu des matières à combiner, sert de conducteur et divise le courant en formant, au début, un grand nombre d'arcs plus petits et d'intensité variable. A la place d'un arc unique, on obtient un court circuit dont la puissance calorifique ne s'établit d'une façon régulière que cinq heures après le début de l'expérience.

Ces différents appareils, employés dans l'industrie, étaient volumineux, peu applicables à la multiplicité des réactions de laboratoire. Ils ne pouvaient le plus souvent être employés avec des courants d'intensité variable.

J'ai voulu au contraire trouver un modèle de four électrique de laboratoire, qui pût se prêter à des études méthodiques et générales.

Dans les appareils que nous allons décrire, l'arc possède une grande régularité pendant toute la durée de l'expérience et son maniement est des plus faciles.

Mon four électrique n'est pas un appareil industriel, c'est un appareil de recherches. Il ne faudrait donc pas se baser sur les résultats qu'il peut fournir pour établir des prix de revient. L'industriel voudra toujours produire le cheval-an à un prix très peu élevé et obtenir un grand rendement. Pour moi, je n'avais pas à m'occuper de ces questions. J'ai voulu enfermer dans la plus petite cavité possible, l'arc électrique le plus intense, de façon à obtenir le maximum de température. Pour bien faire comprendre mon expérience, je prendrai la comparaison suivante : Pour remplir d'eau un réservoir qui fuit, il suffit d'amener l'eau en quantité beaucoup plus grande que celle qui doit être perdue par les fuites. D'autre part, pour réduire ces fuites au minimum, il faut former le four avec une matière aussi mauvaise conductrice que possible. Le choix de la chaux vive répond à ce desideratum.

Comme preuve, je citerai l'expérience suivante : le dôme du four électrique est formé par une plaque de chaux vive de trois centimètres d'épaisseur, sous laquelle l'arc jaillit pendant dix minutes. On peut prendre alors avec la main ce couvercle de chaux, dont la température extérieure n'a pas varié et dont la surface interne est formée d'une couche de chaux en fusion sur plusieurs décimètres carrés. Cette dernière fournit la lumière Drummont avec un tel éclat que l'œil ne peut en supporter l'intensité.

Une épaisseur de trois centimètres de chaux arrête donc complètement cette énorme émission de chaleur.

Le four électrique, qui nous a servi dans nos premières études sur la reproduction du diamant, s'est peu à peu modifié au fur et à mesure que la question a pris une plus grande étendue, et nous résumerons dans ce chapitre une série de modèles simples et pratiques que nous avons divisés de la façon suivante :

1° Four électrique en chaux vive ;

2° Four électrique en carbonate de chaux pour creusets ;

3° Four électrique à tube ;

4° Four électrique continu ;

5° Four à plusieurs arcs.

Nos premières expériences, sur le mode de chauffage par l'arc électrique, ont été faites avec une machine à gaz de quatre chevaux. La petite dynamo que nous employions à cette époque était du système Gramme. Elle fournissait un courant de 35 à 40 ampères et de 55 volts.

Pour employer un courant plus puissant, nous avons poursuivi nos études au Conservatoire des Arts et Métiers, où le directeur, M. le colonel Laussedat, a bien voulu mettre à notre disposition les ressources de ce bel établissement.

Dans ces conditions, nous avons pu utiliser, et cela pendant plusieurs années, une machine à vapeur de 45 chevaux qui actionnait une dynamo du système Edison. Le courant obtenu pouvait atteindre 440 ampères et 80 volts.

Lorsque nous avons eu besoin de courants plus intenses, nous nous sommes adressé à l'industrie, et M. Fontaine, de la Société Gramme, a obligeamment consenti à nous prêter une de ses dynamos actionnée par une machine de 100 chevaux.

Plus tard, la Compagnie des chemins de fer de l'Est a bien voulu mettre à notre service un courant de 60 à 100 chevaux.

Enfin, comme nous voulions pousser plus loin nos recherches, M. Meyer, directeur de la Société Edison, nous a gracieusement offert de venir travailler à l'usine centrale d'éclairage de l'avenue Trudaine qui, tous les soirs, met en mouvement une force de 2,000 chevaux.

Dans de nombreuses expériences, nous en avons utilisé 150 et même 300 et, pour le but scientifique que nous poursuivions, il nous a semblé inutile d'aller au delà.

C'est un devoir agréable pour moi, d'adresser mes sincères remerciements à tous ceux qui ont bien voulu mettre de pareils moyens de recherche à ma disposition, et qui, par cela même, sont devenus mes collaborateurs.

Four électrique en chaux vive.

Notre premier modèle de four électrique, présenté à l'Académie des Sciences en décembre 1892, était en chaux vive (1). Il se composait de deux briques de chaux bien dressées et appli-

---

(1) HENRI MOISSAN. Sur un nouveau modèle de four électrique. *Comptes rendus*, t. CXV, p. 988.

quées l'une sur l'autre. La brique inférieure porte une rainure longitudinale qui reçoit les deux électrodes, et au milieu se trouve une petite cavité servant de creuset (fig. 1). Cette cavité peut être plus ou moins profonde et contient une couche de quelques centimètres de la substance sur laquelle doit porter l'action calorifique de l'arc. On peut aussi y installer un petit creuset de charbon renfermant la matière qui doit être calcinée. La brique supérieure est légèrement creusée dans la partie qui se trouve au-dessus de l'arc. Comme la puissance calorifique du courant ne tarde pas à fondre la surface de la chaux et à lui donner par cela même un beau poli, on obtient, dans ces condi-

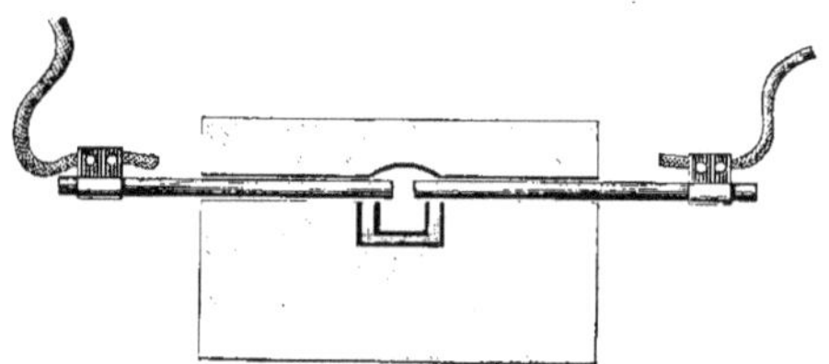

Fig.1. — Schéma du four électrique.

tions, un dôme qui réfléchit toute la chaleur sur la petite cavité qui contient le creuset.

Les électrodes sont rendues facilement mobiles, au moyen de de deux supports que l'on déplace, ou mieux, de deux glissières qui se meuvent sur un madrier (fig. 2).

Ce qui différencie ce four électrique de ceux employés jusqu'ici, c'est que la matière à chauffer ne se trouve pas en contact avec l'arc électrique, c'est-à-dire avec la vapeur de carbone.

Cet appareil est un four électrique à réverbère, avec électrodes mobiles. Ce dernier point a aussi son importance, car la mobilité des électrodes donne une très grande facilité pour établir l'arc, pour l'étendre ou le raccourcir à volonté ; en un mot, elle simplifie beaucoup la conduite des expériences.

Disposition du four. — Dans nos premières recherches, ainsi que nous l'avons fait remarquer précédemment, nous avons employé une petite machine Gramme, actionnée par une machine à gaz de 4 chevaux. Le plus souvent, le courant qui traversait le four indiquait 35 à 40 ampères et 55 volts. Dans ces conditions, la brique inférieure en chaux vive avait pour dimensions 16^{cm} à 18^{cm} de long sur 15^{cm} de large et sur 8^{cm} d'épaisseur. La brique supérieure, qui formait le couvercle, présentait la même surface avec une épaisseur de 5^{cm} à 6^{cm}.

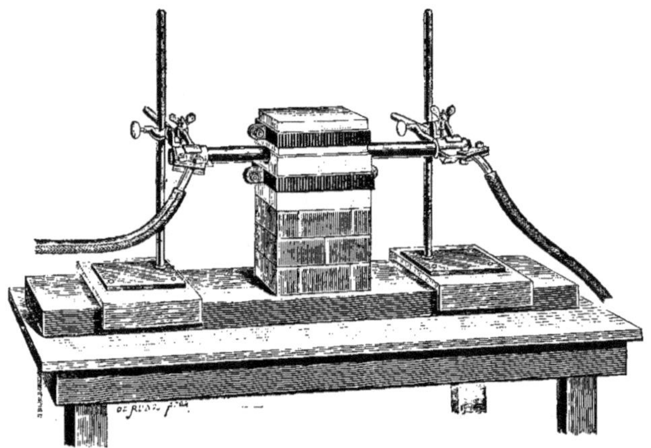

FIG. 2. — Four électrique pour courants de 70 volts et 400 ampères.

Cette grandeur d'appareil est encore suffisante, pour un courant de 100 à 125 ampères et de 50 à 60 volts.

Lorsque l'on utilise des courants à plus haute tension, il est utile d'augmenter de 2^{cm} ou 3^{cm} les trois dimensions du four. Avec des fours de 22^{cm} à 25^{cm} de long, on peut très bien employer l'arc d'un courant de 450 ampères et 75 volts (fig. 2).

La chaux, employée dans ces recherches, était une chaux légèrement hydraulique, appartenant au bassin parisien et dite « du banc vert ». Elle se taille et se tourne avec facilité. C'est d'ailleurs celle que Deville et Debray ont préconisée pour leurs petites fusions de platine.

Électrodes. — Les électrodes étaient formées par des cylindres de charbon aussi exempts que possible de matières minérales; nous avons rencontré quelques difficultés au début de ces recherches pour les obtenir de l'industrie dans de bonnes conditions de pureté.

Ces électrodes doivent être faites avec du charbon de cornue réduit en poudre et choisi dans le dôme de la cornue. Cette poussière de charbon est traitée aux acides pour la débarrasser autant que possible du fer qu'elle contient : elle est ensuite lavée et calcinée et finalement agglomérée au moyen de goudron. Les cylindres sont formés par une pression qui doit être très élevée et très régulière; enfin, ils sont séchés avec précaution et calcinés à une température très élevée (1).

On doit rechercher si, pour en faciliter la fabrication, on n'a pas ajouté au charbon soit de l'acide borique, soit des silicates; nous refusions tout charbon qui contenait ces matières et qui renfermait plus de 1 pour 100 de cendres.

Pour les petits fours en chaux vive, nous employions des électrodes de 20^{cm} de longueur, et de 12^{mm} de diamètre. Avec les tensions de 120 ampères et de 50 volts, nous prenions des cylindres de 40^{cm} de longueur et de 16^{mm} à 18^{mm} de diamètre. Lorsque l'on marche avec une machine de 40 à 45 chevaux on

---

(1) Au début de ces expériences, j'ai employé des électrodes en charbon de cornue, faites au tour. Sous l'action de l'arc, l'extrémité de ces électrodes s'élargit en forme d'éventail, au moment où le carbone se transforme en graphite. Ce fait avait été déjà signalé par DESPRETZ. *Comptes rendus de l'Académie des Sciences*, t. XXIX, p. 716.

emploie des électrodes de 40^{cm} de longueur et de 27^{mm} de diamètre.

Les extrémités des électrodes, entre lesquelles l'arc devait jaillir, étaient taillées en cônes bien pointus. Cette précaution est importante, surtout pour les petites tensions. Vient-on à l'oublier? il est parfois très difficile de rallumer l'arc lorsqu'il s'est éteint au début de l'expérience. Avec les tensions de 350 ampères et 60 volts, nous n'employions qu'une seule électrode terminée en pointe; la section de l'autre restait plane. D'ailleurs toute difficulté disparaît aussitôt que le four est chaud et qu'il est rempli de vapeurs bonnes conductrices qui permettent de rallumer l'arc avec la plus grande facilité.

Les câbles, qui amènent le courant, sont réunis au charbon au moyen de mâchoires de cuivre, serrées par des écrous. Ce dispositif est déjà employé depuis longtemps dans l'industrie pour les courants à tension élevée.

Creusets. — Pendant la première période de nos recherches, nous avons employé des creusets en charbon de cornue qui étaient faits au tour et en un seul morceau. Ces creusets ont la forme d'un cylindre; ils portent deux encoches placées aux extrémités d'un même diamètre assez grandes pour laisser passer avec facilité les électrodes.

Avec des machines de 4 à 8 chevaux nous avons employé des creusets de 3^{cm} de diamètre extérieur et de 2^{cm} de diamètre intérieur. Leur hauteur était de 4^{cm} et l'encoche avait $1^{cm},5$ de profondeur.

Ces creusets, en charbon de cornue, ont l'inconvénient de se gonfler beaucoup lorsqu'ils se transforment en graphite sous l'action calorifique de l'arc. A notre demande, plusieurs industriels nous ont fabriqué des creusets en aggloméré faits au moule, par compression et d'une seule pièce, qui ont conservé leur forme sous l'action des températures les plus élevées. Après l'expérience, on les trouve formés par un feutrage assez fin de lamelles de graphite possédant une rigidité suffisante.

Il est utile de maintenir un espace annulaire vide autour du creuset, de façon que les rayons calorifiques réfléchis par le dôme puissent l'envelopper complètement.

Il ne faut pas oublier non plus que la chaux est facilement réduite à ces hautes températures par le carbone pour fournir un carbure de calcium (1). Lorsque l'on veut chauffer un creuset dans ce four en chaux, il faut donc avoir soin de tasser une couche de magnésie au fond de la cavité du four. L'oxyde de magnésium est en effet le seul oxyde irréductible par le charbon que nous ayons rencontré. Lorsque l'expérience dure assez longtemps, la magnésie peut fondre, se combiner à la chaux déjà liquide, qui existe dans le four, se volatiliser même, mais elle ne fournit pas de carbure.

Conduite de l'expérience. —Prenons comme exemple l'expérience qui démontre la volatilisation de la chaux vive.

Nous n'avons pas besoin ici de creuset, puisque nous opérons sur la matière même du four. On commence par découper dans la brique inférieure une petite cavité de 2^{cm} à 3^{cm} de profondeur. Les électrodes sont ensuite placées dans les rainures et fixées par une pince aux montants que supportent les glissières (voir fig. 2), enfin rapprochées à 2^{cm} ou 3^{cm} l'une de l'autre, de façon que la première se trouve exactement au-dessus du centre de la cavité. On fait passer le courant de la dynamo dans le circuit et, en approchant lentement la seconde électrode de la première, on établit le contact et l'arc jaillit.

On perçoit aussitôt une odeur très pénétrante d'acide cyan-

---

(1) H. Moissan. Préparation d'un carbure de calcium cristallisé ; propriétés de ce nouveau corps. *Comptes rendus*, t. CXVIII, p. 501.

hydrique. La petite quantité de vapeur d'eau, qui se trouve dans les électrodes, fournit, avec le carbone, de l'acétylène. Ce gaz, en présence de l'azote que renferme le four au début de l'expérience, réalise, sous l'action puissante de l'arc, la belle synthèse de l'acide cyanhydrique découverte par M. Berthelot.

La lumière émise par le four électrique, colorée par la flamme de cyanogène, a pris tout d'abord une belle teinte pourpre qui disparaît bientôt. Il faut avoir soin dès le début de ne pas trop écarter les électrodes; lorsque le four est encore froid, l'arc s'éteint avec facilité. Quelques instants plus tard, il n'en est plus de même; on peut alors donner à l'arc une longueur un peu plus grande. Au début l'arc, même avec des courants intenses, n'atteint pas 1^{cm}; tandis qu'à la fin de l'expérience, il possède en général une longueur de 2^{cm} à 2^{cm} 1/2. Si le four est rempli d'une vapeur métallique bonne conductrice (aluminium par exemple), on doit éloigner les électrodes de 5^{cm} à 6^{cm}. La grandeur de l'arc sera donc réglée d'après la marche du volt-mètre et de l'ampère-mètre, de façon à avoir toujours une résistance à peu près constante et à maintenir la dynamo dans son régime normal.

Avec un courant de 360 ampères et 70 volts, après trois à quatre minutes, les électrodes ne tardent pas à rougir ; puis des flammes éclatantes de 40^{cm} à 50^{cm} de longueur jaillissent avec force par les ouvertures qui donnent passage aux électrodes de chaque côté du four (fig. 3). Les flammes sont surmontées de torrents de fumées blanches ; elles sont produites par la volatilisation de la chaux et il est facile de les condenser en partie sur un corps froid. Ces vapeurs se répandent dans l'atmosphère et restent plusieurs heures en suspension.

Avec un courant de 400 ampères et 80 volts l'expérience se réalise en cinq à six minutes ; sous l'action d'un courant de

8oo ampères et de 110 volts, on peut volatiliser en cinq minutes plus de cent grammes d'oxyde de calcium.

Au début de la chauffe, l'arc possède une certaine mobilité et le four ronfle beaucoup, mais en peu d'instants, les vapeurs métalliques augmentent la conductibilité; l'écoulement de l'électricité se fait avec régularité et sans bruit. La chaleur et la lumière deviennent alors très intenses à l'intérieur du four. Lorsque l'expérience est terminée, on enlève la brique de chaux supérieure et l'on remarque de suite que la partie soumise à l'action

Fig. 3. — Four électrique en marche.

calorifique de l'arc est absolument fondue. Avec une machine de 5o à 100 chevaux, il se forme souvent sur le couvercle de véritables stalactites de chaux fondue qui ont coulé lentement du dôme, puis qui se sont solidifiées à la fin de l'expérience ; elles ont ensuite l'apparence de la cire.

La conductibilité de la chaux vive est tellement faible, que l'on peut conserver sur la main, ainsi que nous le faisions remarquer plus haut, cette brique de chaux retournée, dont la partie externe a été portée à une si haute température qu'elle est fondue et qu'elle continue à émettre, par rayonnement, une énorme quantité de chaleur et de lumière. La mauvaise conductibilité de la chaux vive a été entièrement favorable à nos expériences ; elle empêche la déperdition de cette chaleur que nous cherchons à emmagasiner dans le plus petit espace possible. Aussi, comme la magnésie est bien meilleure conductrice de la chaleur que la chaux, lorsque nous avons essayé de fabriquer un four électrique entièrement en magnésie, les résultats ont été moins satisfaisants. Un four de même forme construit en charbon, bien que les électrodes aient été isolées au moyen de tubes de magnésie, a donné, à cause de sa conductibilité, une perte énorme de calorique.

Après l'expérience, le charbon positif ne présente que peu d'usure, tandis que le négatif est rongé plus ou moins profondément. Les extrémités des électrodes, sur une longueur de 8^{cm} à 10^{cm}, sont entièrement transformées en graphite.

Lorsque l'on emploie des courants à haute tension, il est très utile de prendre certaines précautions et d'isoler avec soin les conducteurs.

Quand le four est en pleine marche, sous l'action d'une machine de 100 chevaux, les vapeurs qui l'emplissent étant bonnes conductrices du courant, il arrive parfois qu'il se produit un courant dérivé ; on éprouve quelques secousses au moment où les mains sont mises en contact avec les supports ou les électrodes.

D'ailleurs, même avec des courants de 30 ampères et 50 volts, tels que ceux employés au début de cette étude, il est indispensable de ne pas exposer le visage à une action prolongée de la lumière électrique et de toujours garantir les yeux avec des lunettes à verres très foncés. Les coups de soleils électriques ont été fréquents au début de ces recherches et l'irritation produite par l'arc, sur les yeux, peut amener des congestions très douloureuses. Ce sont surtout les petites tensions qui produisent ce dernier accident parce que, la chaleur étant plus faible, on veut regarder ce qui se produit pendant la marche du four.

Dans toutes nos recherches, nous n'avons employé que des courants continus.

Enfin, il est un dernier point sur lequel on ne saurait trop appeler l'attention des savants ou des industriels qui voudront répéter ces expériences.

Lorsque l'on emploie un four en pierre calcaire, il se forme une grande quantité d'acide carbonique. Ce composé, au contact des électrodes portées au rouge et de la vapeur de carbone, produit, d'une façon continue, un dégagement d'oxyde de carbone. Les cylindres de charbon qui constituent les électrodes en fournissent aussi une petite quantité. Ce gaz n'est brûlé qu'incomplètement et si l'on ne prend pas de grandes précautions pour ventiler le local dans lequel se font ces expériences, les opérateurs ne tardent pas à présenter les symptômes de l'empoisonnement par l'oxyde de carbone. On éprouve d'abord des céphalées intenses, des nausées et une lassitude générale. Il est indispensable, dans ces conditions, de se soustraire pendant plusieurs semaines à ce dégagement toxiquede d'oxyde carbone que l'on n'évite jamais complètement.

Ce premier modèle de four électrique en chaux nous a servi à étudier la cristallisation des oxydes métalliques, à préparer le graphite foisonnant, à établir la facile volatilisation du platine et la solubilité du carbone dans le silicium, dans le platine et dans un grand nombre de métaux.

La difficulté de trouver (surtout en hiver) des blocs de chaux un peu grands, non gercés et bien homogènes, nous a fait substituer assez rapidement le carbonate de chaux ou pierre à bâtir à la chaux vive. Cependant, j'emploie encore aujourd'hui ce modèle de four quand je tiens à éviter les dégagements abondants d'acide carbonique. Dans l'affinage de certains métaux, du chrome par exemple, nous utilisons encore ce four électrique.

Four électrique en carbonate de chaux pour creusets.

On peut remplacer, comme l'ont indiqué Deville et Debray à propos de leurs grandes fusions de platine, la chaux vive par un bloc de pierre de Courson ou de tout autre calcaire naturel contenant peu de silicium (1).

Ce carbonate de chaux, que l'on choisit à grain fin, possède deux avantages : d'abord de présenter une plus grande solidité, et ensuite de se rencontrer facilement en fragments aussi volumineux qu'on peut le désirer.

Disposition du four. — On donne à la pierre la forme d'un parallélépipède régulier dont la grandeur variera avec l'intensité du courant.

Avec une machine de 4 chevaux, le four sera formé par deux briques dont l'inférieure aura 10^{cm} de hauteur, 18^{cm} de longueur et 15^{cm} de largeur. Le couvercle présentera la même surface et une épaisseur de 8 à 10^{cm}.

Pour une machine de 45 chevaux, les dimensions seront les suivantes : hauteur de la brique inférieure 15^{cm}, largeur 20^{cm}, longueur 30^{cm}; couvercle, hauteur 11^{cm}.

Avec une machine de 100 chevaux, hauteur de la brique

---

(1) *Procès-verbaux de la Commission internationale du mètre*. Exposé de la situation des travaux au 1ᵉʳ octobre 1873, p. 9.

inférieure 20^{cm}, longueur 35^{cm}, largeur 30^{cm}; couvercle, hauteur 15^{cm}. Un semblable four, lorsqu'il est bien conduit, peut aisément servir pendant sept ou huit expériences consécutives.

Si l'on emploie une force motrice supérieure, la forme du four peut varier suivant l'expérience à réaliser, et, comme la chaux à ces hautes tensions devient volatile, il est bon de former la partie inférieure du four par un assemblage de plaques alternées de magnésie et de charbon. Nous décrirons plus loin ce dernier modèle.

Il est très important de dessécher avec soin les blocs de pierre qui servent de four. Pour cela, on les maintient, pendant douze ou vingt-quatre heures, à la partie supérieure d'un générateur à vapeur ou dans les cendres d'un foyer de machine ou de calorifère.

Lorsque le bloc de pierre est bien sec, il est rare qu'il se fendille sous l'action de la chaleur produite par l'arc électrique. Pour prévenir cet accident, nous avons l'habitude d'entourer le four et le couvercle d'une bande métallique, en ayant bien soin de la placer assez loin des électrodes, pour ne pas produire de court circuit. On peut aussi disposer le parallélipipède inférieur dans une boîte de tôle de dimension voulue. Avant la dessiccation, on a percé, au milieu du bloc, un cylindre toujours plus grand que le creuset qu'il doit recevoir. Deux rainures permettent de faire glisser les électrodes et leur largeur dépend du diamètre de ces dernières.

Le creuset sera toujours placé sur un lit de magnésie, de façon à éviter la formation du carbure de calcium qui, en peu d'instants, le mettrait hors d'usage. Il est utile aussi de laisser 1^{cm} ou 2^{cm} de jeu entre le creuset et la paroi cylindrique du four, pour que la chaleur puisse rayonner librement tout autour.

Lorsque l'on veut condenser les vapeurs de corps difficilement volatilisables à haute température, nous avons employé un tube métallique refroidi intérieurement par un courant d'eau. On sait que ce dispositif a fourni d'intéressants résultats à Deville dans ses belles recherches sur la dissociation.

Nous nous sommes servi, dans ces expériences, d'un tube de cuivre courbé en U de 15^{mm} de diamètre, et traversé par un courant d'eau ayant une pression d'environ 1 atmosphère. La partie courbée du tube en U était introduite dans le four électrique à 2^{cm} au-dessous de l'arc et au-dessus du creuset qui renfermait la subtance à volatiliser ; de plus, une feuille de carton d'amiante, placée auprès de l'ouverture qui livrait passage au tube froid, permettait de condenser les vapeurs métalliques qui sortaient du four en abondance. La température de l'eau qui traverse le tube de cuivre ne s'élève que de 2 ou 3 degrés.

Électrodes. — Les diamètres des électrodes varient naturellement avec la force du courant, ainsi que nous l'avons indiqué à propos du four en chaux vive. Lorsque l'on dépasse 100 chevaux, on emploie des cylindres de charbon qui ont 55^{mm} de longueur et 4^{cm} de diamètre. Pour une force de 200 à 300 chevaux, nous avons utilisé des électrodes de 5^{cm} de diamètre.

Dans ces derniers cas, la réunion des câbles souples, qui amènent le courant aux électrodes de charbon, présente une petite difficulté. On doit éviter, avec soin, tout contact qui ne serait pas parfait, car il se forme de suite un arc assez intense pour fondre la mâchoire et l'extrémité du câble. Pour éviter ces accidents, nous nous sommes servi de mâchoires de cuivre représentées dans la figure 4. Le contact est assuré au moyen d'une toile métallique qui serre fortement l'extrémité de l'électrode, en faisant plusieurs tours et qui est écrasée par la mâchoire.

Creusets. — Nous avons indiqué précédemment les précautions à prendre pour la fabrication des creusets.

Pour une machine de 45 chevaux, les creusets ont 6^{cm} de diamètre et 3^{cm} d'échancrure. Lorsqu'il s'agit de tensions élevées atteignant 800 ampères et 110 volts, le diamètre intérieur des creusets est de 7^{cm},5, le diamètre extérieur de 9^{cm} et la hauteur extérieure de 10^{cm} sans échancrures. Dans ces creusets, on peut préparer en cinq ou six minutes, de 300 à 400 gr. d'uranium ou de tungstène fondu.

Nous avons employé aussi des creusets en magnésie de même

FIG. 4. — Four électrique avec supports pour courants de 110 volts et 1000 ampères.

dimension ; cette magnésie était préparée dans des conditions spéciales, ainsi que nous allons l'indiquer.

Emploi de plaques alternées de charbon et de magnésie. — Lorsque l'on emploie des courants ayant des tensions de 1200 à 2000 ampères et 100 volts, les fours en chaux, si leur cavité n'est pas très grande, sont rapidement mis hors d'usage. En enfermant l'arc intense, produit par ce courant, dans un four en pierre calcaire dont la cavité intérieure mesurait 10^{cm} de diamètre, nous avons obtenu les résultats suivants : fusion de la chaux qui coule comme de l'eau, volatilisation de cette dernière qui, en quelques instants, donne des torrents de fumée, sifflement de vapeurs par les ouvertures qui donnent passage aux électrodes, crépitations continues produites par de petits fragments de carbonate de chaux qui tombent dans la masse et sont immédiatement dissociés, projection de chaux fondue, enfin soulèvement du couvercle sous l'action des gaz et des vapeurs surchauffées. Dans ces conditions, l'expérience n'est plus très maniable. Si l'on augmente la cavité du four, l'arc peut alors donner de meilleurs résultats.

Lorsque l'on veut utiliser ces tensions élevées, il est bon de creuser au milieu de la pierre une cavité assez grande qui présente aussi la forme d'un parallélipipède et qui contient des plaques alternées de $0^m,01$ d'épaisseur, d'abord de magnésie et ensuite de charbon. Ces plaques, au nombre de quatre, sont disposées de telle sorte que la magnésie soit toujours au contact de la chaux vive et que la plaquette de charbon soit à l'intérieur du four. L'oxyde de magnésium, étant irréductible par le charbon, ne pourra disparaître que par volatilisation, tandis que, à ces hautes températures, la chaux fondrait au contact du charbon, et produirait avec facilité un carbure de calcium liquide. Le dessus de la cavité du four peut se former de même par un ensemble de plaques de magnésie et de charbon ; mais le plus souvent, on se contentait d'un couvercle en pierre portant une cavité de forme ellipsoïdale de 3^{cm} à 4^{cm} de profondeur.

Un four, disposé dans ces conditions, peut marcher avec facilité pendant plusieurs heures et permet alors de réaliser des expériences de longue durée.

Préparation de la magnésie. — La magnésie, employée dans ces expériences, a été préparée d'après les indications de

M. Schlœsing (1). Il faut, en effet, débarrasser cet oxyde des petites impuretés qu'il pourrait contenir et qui abaissent considérablement son point de fusion. Pour obtenir ce résultat, l'hydrocarbonate de magnésie est calciné pendant plusieurs heures au four Perrot. Réduite ensuite en poudre fine, la magnésie obtenue est mise à digérer avec une solution étendue de carbonate d'ammoniaque, puis lavée à grande eau et calcinée à la plus haute température que puisse fournir un bon fourneau à vent. Par addition d'eau, on forme avec cette magnésie une pâte épaisse, qui, par compression dans des moules en bois, fournit des plaquettes que l'on abandonne à une dessiccation lente. Ces plaques sont enfin cuites au moufle (2).

Ainsi que M. Schlœsing l'a établi, cette magnésie ne présente plus de retrait à la température d'un fourneau à vent, et ne subit aucune action de la part des agents atmosphériques. Il va de soi que, aux températures du four électrique, elle donnera un nouveau retrait. Mais dans ces nouvelles conditions, tout en restant très légère, elle prend un aspect cristallin et sa solidité augmente.

M. Ditte a déjà démontré (3) que, sous l'action de la chaleur, la magnésie se polymérisait facilement et que sa densité pouvait s'élever de 3,193 à 3,569. La magnésie des plaques du four électrique atteint une densité de 3,589 et celle qui a été fondue de 3,654. Nous avons démontré précédemment que la chaux, fondue ou cristallisée au four électrique, a la même densité que la chaux préparée à 800°. L'irréductibilité de la magnésie tient peut-être à ce pouvoir de polymérisation qu'elle possède.

(1) SCHLŒSING. Industrie de la magnésie. *Comptes rendus*, t. CI, p. 131.

(2) Cette magnésie, additionnée d'une petite quantité d'eau et comprimée très fortement à la presse hydraulique, fournit une masse très dure rayant le marbre et la fluorine.

(3) DITTE. De l'influence qu'exerce la calcination de quelques oxydes métalliques sur la chaleur dégagée pendant leur combinaison. *Comptes rendus*, t. LXXIII, p. 111 et 270.

Le modèle de four électrique, en pierre calcaire, nous a permis de conduire nos expériences avec beaucoup plus de rapidité. C'est grâce à cet appareil que j'ai pu réaliser la production du diamant noir et du diamant transparent et cristallisé, la préparation par kilogrammes et l'affinage du chrome, de l'uranium, du tungstène, du molybdène, du zirconium et du vanadium.

C'est lui qui m'a permis d'amener la silice et la zircone à l'état gazeux, de distiller ces composés, d'établir la volatilisation, par la chaleur de l'arc, du cuivre, de l'aluminium, de l'or, du fer, de l'uranium, du silicium et du carbone. C'est encore dans ce modèle de four que j'ai pu préparer, avec facilité, le siliciure de carbone, le borure de carbone, le borure de silicium, les carbures de calcium, de baryum et de strontium cristallisés, le carbure d'aluminium, les différents borures et siliciures cristallisés, etc., etc.

Four électrique à tube.

La disposition du four à creusets que nous venons de décrire permet de chauffer des masses assez grandes à une température élevée, mais on ne peut éviter, avec ce modèle de four, l'action des gaz qui emplissent l'appareil. Pendant toute la durée de l'expérience, l'acide carbonique qui se produit par suite de la décomposition du carbonate de chaux est en grande partie transformé en oxyde de carbone. L'eau qui se rencontre toujours dans la pierre, malgré une dessiccation aussi parfaite que possible, fournit d'une façon constante un mélange d'hydrogène et d'oxyde de carbone.

Voulant éviter l'action de ces gaz dans certaines réactions, nous avons donné à notre four électrique la forme suivante :

Un bloc de pierre à grain fin (aussi complètement exempt de

silice que possible) est coupé sous forme d'un parallélipipède possédant 15ᶜᵐ de hauteur, 30ᶜᵐ de longueur et 25ᶜᵐ de largeur.

Les parois de la cavité intérieure sont garnies de plaques alternées de magnésie et de charbon, ainsi que nous l'avons indiqué précédemment, et la fermeture se produit au moyen d'un bloc de la même pierre. Enfin un tube de charbon traverse le four et les plaquettes latérales perpendiculairement aux électrodes. Son diamètre intérieur peut varier de 5ᵐᵐ à 40ᵐᵐ, et il est dis-

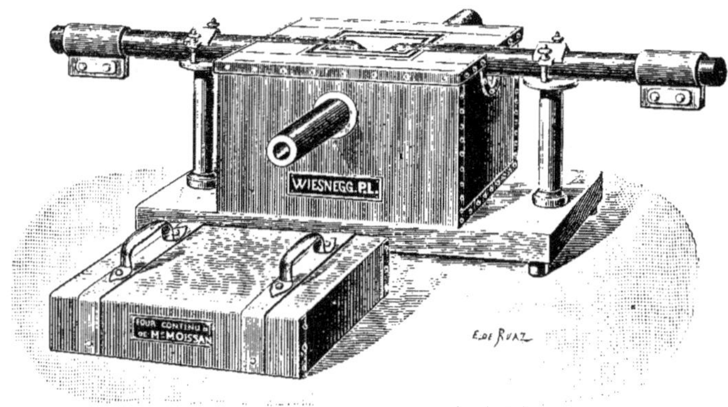

Fɪɢ. 5. — Four à tube horizontal.

posé de façon à se trouver à 1ᶜᵐ au-dessous de l'arc et à 1ᶜᵐ au-dessus du fond.

L'appareil, disposé dans ces conditions (fig. 5), peut être chauffé pendant plusieurs heures avec des courants qui ont varié de 300 ampères et 70 volts à 1000 ampères et 60 volts. La partie du tube de charbon, exposée à cette haute température, se transforme entièrement en graphite. Mais, si le tube est en carbone pur, s'il ne touche pas la chaux (1), et s'il a été pré-

____

(1) Les électrodes et le tube sont séparés de la chaux par une petite couche de magnésie.

paré avec soin et sous une forte pression, le graphite forme un véritable feutrage et le diamètre du tube ne change pas sensiblement.

Dans différentes expériences, nous avons placé le tube au-dessus de l'arc, mais, dans ces nouvelles conditions, la température est moins élevée.

Si l'on veut éviter l'action directe du carbone sur les corps mis en expérience, on peut donner au tube de charbon un revêtement intérieur ou extérieur en magnésie. L'expérience alors est limitée, il est vrai, par la vaporisation de cet oxyde; mais, avant d'en arriver à ce degré de chaleur, on comprend qu'il existe un grand nombre d'études intéressantes à réaliser.

Aucune autre matière que le charbon n'a pu être employée pour la fabrication du tube horizontal. Tous les autres corps que nous rencontrons dans la nature, ou que nous pouvons préparer dans le laboratoire, fondent et se volatilisent avant le carbone.

Ces tubes de charbon ont le grave inconvénient de présenter une porosité notable; nous avons cherché à l'éviter le plus possible, en employant des tubes doubles ou des tubes recouverts de magnésie. Tous les essais tentés pour fondre à leur surface une couverte de siliciure de carbone, de borure de carbone, ou d'autres carbures, ont été infructueux : nous poursuivons cependant cette étude, car il serait très utile, pour les recherches délicates qui restent à entreprendre aux températures élevées, de préparer des tubes d'une étanchéité parfaite.

Ces tubes de charbon étaient fermés à leurs extrémités par des bouchons en magnésie moulée ou en pierre ponce taillée. Ces bouchons portaient, suivant leur axe, des ouvertures cylindriques qui donnaient passage à des tubes de verre. Ces différentes pièces glissaient les unes dans les autres, à frottement doux et l'on obtenait une fermeture complète, au moyen d'un lut formé de magnésie et de silicate alcalin.

Lorsque les substances à chauffer devaient être placées dans des nacelles, on se servait des tubes de charbon ayant 4^{cm} de diamètre et 50^{cm} de longueur.

Nous avons pu, dans ces conditions, fondre et volatiliser différents composés dans un courant d'azote ou d'hydrogène avec la plus grande facilité. Toutefois les courants gazeux, employés dans ces expériences, devaient être très rapides et les gaz séchés avec le plus grand soin.

Ce modèle de four nous a servi aussi a aborder l'étude de quelques réactions gazeuses aux hautes températures fournies par l'arc électrique. Nous espérons publier ultérieurement les résultats des recherches délicates que nous poursuivons sur ce sujet.

C'est au moyen de ce four électrique à tube, que nous avons pu préparer le siliciure de carbone cristallisé, pur et incolore, par l'union directe de la vapeur de carbone et de la vapeur de silicium. Cet appareil nous a servi dans les études sur les borures de fer, de cobalt et de nickel cristallisés ; dans la préparation du zirconium, du carbure d'aluminium pur, du carbure de titane, des carbures des métaux de la cérite, et dans l'étude de différents azotures. On pourra l'employer avec facilité chaque fois qu'il s'agira de préparer un composé dans une atmosphère gazeuse déterminée.

Four électrique continu.

L'appareil que je viens de décrire possède un tube de charbon horizontal ; si l'on incline ce tube de $30°$, le four se transforme aussitôt en un appareil de production des métaux réfractaires, appareil continu au milieu duquel on peut amener, par glissement, le mélange d'oxyde à réduire et de charbon, tandis que le métal liquide s'écoule avec facilité sur ce plan incliné. Dans ce four électrique continu, comme d'ailleurs dans le four électrique à tube, je sépare complètement les phénomènes électrolytiques des phénomènes calorifiques.

Avec un courant de 600 ampères et 60 volts, il est facile d'obtenir, en une heure, un culot de chrome métallique fondu d'environ 2^{kg}. Le métal est reçu dans une cavité creusée dans la pierre calcaire et brasquée intérieurement de sesquioxyde de chrome. Le métal reste liquide un certain temps, perd tous les gaz qu'il contenait en solution et subit un commencement d'affinage. On obtient ainsi une masse qui, après solidification, est formée d'un métal blanc très dur, à grain fin, prenant un beau brillant par le polissage.

Four à plusieurs arcs.

Dans les recherches que l'on peut entreprendre au moyen du four électrique, il y a deux cas bien nets qui peuvent se présenter :

1° S'agit-il d'atteindre une température très élevée? On enfermera un arc puissant dans la plus petite cavité possible. C'est le cas du four en chaux ou du four à creuset que nous venons de décrire précédemment. Dans ces conditions, la chaleur porte rapidement son action sur les parois du four; la chaux ou la magnésie fondent et se volatilisent avec rapidité. Avec des courants de 1200 ampères et 110 volts, l'appareil est mis hors d'usage en dix ou quinze minutes.

2° Au contraire, veut-on produire une notable quantité d'un métal qui se forme à haute température ; nous devons alors donner au four électrique une cavité plus grande et utiliser sa chaleur au fur et à mesure qu'elle se produit, en lui fournissant, d'une façon continue, un travail à effectuer. Dans ce deuxième cas, on devra employer le four à tube incliné ou le four à sole.

Il est le plus souvent possible de former une sole assez réfractaire pour supporter le métal liquide à obtenir, et dans ce cas, pour régulariser la chaleur sur une surface plus grande, nous diviserons notre courant en plusieurs arcs.

En employant une sole légèrement inclinée, on peut amener, à la partie supérieure, le mélange aggloméré d'oxyde et de charbon. Sous l'action d'un ou de deux arcs le métal se produit, coule sur la sole, s'accumule à la partie inférieure où un autre arc le maintient liquide pendant que l'affinage se produit. On peut faire écouler le métal liquide par un trou de coulée que l'on débouche à la fin de l'opération. Dans un essai fait en petit, nous avons pu couler ainsi, en une fois, 10^{kg} de chrome en fusion. Dans une autre expérience nous avons fondu 12^{kg} de molybdène.

La chaleur intense, produite par l'arc électrique, peut donc être appliquée à un four continu et donner dans ce cas une production régulière d'un métal dont le point de fusion peut être bien supérieur à 2000°.

En terminant la description des différents modèles de fours électriques que nous avons employés dans nos recherches, nous rappellerons qu'il reste un point important à élucider.

Nous ignorons quelle est la température de ces appareils; elle dépend de la température que peut atteindre l'arc électrique qui, d'après M. Violle, serait de 3500°. On sait que sur ce sujet les physiciens sont peu d'accord. Pour nous, après des centaines d'expériences réalisées dans des conditions bien différentes, il nous a semblé que dans un four fermé, à petite cavité, la température s'élevait avec l'intensité du courant. Il est vraisemblable que la vaporisation du carbone peut limiter dans une certaine mesure la température de l'arc, lorsque l'on emploie des tensions qui ne sont pas très élevées ; il en est de même des phénomènes de dépolymérisation du carbone qui viennent aussi compliquer les conditions thermiques de l'expérience. Mais il nous a toujours paru, dans les nombreuses recherches faites sur ce sujet, recherches entreprises à des tensions très différentes, que plus nous avions des machines puissantes, et plus la température augmentait.

Avec 400 ampères et 70 volts, il nous a été impossible de réduire l'oxyde de vanadium par le charbon, le creuset étant placé à 1^{cm} de l'arc. Avec un courant de 1000 ampères et 70 volts, cette réduction se fait à plusieurs centimètres de l'arc et l'on obtient environ 100 gr. de métal en quelques minutes.

La réduction de l'acide titanique par le charbon nous a fourni un nouvel exemple de l'augmentation de la température en fonction de l'intensité du courant. Avec un arc de 50 ampères et 50 volts, on n'obtient que le protoxyde bleu de titane, quelle que soit la durée de l'expérience ; un arc de 350 ampères et 50 volts nous donne l'azoture fondu et rien que l'azoture ; enfin avec 1000 ampères et 70 volts, cet azoture est complètement dissocié et l'on arrive au titane liquide plus ou moins carburé.

CONCLUSIONS. — Plusieurs savants ont déjà utilisé l'arc électrique pour obtenir des températures élevées ; mais les chercheurs qui m'ont précédé jusqu'ici sur ce point n'ont pas séparé l'action électrique du courant de son action calorifique. C'est cette séparation que j'ai voulu réaliser en ne prenant à l'arc électrique que les phénomènes calorifiques puissants qu'il peut fournir, et en laissant de côté l'action purement électrolytique.

Les fours électriques que je viens de décrire sont des appareils simples et pratiques permettant d'étendre considérablement la chimie des hautes températures.

Les services qu'ils pourront rendre dans le laboratoire et dans l'industrie seront très grands.

Ces appareils nous permettent d'atteindre avec facilité des températures voisines au minimum de 3500°; c'est donc tout un ensemble d'études à poursuivre, et les premiers résultats entrevus montrent l'importance et l'étendue des recherches qui peuvent être tentées dans cette voie nouvelle.

CRISTALLISATION DES OXYDES MÉTALLIQUES

Nous avons appliqué tout d'abord notre four électrique à l'étude de la cristallisation des oxydes métalliques, puis à la volatilisation de quelques corps simples.

Pour étudier l'action d'une haute température sur les oxydes métalliques, on s'est servi du four électrique en chaux vive décrit précédemment. Les oxydes étaient préparés purs et anhydres. On tassait alors ces oxydes en poudre au milieu de la cavité placée au-dessous des électrodes et l'on faisait jaillir l'arc. Pour la première partie de ces recherches, c'est-à-dire dans celle où l'on n'a employé qu'un moteur de quatre chevaux, les électrodes de charbon avaient été soumises au préalable à l'action du chlore à haute température, puis refroidies dans un courant d'azote. Dans les expériences où l'on a utilisé une force motrice de 30 à 45 chevaux, on a employé comme électrodes des cylindres de charbon aussi purs que possible et préparés avec des précautions minutieuses. D'ailleurs, lorsque l'on emploie un courant intense, les réactions peuvent être exécutées sur des masses assez importantes pour que la petite quantité d'impuretés des électrodes ne puisse influencer beaucoup les résultats de l'expérience.

Oxyde de calcium. — Lorsque l'on soumet la chaux à l'action de l'arc produit par une machine donnant 50 volts et 25 ampères, la masse ne tarde pas à se recouvrir de cristaux blancs et brillants qui sont formés d'oxyde de calcium pur.

Ces cristaux peuvent, du reste, être obtenus en petite quantité au moyen du chalumeau à oxygène et à hydrogène dans la partie la plus chauffée, c'est-à-dire auprès de l'ajutage du chalumeau.

Si l'on substitue à la chaux pure, une chaux légèrement hydraulique, qui forme la matière même du four, on obtient encore une très belle cristallisation.

Ces derniers cristaux ont une densité de 3,29 ; ils sont facilement solubles dans l'eau et fournissent à l'analyse la composition suivante :

Chaux	97,30
Alumine	1,60
Silice	0,45
Fer	Traces.

Bien que la chaux employée fût très riche en alumine et colorée en jaune par du fer, les cristaux obtenus étaient tout à fait incolores ; ils sont analogues à ceux que MM. St. Meunier et Levallois ont trouvés dans un four à chaux continu, chauffé au moyen de gaz combustibles (1).

Si l'on opère avec un arc plus puissant, donnant 55 volts et 100 ampères, la cristallisation devient beaucoup plus abondante et plus rapide ; mais l'on n'arrive à la fusion complète avec recristallisation confuse de la masse fondue, qu'avec un arc fournissant 350 ampères et 70 volts. Dans ces conditions, la cavité intérieure se creuse de plus en plus, les deux briques de chaux vive se soudent et l'expérience se limite par la fusion de la matière qui constitue le four. La chaux pure, bien exempte de silice, d'alumine, ou de magnésie, fond tout aussi bien et tout aussi rapidement.

Après quinze ou vingt minutes, lorsque l'on emploie un four de grandeur ordinaire, les parois extérieures sont portées au rouge vif, et l'on doit mettre fin à l'expérience.

____

(1) St. Meunier et Levallois. *Comptes rendus*, 28 juin 1880.

Si l'on utilise des tensions de 110 volts et 1200 ampères, la fusion, puis la volatilisation de la chaux se produisent avec une grande intensité en quelques instants. En cinq minutes, on a volatilisé plusieurs centaines de grammes de chaux vive. Si l'on arrête l'expérience, le haut du four est recouvert d'une couche fondue de chaux vive de deux ou trois centimètres d'épaisseur, à cassure cristalline. La partie fondue a pris une transparence un peu laiteuse et sa densité est de 3,12 à la température de 18°.

Les résultats sont identiques lorsque l'on emploie un four en carbonate de chaux. L'arc ne tarde pas à se creuser une cavité ovoïde en chaux fondue, entourée d'une couche blanche de chaux vive, d'environ 2^{cm} d'épaisseur.

Si l'on ajoute une notable quantité d'alumine à la chaux, son point de fusion s'abaisse considérablement et sa liquidité augmente beaucoup.

La chaux fondue présente une résistance assez inattendue à l'hydratation.

Nous avons placé dans trois verres à pied renfermant de l'eau distillée :

1° De la chaux de marbre.

2° Une chaux grasse de bonne qualité.

3° Des fragments de chaux fondue.

La chaux de marbre se délite immédiatement et le liquide fournit de suite un précipité blanc avec l'oxalate d'ammoniaque.

La chaux grasse ne tarde pas à foisonner et entre très rapidement en solution dans l'eau. Douze heures plus tard, elle est complètement délitée.

Au contraire, la chaux fondue n'a pas changé d'aspect après vingt-quatre heures de contact avec l'eau, et le liquide ne renferme pas trace de chaux en solution. Il faut attendre encore vingt-quatre heures pour qu'il se produise un foisonnement sensible, et dès lors, il y a production d'eau de chaux. Soixante-douze heures plus tard, cette chaux fondue est complètement délitée.

L'eau bouillante donne une série de réactions identiques.

Nous pouvons conclure de ces expériences que l'oxyde de calcium, tant qu'il n'est pas hydraté, est insoluble dans l'eau, et que cette chaux fondue résiste à l'action de l'eau beaucoup plus longtemps que la chaux vive ordinaire.

L'air saturé de vapeur d'eau à la température du laboratoire, nous a donné les résultats suivants : la chaux de marbre a foisonné complètement en vingt-quatre heures ; la chaux grasse en quarante-huit heures, et la chaux fondue n'a commencé à perdre son aspect de cire que quarante-huit heures après; trois jours plus tard, elle renfermait encore quelques fragments non hydratés.

Ces expériences étaient faites sous une cloche maintenue dans un grand cristallisoir rempli d'eau, et les petits fragments de chaux étaient placés dans des cupules de verre, qui nageaient sur le liquide.

Nous avons observé la même graduation dans l'attaque de ces différents échantillons par les acides étendus.

Strontiane. — La strontiane cristallise d'abord comme la chaux, sous l'action d'un arc de 50 volts et 75 ampères. Avec des courants de 70 volts et 350 ampères, la strontiane pure fond en un liquide transparent qui, par refroidissement, se prend en une masse confuse de cristaux. L'oxyde de strontium fond plus facilement que la chaux.

Baryte. — La baryte, comme on le sait, fond à une température plus basse que la chaux. Avec un arc de 50 volts et 25 ampères, elle devient absolument liquide; elle se volatilise avec facilité sous l'action d'un arc à tension plus élevée. En se refroidissant, la baryte liquide fournit un amas de cristaux enchevêtrés qui possèdent une très belle cassure cristalline.

Magnésie. — La magnésie cristallise à une température plus élevée que la chaux ; elle fournit des cristaux brillants qui mesurent parfois plusieurs millimètres de côté.

L'expérience réussit très bien en maintenant un arc de 5o volts et de 120 ampères au-dessus d'une masse de magnésie pure placée au milieu du four électrique. Quand on opère avec une tension de 36o ampères et 70 volts, la magnésie donne une masse fondue, laiteuse et translucide.

M. Ditte a démontré en 1871, que la magnésie se polymérisait par suite d'élévations successives de température et que l'ensemble de ses propriétés chimiques et thermiques variait ainsi d'une façon continue. En particulier, la densité de cet oxyde s'élève rapidement avec la température. M. Ditte a donné les chiffres suivants :

	DENSITÉ A 0°
A 350°.	3,1932
Rouge sombre	3,2482
Rouge blanc.	3,5699

Dans nos expériences, faites au four électrique, nous avons toujours remarqué que la magnésie, purifiée par le procédé de M. Schlœsing, était irréductible par le charbon. La connaissance de cette propriété était très importante pour nous, puisqu'elle nous a permis de construire l'intérieur de nos fours, avec des plaquettes alternées de magnésie et de charbon, et d'utiliser cette même magnésie pour la formation de nos creusets.

En présence de la facile réduction par le charbon, à la température de l'arc, des oxydes alcalino-terreux, de l'alumine et de l'oxyde d'uranium, cette stabilité de la magnésie nous a semblé assez curieuse pour nous amener à reprendre la densité de cet oxyde fondu au four électrique.

Ces déterminations ont été faites dans la benzine et dans l'alcool absolu, en suivant les précautions très bien indiquées, d'ailleurs, dans le mémoire de M. Ditte (1). Chacun des chiffres que nous donnons ci-dessous représente la moyenne de quatre expériences.

Le premier échantillon avait été chauffé pendant dix heures au four à vent, alimenté par du charbon de cornue. Le deuxième échantillon provenait de plaques de magnésie, en partie cristalline, qui avaient subi pendant deux heures l'action de l'arc électrique. Le troisième provenait d'une masse de magnésie de 50^{gr}, fondue en un seul morceau, dans un creuset du four électrique.

Nous avons obtenu les chiffres suivants :

	DENSITÉ À 20°
1. MgO (four à vent)	3,577
2. MgO (plaques du four)	3,589
3. MgO (masse fondue)	3,654

Cette augmentation de densité indique que la polymérisation de la magnésie se continue jusqu'à son point de fusion. Cette densité peut donc varier de 3,19 à 3,65.

Alumine. — Pour étudier l'action de l'arc sur l'alumine pure, on place cette dernière dans un creuset en charbon au milieu d'un four en chaux. Il est impossible, en effet, d'opérer sur une petite quantité d'alumine placée dans la cavité d'un four en chaux Dans ces conditions, il se produirait rapidement un aluminate de chaux, très liquide. Avec un arc de

(1) DITTE. De l'influence qu'exerce la calcination de quelques oxydes métalliques sur la chaleur dégagée pendant leur combinaison. *Comptes rendus*, t. LXXIII, p. III et p. 191.

5o volts et 25 à 3o ampères, l'alumine fond et par refroidissement cristallise avec rapidité. Si on l'additionne d'une petite quantité de sesquioxyde de chrome, on voit se détacher de la masse de petits cristaux rouges de rubis. Ces rubis sont beaucoup moins beaux que ceux préparés par MM. Frémy et Verneuil ; mais la rapidité de l'expérience, qui ne demande que dix ou quinze minutes, permettra peut-être de préparer ainsi, avec facilité, le rubis cristallisé. D'ailleurs la facile volatilité de l'alumine permettrait vraisemblement d'obtenir des cristaux nets par cette voie. Nous n'avons pas poursuivi ces études.

Lorsque l'arc est plus puissant et qu'il atteint 75 ampères et 25o volts, si l'expérience dure vingt minutes, non seulement l'alumine fond, mais elle est volatilisée et l'on ne retrouve rien dans le creuset. Ce dispositif permet de répéter, en quelques minutes, la fameuse expérience d'Ebelmen sur la synthèse du corindon par la volatilisation de l'acide borique dans un four à porcelaine. Seulement lorsque l'expérience est très courte, trois à cinq minutes, la cristallisation est alors confuse et les cristaux perdent de leur limpidité. En quelques minutes, l'acide borique fondu est complètement volatilisé, avec un arc de 3oo ampères et 6o volts.

Oxydes de la famille du fer. — Le sesquioxyde de chrome, chauffé à l'arc de 3o ampères et 55 volts, a fondu et donné une masse noire, brillante, mamelonnée, hérissée par endroits de petits cristaux de couleur foncée qui nous ont fourni les chiffres suivants, après attaque par le nitrate de potassium et précipitation par le nitrate mercureux.

	1.	2.	3.	THÉORIE
Chrome	51,82	51,60	52,32	52,22
Oxygène	»	»	»	47,78

Ces cristaux sont très durs et laissent une raie verte sur la porcelaine.

Le sesquioxyde de chrome, en fusion, se combine avec l'oxyde de calcium avec une grande rapidité. Dans les fours en chaux où nous avons réalisé l'affinage de la fonte de chrome, on obtient souvent, par centaines de grammes, cet oxyde double très bien cristallisé. Les mêmes cristaux lamelleux et très brillants se rencontrent aussi parfois sur le dôme du four.

Nous avons pu préparer plusieurs de ces oxydes doubles en chauffant un mélange de chaux vive et de sesquioxyde de chrome, en proportions variables, dans un four en pierre calcaire, au moyen d'un courant de 5o volts et de 1,000 ampères. La masse fondue, retirée du four, présentait souvent des géodes remplies de petits cristaux lamellaires transparents, de couleur jaune, décomposables lentement par l'eau ou l'humidité. Ce composé ne contenait que de la chaux et du sesquioxyde de chrome.

Il nous a donné à l'analyse les chiffres suivants :

	1.	2.	3.	THÉORIE pour $Cr^2 O^3, 4 CaO$.
Chrome	26,9	26,8	27,6	27,2
Calcium	41,4	42,5		41,1

Il paraît donc répondre à la formule

$$Cr^2 O^3, 4\ CaO.$$

A côté de ces lamelles jaunes, nous avons rencontré souvent des aiguilles de quelques millimètres, de couleur vert foncé et dont l'étude n'a pas été poursuivie.

Le bioxyde de manganèse se liquéfie sous l'action de l'arc avec rapidité : il bouillonne en dégageant de l'oxygène et fournit le protoxyde liquide qui s'imbibe dans la chaux en laissant une masse cristallisée d'une couleur brune, qui est constituée vraisemblablement par une combinaison des deux oxydes.

Le sesquioxyde de fer fond rapidement et perd une partie de son oxygène. Il fournit l'oxyde magnétique de fer $Fe^3 O^4$ liquide et en partie cristallisé.

Cet oxyde, comme le sesquioxyde de chrome, donne facilement avec la chaux, des combinaisons bien cristallisées. Ces composés se produisent même avec une telle facilité, qu'il nous a toujours été impossible de fondre le fer dans de petits creusets cylindriques en chaux vive, chauffés en dessous, par le jet du chalumeau à oxygène. L'oxyde magnétique qui se produit dans ces conditions s'unit de suite à la chaux; cette dernière devient brune, pâteuse, se déforme et laisse couler le métal liquide qu'elle contient. Après l'expérience, tout le bas du creuset est transformé en une masse d'oxyde double de calcium et de fer.

Le protoxyde de nickel laisse une masse fondue recouverte de petits cristaux verts transparents.

Le protoxyde de cobalt, qui fond aussi très rapidement, produit des cristaux rosés.

Acide titanique. — L'acide titanique, soumis à un courant de 5o volts et 25 ampères, fournit de beaux cristaux prismatiques de couleur foncée qui répondent, comme aspect et comme propriétés, au protoxyde de titane.

Si l'on opère avec un courant de 100 ampères et 45 volts, ce protoxyde est d'abord fondu, puis, après trois minutes de chauffe, en partie dissocié et complètement volatilisé après huit minutes.

Toutes les expériences que nous venons de rapporter ont été faites sur des oxydes, qui n'étaient pas au contact du charbon, et la masse à chauffer était placée à plusieurs centimètres de l'arc, de façon à bien éviter l'action réductrice de la vapeur de carbone.

Oxyde de cuivre. — L'oxyde de cuivre est complètement décomposé dans le four électrique : il donne de petites masses de cuivre métallique et une combinaison double, cristallisée, d'oxyde de calcium et d'oxyde de cuivre.

Oxyde de zinc. — L'oxyde de zinc amorphe est volatilisé en quelques instants et fournit de longues aiguilles transparentes de plusieurs centimètres, qui viennent se déposer sur les orifices du four et les électrodes en charbon.

CONCLUSIONS. — A une température un peu supérieure à 2000°, la chaux possède une tension de vapeur suffisante pour produire une abondante cristallisation. Lorsque la chaleur fournie par l'arc électrique est plus grande, la chaux fond et le liquide, en se refroidissant, se prend en une masse cristalline. Sous l'action d'une température plus élevée, cette chaux entre en ébullition et distille avec facilité.

La strontiane et la baryte cristallisent et fondent à des température plus basses.

La magnésie donne aussi, avant son point de fusion, des vapeurs qui se condensent en cristaux brillants. Par une élévation plus grande de température, elle fond ensuite, mais plus difficilement que la chaux, puis passe à l'état de vapeur.

L'alumine est bien plus facilement volatile que la chaux et la magnésie. On comprend très bien que, dans les fours à vent ordinaires, on ait pu volatiliser l'alumine et obtenir des lamelles de corindon. Par fusion, elle donne aussi une masse cristalline qu'une trace de chrome colore de la teinte du rubis.

Dans le four électrique, l'acide borique, le protoxyde de titane et l'oxyde de zinc sont rapidement volatilisés. L'oxyde de cuivre est de suite dissocié en oxygène et en cuivre qui distille.

Les oxydes de la famille du fer, stables aux températures élevées, fournissent des masses fondues, hérissées de petits cristaux.

Dans toutes nos expériences, une simple élévation de température a donc pu déterminer la cristallisation des oxydes métalliques.

Depuis nos premières recherches sur ce sujet, M. Dufau, poursuivant l'étude de cette cristallisation des oxydes au moyen du four électrique, a indiqué l'existence d'un chromite de calcium : $C^2 O^3$, Ca O, d'un tétrachromite de baryum : $4 Cr^2 O^3$, Ba O, d'un cobaltite de magnésium : Co O^3 Mg et d'un nickelite de baryum : $2 Ni O^2$, Ba O.

Enfin, en appliquant la même méthode à la cristallisation des sulfures, M. Mourlot a reproduit l'alabandine ou sulfure de manganèse, déjà obtenue par voie humide par M. Baubigny, et par voie sèche par MM. Gautier et Hallopeau. Il a préparé de même les sulfures de chrome, de zinc, de cadmium et d'aluminium.

FUSION ET VOLATILISATION DE QUELQUES CORPS
RÉFRACTAIRES

Nous insisterons plus particulièrement, dans ce chapitre, sur les expériences qui établissent la volatilisation de quelques métaux et métalloïdes et la facile distillation de la silice et de la zircone.

Pour condenser les vapeurs de ces corps réfractaires volatilisables à très haute température, nous avons employé le tube métallique, refroidi intérieurement par un courant d'eau que nous avons décrit à propos de notre four en pierre calcaire pour creusets.

Comme exemple de l'emploi du tube froid, nous citerons l'action de la chaleur sur deux composés stables de la chimie minérale : le pyrophosphate et le silicate de magnésium.

Le pyrophosphate de magnésium a été soumis pendant cinq minutes dans le four électrique à l'action d'un arc de 300 ampères et de 65 volts. Après quelques instants des vapeurs abondantes se sont dégagées. Le tube froid placé, dès le début dans l'appareil, était avant l'expérience traversé par un courant d'eau possédant une température de 15°,4. A la fin de l'opération, au moment où le four était en pleine activité, la température de l'eau qui s'échappait du tube n'était que de 17°,5. Dans ces conditions, les vapeurs qui se produisent au milieu du four se condensent avec la plus grande facilité sur le tube refroidi. Et lorsque nous avons retiré ce dernier du four, nous avons pu constater qu'il était recouvert en partie de phosphore ordinaire s'enflammant par le frottement, ou s'oxydant lentement à l'air, en fournissant un enduit sirupeux qui réduisait abondamment l'azotate d'argent. Outre ce phosphore, nous avons pu caractériser sur le tube l'existence de la magnésie (1).

Dans une autre expérience, nous avons chauffé de l'amiante (silicate de magnésie contenant un peu de fer) dans un creuset de charbon pendant six minutes. Le courant mesurait 300 ampères et 75 volts. Après l'expérience, il ne restait dans le creuset qu'une très petite quantité de silicate fondu et un globule ferrugineux à cassure brillante, renfermant 1,6 de magnésium et 0,7 de silicium.

Le tube froid était recouvert par une poudre grise contenant un grand excès de silice, de magnésie et de très petites quantités de carbone et de silicium. Nous y avons rencontré des sphères de silice transparentes, rayant le verre et donnant nettement la réaction de la silice à la perle de sel de phosphore.

Ces deux expériences préliminaires, que nous choisissons parmi beaucoup d'autres, nous démontrent que les sels les plus stables sont dissociés à la température de l'arc électrique, et qu'il est possible de recueillir et d'étudier avec facilité les produits de leur décomposition.

A. — **Volatilisation des métaux.**

Cuivre. — Un fragment de cuivre de 103^{gr} est placé dans le creuset en charbon du four électrique. On chauffe pendant

---

(1) Il restait dans le creuset une matière grise, caverneuse, fondue, qui à l'analyse nous a donné, en acide phosphorique et en magnésie, des chiffres très différents de ceux du pyrophosphate employé :

	PYROPHOSPHATE	CULOT FONDU
Acide phosphorique.	63,96	43,84
Magnésie.	36,04	55,58

cinq minutes avec un courant de 350 ampères et 70 volts. Après une minute ou deux, des flammes éclatantes, de $0^m,40$ à $0^m,50$ de longueur, jaillissent avec force par les ouvertures qui donnent passage aux électrodes de chaque côté du four. Ces flammes sont surmontées de torrents de fumées de couleur jaune, fumées qui sont produites par la formation d'oxyde de cuivre, provenant de la combustion de la vapeur métallique.

L'expérience dure cinq minutes, puis on arrête le courant. Le culot qui reste dans le creuset ne pèse plus que 77^{gr}. Dans ces conditions, 26 gr. de cuivre ont été volatilisés.

Tout autour du creuset, dans la partie horizontale qui se trouve entre le couvercle et le four, on rencontre une large auréole de globules de cuivre fondu provenant de la distillation du métal. La vapeur jaune recueillie abandonne de l'oxyde de cuivre à l'acide chlorhydrique étendu et froid, et laisse, comme résidu, de petites sphères de cuivre métallique, noircies à la surface et solubles dans l'acide azotique.

Sur le tube froid, on trouve en abondance du cuivre métallique.

Argent. — On sait depuis longtemps que l'argent est volatil à haute température. Dans le four électrique, on peut amener l'argent en pleine ébullition. Il distille alors avec plus de facilité que la silice ou la zircone. On obtient, en abondance, des globules fondus, une poussière grise amorphe et des fragments arborescents.

Platine. — Chauffé dans le four électrique, le platine entre en fusion en quelques instants et ne tarde pas à se volatiliser. On recueille du platine métallique en petits globules brillants, et en poussière sur les parties les moins chaudes des électrodes, ou sur la surface de la brique inférieure à quelques centimètres du creuset.

Aluminium. — Chauffe de six minutes, courant de 70 volts et 250 ampères. On obtient, sur le tube froid, une poudre grise légèrement agglomérée, qui, par agitation avec l'eau, laisse tomber au fond du verre, de petites sphérules d'aluminium. Ces sphères ont l'aspect métallique, elles sont attaquées par l'acide chlorhydrique ou sulfurique, avec dégagement d'hydrogène. Dans les vapeurs qui sortent du four, on peut aussi recueillir, sur un carton d'amiante, de petites sphères recouvertes d'alumine.

Étain. — Durée de l'expérience, huit minutes. Intensité du courant, 380 ampères et 80 volts. Lorsque le four est en pleine activité, il se dégage auprès des électrodes des fumées blanches assez abondantes. On trouve, sur le tube, une petite quantité d'oxyde d'étain, soluble dans l'acide chlorhydrique étendu, de petits globules brillants et une substance grise, à aspect fibreux, constituant un véritable feutrage. Cette partie fibreuse et les sphères métalliques donnent, avec l'acide chlorhydrique, un dégagement très net d'hydrogène ; elles sont formées d'étain métallique. Il est facile de condenser aussi à la partie extérieure du four de petits globules d'étain métallique mélangés d'oxyde.

Or. — Durée de l'expérience, six minutes. Intensité du courant, 360 ampères, 70 volts. On a placé 107^{gr} d'or dans le creuset ; après l'expérience, il n'en restait que 59. Pendant l'expérience, il s'était dégagé des fumées abondantes de couleur jaune verdâtre. Le tube froid était recouvert d'une poudre de couleur foncée à reflets pourpres. Au microscope, avec un faible grossissement, on distinguait nettement de petites sphères régulières d'or fondu, d'une belle couleur jaune. Ces globules se dissolvent avec rapidité dans l'eau régale, et fournissent tous les caractères des sels d'or.

Sur le carton d'amiante où les vapeurs du four sont venues se condenser, nous avons rencontré, au point le plus chauffé, de nombreux globules très petits d'or métallique. Autour de cette partie, qui avait une couleur jaune très nette, se trouvait une auréole rouge, puis au delà une belle teinte pourpre foncée.

Manganèse. — Ce métal, sur la volatilisation duquel M. Jordan vient récemment d'appeler l'attention, nous a fourni des résultats très intéressants. Nous ne rapporterons ici qu'une seule expérience qui nous a semblé tout à fait caractéristique. Durée de la chauffe, dix minutes ; intensité du courant, 380 ampères et 80 volts. On avait placé dans le creuset 400^{gr} de manganèse métallique. Il s'est dégagé, pendant l'expérience, des fumées très abondantes et à la fin, nous n'avons pu trouver qu'un culot de carbure métallique pesant à peine quelques grammes.

Du reste, chaque fois que, dans la préparation du manganèse au four électrique, on chauffe trop longtemps, on ne retrouve plus de métal dans le creuset.

Fer. — Durée de l'expérience, sept minutes. Intensité du courant, 350 ampères et 70 volts. On recueille, sur le tube froid, une poudre grise présentant quelques surfaces brillantes, très minces, mamelonnées, assez malléables pour se plier sous une lame de canif, mélangées à une poussière grise ayant la couleur du fer réduit par l'hydrogène. Cette poussière devient brillante par le brunissoir, et l'échantillon entier se dissout dans l'acide chlorhydrique étendu, en produisant un dégagement d'hydrogène.

Sur le carton d'amiante, qui reçoit les vapeurs métalliques, on recueille de petites sphères d'oxyde magnétique et des globules du même composé de couleur noire et de surface rugueuse.

Uranium. — Durée de l'expérience, neuf minutes. Intensité du courant, 350 ampères, 75 volts. On recueille sur le tube froid de petites sphères métalliques, pleines, abondantes, mélangées à un dépôt de poudre grise facilement soluble dans les acides avec dégagement d'hydrogène. La solution présente tous les caractères des sels d'uranium. Sur le carton d'amiante, on trouve d'abondantes sphères jaunes qui, écrasées au mortier d'agate, perdent une croûte d'oxyde, deviennent grises et prennent l'aspect métallique.

Ces sphères d'uranium distillé ne contiennent pas de carbone et ne sont pas attirables à l'aimant.

B. — **Volatilisation des métalloïdes**.

Silicium. — Avec un courant de 3oo ampères et 8o volts, on peut obtenir la volatilisation du silicium. On trouve sur le tube froid, de petites sphères de silicium fondu, attaquables par le mélange d'acide azotique et d'acide fluorhydrique. Ces sphères sont mélangées d'une poussière grise et d'une petite quantité de silice. Si l'on recueille les vapeurs sur du carton d'amiante, on voit qu'une grande partie du silicium a été transformée en silice.

On peut rendre visible cette vaporisation du silicium en se servant du dispositif que nous indiquons page 156 (1).

Le silicium cristallisé, préparé par la méthode de Deville ou de M. Vigouroux, est placé entre les deux électrodes verticales. Dès que l'arc jaillit, on voit très bien, sur l'image projetée, le silicium entrer en fusion, puis donner naissance à une véritable ébullition. Lorsque les électrodes sont refroidies, on trouve sur leur sommet, au milieu du graphite qui s'est formé, des cristaux, d'un vert pâle, de siliciure de carbone.

Bore. — On ne peut produire la volatilisation du bore dans le creuset du four électrique car, dans ces conditions, il est trans-

---

(1) Voir aussi : H. MOISSAN. Reproduction du diamant. *Annales de ch. et de ph.*, t. VIII, p. 466.

formé en borure de carbone. Lorsque l'on place dans l'arc électrique, du bore amorphe pur, préparé au moyen du magnésium (1), en projetant l'expérience comme nous venons de le dire plus haut, on voit le bore devenir rouge, s'entourer d'une grande auréole verte, puis disparaître sans présenter aucun phénomène de fusion.

Après l'expérience, l'extrémité de l'électrode supporte de petites masses noires à aspect fondu, présentant quelques points cristallisés, et qui sont formées par un borure de carbone de composition définie.

Dans cette dernière expérience, il est très important d'avoir des électrodes en charbon aussi pures que possible. Il ne faut pas oublier non plus que, si la masse de bore est un peu grande, en même temps que la combinaison de bore et de carbone se produit, il peut se faire de l'acide borique qui fond avec rapidité, entre en ébullition, mais peut être enlevé ensuite facilement au moyen de l'eau bouillante.

Nous pouvons conclure, de cette expérience, que le bore passe de l'état solide à l'état gazeux sans prendre l'état liquide.

Carbone. — Durée de l'expérience : quinze à vingt minutes. Intensité du courant, 370 ampères et 80 volts. En chauffant, dans ces conditions, un creuset voisin de l'arc et rempli de gros fragments de charbon, toute la masse de carbone ne tarde pas à se transformer en graphite et, après l'expérience, on trouve sur le tube froid des plaques minces très légères, translucides et présentant par transparence une teinte marron. M. Berthelot, dans ses nombreuses expériences sur la condensation progressive du carbone, a déjà indiqué l'existence d'un carbone léger de couleur marron. Cette matière est séparée de la chaux qui a

_____

(1) H. MOISSAN. Préparation du bore amorphe. *Comptes rendus*, t. CXIV, p. 392.

été volatilisée en même temps par l'acide chlorhydrique étendu. Le résidu, ainsi obtenu, brûle facilement dans l'oxygène, en produisant de l'acide carbonique. Nous étudierons, par la suite, avec plus de détails les propriétés de cette vapeur de carbone.

C. — Oxydes.

Les recherches que nous avons décrites précédemment sur la cristallisation des oxydes démontraient surabondamment la volatilité de ces composés. Nous allons la mettre en évidence pour des oxydes tels que la chaux, la magnésie et la zircone.

Chaux. — Avec un courant de 350 ampères et 70 volts, on obtient la volatilisation de la chaux en huit à dix minutes. Dans ces conditions, on recueille sur le tube froid, la chaux sous forme de poussière amorphe, ne présentant pas de sphérules. Il sort du four d'abondantes vapeurs d'oxyde de calcium. Avec un courant de 400 ampères et 80 volts, l'expérience se réalise en cinq minutes.

Enfin, avec un courant de 1,000 ampères et 80 volts, on peut volatiliser en cinq minutes plus d'une centaine de grammes d'oxyde de calcium.

Magnésie. — La magnésie est plus difficile à volatiliser que la chaux ; de plus, son point d'ébullition est voisin de son point de fusion. Dès que la magnésie est fondue, elle émet des vapeurs que l'on peut condenser sur le tube froid. Cette expérience se produit avec un courant de 360 ampères et 80 volts. Cette distillation devient très belle et très rapide lorsqu'on emploie des courants de 1,000 ampères et 80 volts.

Zircone. — Lorsqu'on soumet la zircone à la haute température du four électrique, cet oxyde ne tarde pas à entrer en fusion. Après dix minutes d'expérience, en opérant avec un courant de 360 ampères et 70 volts, il se produit des fumées blanches très abondantes. Ces fumées sont formées par la vapeur de zircone, car à cette haute température, la zircone est en pleine ébullition. En condensant ces vapeurs sur un corps froid, on obtient une poussière blanche que l'on traite par l'acide chlorhydrique très étendu pour la débarrasser de la chaux qu'elle contient. Après lavage à l'eau distillée bouillante et dessiccation, il reste une poudre blanche qui, au microscope, se présente en masses blanches arrondies, ne renfermant aucune parcelle transparente. Cette poudre fournit tous les caractères de la zircone. Elle raye le verre avec facilité et sa densité est de 5,10.

On retrouve dans le creuset, après refroidissement, une masse de zircone fondue, présentant une cassure cristalline. Enfin, à l'intérieur du four, dans les parties moins chaudes, on rencontre parfois des cristaux caractéristiques de zircone ; ils affectent la forme de dendrites transparentes, à éclat vitreux, rayant le verre et inattaquables par l'acide sulfurique. Il existe aussi une combinaison cristallisée de zircone et de chaux.

Silice. — Les fragments de cristal de roche, placés dans un creuset de charbon, ont été soumis à l'action de l'arc électrique produit par un courant de 350 ampères et 70 volts. En quelques instants, la silice entre en fusion et, après sept ou huit minutes, l'ébullition commence.

On voit alors sortir du four, par les ouvertures qui donnent passage aux électrodes, une fumée de couleur bleutée, plus légère que celle produite par la zircone. Tant que l'expérience se continue, ces vapeurs se dégagent en abondance. On peut les condenser en plaçant à quelque distance des orifices du four un cristallisoir retourné. L'intérieur de ce cristallisoir se recouvre rapidement d'une couche légère de substance peu transparente, d'un blanc légèrement bleuté. En reprenant par l'eau le contenu du cristallisoir, et en examinant ce résidu à la loupe ou au microscope, avec un très faible grossissement, on voit qu'il est surtout formé de sphères opalescentes, rapidement solubles dans l'acide fluorhydrique. Ces petites sphères de silice (fig. 6), visibles à l'œil nu, sont pleines; elles présentent quelquefois, en un point, une partie creuse semblant indiquer que la silice fondue a diminué de volume en passant de l'état liquide à l'état solide.

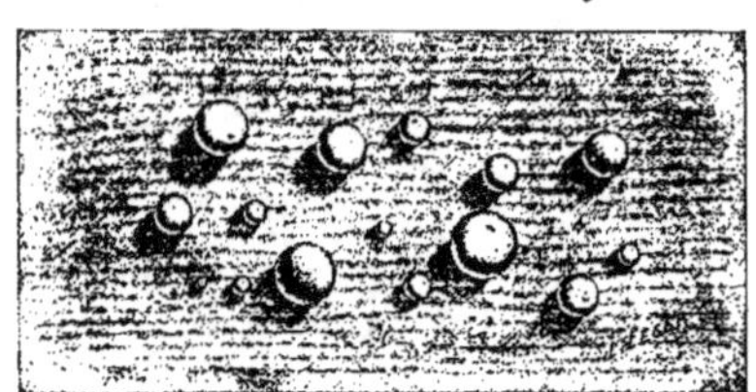

FIG. 6. — Sphères de silice.

En même temps que ces sphères, on rencontre de nombreuses parcelles de silice amorphe.

Lorsque l'on veut recueillir une notable quantité de ce produit, il est mieux d'employer un four dont le couvercle porte une ouverture verticale au-dessus du creuset, laissant passer la vapeur de silice. On dispose une cloche en verre ou un récipient métallique sur cette ouverture (fig. 7) et l'on peut obtenir ainsi, en dix ou quinze minutes, une vingtaine de grammes d'une poudre blanche très légère qui est purifiée de la chaux entraînée, par un lavage à l'acide chlorhydrique étendu.

La forme de la silice condensée dépend naturellement de la vitesse de refroidissement de la vapeur. Le refroidissement ne doit pas être trop rapide si l'on veut obtenir de nombreuses sphérules de silice. Cette silice est très soluble dans l'acide fluorhydrique, et elle s'y dissout à froid en produisant un léger bruissement. Elle est attaquée facilement par l'hydrate de potasse en fusion et par les carbonates alcalins.

Sa densité est de 2,4 ; elle est donc un peu inférieure à celle

FIG. 7. — Four électrique disposé pour la volatilisation de la silice.

du cristal de roche ; enfin, ces petites sphères rayent le fer avec facilité.

En étudiant le dépôt qui se forme dans les globes de verre où l'on fait jaillir l'arc électrique pour l'éclairage, nous avons retrouvé de petites sphères de silice identiques à celles que nous venons de décrire. C'est donc surtout à la volatilisation de la silice que les globes de verre de lampes à arc, qui ont fonctionné pendant un certain temps, doivent leur opalescence. Cette silice provient des impuretés des charbons électriques.

Nous ajouterons que la silice, à cette température, est réduite avec facilité par le charbon, et fournit un carbure de silicium cristallisé et même le silicium pur.

Nous voyons donc que la zircone et la silice fondent rapidement dans le four électrique, et qu'après sept ou huit minutes d'expérience, elles entrent en ébullition et prennent l'état gazeux.

Conclusions. — En résumé, à la haute température produite dans nos expériences par l'arc électrique, les métalloïdes et les métaux, regardés jusqu'ici comme réfractaires, sont volatilisés. Les composés les plus stables de la chimie minérale disparaissent dans le four électrique, soit par dissociation, soit par volatilisation. Il ne reste plus, pour résister à ces hautes températures, qu'une série de composés nouveaux, parfaitement cristallisés, d'une stabilité exceptionnelle et dont nous décrirons bientôt les propriétés.

Ce sont les borures, les siliciures et surtout les carbures métalliques.

CHAPITRE II

Recherches sur les différentes variétés de carbone.

PREMIÈRE PARTIE

Étude du carbone amorphe.

Le carbone est, de tous les corps simples, celui qui nous fournit les variétés allotropiques les plus curieuses. Ses propriétés contradictoires, les différences que nous présentent les chaleurs spécifiques du diamant, du graphite et du noir de fumée ont retenu depuis longtemps l'attention des savants.

Après avoir séparé et reconnu la plupart des principes du monde végétal et animal, la chimie du carbone a produit un nombre immense de nouveaux composés. Elle a pris un tel essor que c'est à elle surtout que l'on peut appliquer avec raison cette belle remarque de M. Berthelot : « La Chimie crée l'objet de ses études. »

Mais dans cet ensemble imposant de recherches, les chimistes se sont attachés plutôt à produire des dérivés curieux, de nouvelles synthèses, dont certaines ont modifié profondément l'industrie, qu'à étendre nos connaissances sur les propriétés du corps simple qui sert de point de départ. Ils ont disserté souvent sur la forme hypothétique de l'atome de carbone, et il existe comparativement peu d'expériences sur les propriétés physiques et chimiques de ce même carbone. Ce sujet méritait cependant de nouvelles recherches.

Pour réaliser la reproduction du diamant, nous avons été conduit à reprendre l'étude générale des différentes variétés de carbone.

Nous donnons, aujourd'hui, une étude d'ensemble sur ce sujet, et nous traiterons successivement du carbone amorphe, du graphite et du diamant.

Dans la première partie, nous ne nous occuperons que des carbones amorphes. On sait que les propriétés de cette espèce de carbone peuvent varier dans des limites assez grandes. La résistance à l'oxydation, par exemple, a déjà été étudiée par M. Ditte (1). Dans des expériences comparatives, ce savant a établi que les divers charbons, chauffés en tube scellé avec une solution concentrée d'acide iodique, sont attaqués à des températures différentes.

Après quelques essais tentés avec l'acide iodique, le permanganate de potassium, l'acide chromique et l'acide azotique, nous avons donné la préférence, comme méthode d'oxydation, au mélange d'acide sulfurique et de bichromate de potassium.

Différents chimistes se sont occupés de la préparation du carbone amorphe. Parmi les recherches entreprises sur ce sujet, nous rappellerons en particulier les travaux de Gore (2). Ce savant a démontré que le charbon était insoluble dans l'acide carbonique, dans le cyanogène et dans l'acide chlorhydrique liquéfiés. Il a étudié, à la température ordinaire, quelle était l'action du sulfure de carbone sur l'argent, le plomb et le mercure.

(1) **DITTE**. *Recherches sur l'acide iodique*. Thèse de la Faculté des Sciences de Paris, n° 322, 1870.

(2) **GORE**. *Chemical News*, vol. L, p. 125, 1884.

Il a essayé aussi l'action de couples voltaïques, formés par des lames de platine et d'aluminium, agissant sur des carbures d'hydrogène ou des composés organiques. Le plus souvent la décomposition ne s'est pas produite.

On sait que le carbone amorphe peut se former dans nombre de décompositions, par exemple dans l'action du sodium et du magnésium sur l'acide carbonique. M. Winkler(1) a étudié plus spécialement l'action du magnésium sur les carbonates alcalins et alcalino-terreux ; il a établi la production du carbone amorphe dans ces conditions sans s'arrêter sur les propriétés du corps simple obtenu.

Dans le même ordre d'idées, rentre l'étude de Dragendorff sur la mise en liberté du carbone par l'action du phosphore sur les carbonates alcalins en fusion (2), ainsi que cette partie du travail de M. Gore, dans laquelle il décrit la réaction du phosphore sur le cyanure de potassium fondu.

On voit de suite que, dans ces différentes réactions, la chaleur dégagée est très grande. Nous ne nous occuperons pas des carbones obtenus dans ces conditions ; tous nos efforts ont porté, au contraire, sur l'étude de la mise en liberté du carbone à une température aussi basse que possible et dans des réactions très lentes.

Les belles recherches de M. Berthelot sur les différents états du carbone, sur la théorie des carbures pyrogénés, sur la synthèse de l'acétylène par la vapeur de carbone, sur les acides humiques, constituent l'ensemble le plus important des recherches entreprises jusqu'ici sur ce sujet.

Noir de fumée du commerce. — Le noir de fumée que nous

(1) C. Winkler. *Berichte der deutsch. chem. Gesellschaft*, t. XXIII, p, 2642, 1890.
(2) Dragendorff. *Chemische Central Blatt*, p. 865, 20 nov. 1861.

avons étudié avait été produit par la décomposition pyrogénée d'huile de pétrole. La température de sa formation, bien qu'irrégulière, est, pour la plus grande partie de la masse, peu supérieure au rouge sombre. Nous l'avons pris comme point de comparaison dans l'étude des carbones amorphes.

On a purifié ce noir par des épuisements successifs, par la benzine, l'alcool et l'éther. Cette purification est indispensable, et la quantité de carbures entraînés est notable.

Après épuisement par l'éther, la poudre noire essorée est placée dans une étuve dont la température monte lentement jusqu'à 150° (1). Ce noir de fumée nage sur l'iodure d'allyle de densité 1,87 et tombe dans l'iodure de propyle de densité 1,78.

Le noir de fumée, ainsi préparé, est loin d'être pur. Il retient avec une très grande énergie une petite quantité de carbures d'hydrogène, et de l'eau dont il est impossible de le débarrasser. Il renferme aussi un peu d'azote.

Pour faire l'analyse de cette variété de carbone, on commence par la chauffer dans le vide, à la température de ramollissement du verre ordinaire, pour la polymériser et la rendre plus maniable. Il se dégage de l'eau et des traces de carbures d'hydrogène. La poudre noire fournit alors les chiffres suivants (2) :

	1.	2.
Cendres	0,22	0,34
Carbone	93,21	92,86
Hydrogène	1,04	1,20

Si nous comptons l'hydrogène à l'état d'eau, nous voyons de suite que nous dépassons 100, ce qui nous indique qu'une petite quantité d'hydrogène, moins de 1 pour 100, est sans doute à

(1) Les traitements à l'alcool et à l'éther doivent être prolongés pour éliminer les dernières traces de benzine que le noir de fumée retient avec facilité.

(2) Ces deux analyses ont été faites sur des échantillons différents.

l'état de carbure; le reste provient de l'eau qu'il est impossible d'enlever complètement au noir de fumée.

Si l'on ne dessèche pas dans le vide et au rouge sombre, la quantité d'eau est beaucoup plus grande.

Le noir brut nous a fourni à l'analyse les chiffres suivants :

Carbone. 87,49
Hydrogène 2,76

Si l'on compte l'hydrogène en eau, on obtient

$$C\ 87,49 + H^2 O\ 24,88 = 112,37.$$

Ce chiffre d'hydrogène total de 2,76 englobe l'hydrogène de l'eau et l'hydrogène combiné. Ce dernier appartient à une matière organique, vraisemblablement sous forme de carbure.

Cette présence constante, dans le carbone amorphe, de carbures d'hydrogène, d'hydrogène ou d'autres corps simples, était connue depuis longtemps. Nous allons en rencontrer de nombreux exemples.

M. Berthelot a tiré de ces faits importants les conclusions suivantes :

« En réalité, le charbon n'est pas comparable à un corps
« simple véritable ; mais il est, au contraire, assimilable à un
« carbure extrêmement condensé, extrêmement pauvre en
« hydrogène, à équivalent extrêmement élevé. Le carbone pur
« est, en quelque sorte, un état limite et qui peut à peine être
« réalisé sous l'influence de la température la plus élevée que
« nous sachions produire. Tel qu'il nous est connu à l'état de
« liberté, il représente le terme extrême des condensations
« moléculaires, c'est-à-dire un état aussi éloigné que possible
« de celui de l'élément carbone, amené à la condition de gaz par-
« fait et comparable à l'hydrogène. Ceci explique pourquoi le

« carbone ne se sépare jamais en nature dans les réactions opé-
« rées à basse température, contrairement à ce qui arrive pour
« l'hydrogène et la plupart des éléments chimiques (1). »

Lorsque la composition de ce noir de fumée a été déterminée, voici quelles sont les expériences entreprises sur l'échantillon purifié par les dissolvants et non calciné (2).

Traité par le mélange suivant : acide sulfurique, 100^{gr}, bichromate de potassium, 16^{gr}, ce noir de fumée s'attaque à 60°. On voit, à cette température, une légère ébullition se produire dans la masse et l'acide carbonique se dégage.

Cette expérience se fait en plaçant 0^{gr},01 environ de noir de fumée dans un tube de verre de 1^{cm} de diamètre au fond duquel on a placé 2^{cc} du mélange oxydant. Le haut du tube est étiré, courbé ensuite en u renversé, et l'extrémité vient tremper dans un petit tube à essai renfermant de l'eau de baryte limpide. Dès que le dégagement gazeux se produit, l'eau de baryte se trouble. Ce petit appareil est disposé au milieu d'un bain de glycérine et à côté d'un thermomètre.

La température de combustion dans l'oxygène a été prise au moyen de la pince thermo-électrique de M. Le Châtelier. Elle était de 371°.

Le noir de fumée, ainsi purifié, nous a permis d'établir nettement l'influence de la température sur la polymérisation de ce corps simple. Nous avons fait pour cela les expériences suivantes :

1° Ce noir de fumée a été calciné pendant cinq minutes dans un petit creuset de porcelaine au moyen du chalumeau à air, à 910°.

Après calcination, il ne s'est plus attaqué par le mélange

(1) BERTHELOT. Théorie des corps pyrogénés. *Ann. de Chim. et de Phys.*, 4° série, t. IX, p. 475.

(2) M. Berthelot a démontré que le noir de fumée renfermait une trace de graphite due à la double influence de la chaleur et de l'oxydation. BERTHELOT. Recherches sur les états du carbone. *Ann. de Chim. et de Phys.*, 4° série, t. XIX, p. 392.

chromique qu'à la température de 90° et il a pris feu dans l'oxygène à 440°.

2° La calcination, à la même température, a duré trois heures. Ce nouvel échantillon commença à s'attaquer par le mélange chromique à 95° et sa température de combustion dans l'oxygène est montée dès lors à 476°. Sa densité était alors de 1,87.

3° Après six heures de calcination, le noir de fumée s'attaque par le mélange chromique à 99° et il brûle dans l'oxygène à 506°.

Ainsi la polymérisation du carbone, sous l'action de la chaleur, pour une température constante, n'est pas instantanée, mais elle se continue avec le temps.

CARBONE AMORPHE OBTENU PAR LA COMBUSTION INCOMPLÈTE DE L'ACÉTYLÈNE. — La facile production de l'acétylène par le carbure de calcium fondu et cristallisé, dont j'ai indiqué la préparation au four électrique, nous a permis de partir de ce carbure d'hydrogène pur et défini pour préparer le carbone amorphe.

On fait brûler le gaz acétylène à l'extrémité de tubes de verre de 6^{mm} de diamètre. Au-dessus de chaque flamme, se trouve un cylindre de cuivre de 3^{cm} de diamètre, parcouru par un courant d'eau froide. Le noir de fumée forme sur le métal un champignon volumineux.

Examiné au microscope, ce carbone ne présente pas une teinte bien homogène ; certaines parcelles sont plus ou moins brunes ; chauffé, il abandonne des produits volatils, et traité par la benzine, il fournit une petite quantité de composés carbonés. Il renferme un peu d'azote et ne contient pas de cyanures. Ce carbone est plus pur que le noir de fumée du commerce.

La purification de cet échantillon s'est faite par épuisements successifs au moyen de la benzine, de l'alcool et de l'éther.

L'ensemble des propriétés de ce carbone amorphe est assez

voisin de celui du noir de fumée ; il est attaqué par le mélange d'acide sulfurique et de bichromate de potassium à la température de 92°. Dans l'oxygène, sa température de combustion est de 375°. Sa densité est de 1,76.

Chauffé dans le vide au rouge sombre, il n'a pas fourni de carbures volatils ; il a perdu de l'eau et il nous a donné ensuite à l'analyse :

Cendres	0,12	0,80
Carbone	92,71	92,53
Hydrogène	0,96	1,00

Le carbone amorphe obtenu par combustion incomplète de l'acétylène est donc plus pur que le noir de fumée ; son analyse nous démontre qu'il retient aussi une certaine quantité d'eau non volatile au rouge sombre.

CARBONE AMORPHE PROVENANT DE L'EXPLOSION DE L'ACÉTYLÈNE. — M. Berthelot a démontré qu'il était facile de décomposer brusquement le gaz acétylène en carbone et hydrogène, au moyen d'une petite cartouche de fulminate de mercure (1).

Grâce à l'obligeance de M. Vieille, nous avons pu disposer d'une notable quantité de ce carbone amorphe.

Cette variété de carbone ne renferme que des traces d'hydrogène, mais elle contient une certaine quantité de plomb, provenant des rondelles de l'appareil à détonation.

Au microscope, ce carbone est d'une belle couleur noire. Il nous a donné à l'analyse :

	1.	2.	3.
Cendres	7,21	7,51	8,03 [2]
Carbone	92,30	92,61	92,52
Hydrogène	0,41	0,40	0,40

(1) BERTHELOT. *De la force des matières explosives*, t. I, p. 109.

(2) Ces analyses, ainsi que les précédentes, démontrent que ce carbone amorphe n'est pas absolument homogène.

En dehors de la quantité de plomb qu'il renferme, ce carbone amorphe est un des plus purs que nous ayons étudiés. Il ne contient que très peu d'hydrogène, et nous nous sommes bien gardé de le traiter par aucun réactif liquide. Il n'abandonne pas de composés du carbone dans les acides, les alcalis ou les carbures. Il ne renferme pas trace d'azote.

Il s'est attaqué par les différents oxydants aux températures suivantes :

Permanganate de potassium (6 gr., 5 p. 100 H^2 O)..   98°
Acide azotique fumant du commerce...............   80°
—   pur   —   ....   106°
Mélange chromique (indiqué ci-dessus) ....   98°

La combustion dans l'oxygène s'est produite à 385°.

On reconnaît de suite l'influence de la température et peut-être de la pression sur ce carbone amorphe. Il est attaqué par le mélange chromique et il est brûlé dans l'oxygène à des températures plus élevées, que le noir de fumée obtenu par la combustion de l'acétylène dans l'air.

ACTION DE L'ACIDE SULFURIQUE SUR L'AMIDON. — Lorsque l'on fait agir, à 200°, l'acide sulfurique fumant sur l'amidon, pendant quarante-huit heures, on obtient une matière noire, que l'on purifie par des lavages successifs à l'eau froide, à l'alcool, puis à l'éther.

La poudre noire ainsi obtenue, qui, au microscope, paraît assez homogène, n'est pas du carbone pur ; c'est une matière organique. Plus riche en carbone que les acides humiques obtenus par MM. Berthelot et André (1), elle fournit, par sa

(1) **MM.** Berthelot et André ont étudié récemment la matière noire produite par l'action du sucre sur une solution concentrée d'acide chlorhydrique à l'ébullition. Ils

solubilité partielle dans les alcalis, une preuve qu'elle n'est qu'un produit de transformation, un acheminement vers l'élément carbone.

Cette matière noire, séchée à 400°, donne en effet à l'analyse les chiffres suivants :

Cendres	2,64
Carbone	79,69
Hydrogène	2,29

Si l'on chauffe à l'air ce résidu noir, provenant de la décomposition du sucre par l'acide sulfurique fumant, la majeure partie de ce qui est produit organique se détruit, et l'on obtient un carbone moins impur (1). Il renferme, en effet :

Cendres	4,26
Carbone	88,21
Hydrogène	0,75

Mais ce carbone impur est déjà polymérisé par l'action de la chaleur; il ne présente pas d'intérêt pour nous.

ACTION DU PERCHLORURE DE FER SUR L'ANTHRACÈNE. — Lorsqu'on chauffe dans un appareil à reflux, à la température de 180 degrés, des cristaux lamellaires d'anthracène pur, en présence d'une solution saturée de perchlorure de fer, une décomposition assez vive se produit. Après vingt-quatre heures de traitement, il reste dans l'appareil une poudre de couleur marron foncé qui, séchée, devient noire.

A la suite de plusieurs traitements successifs à l'acide chlorhy-

ont obtenu un acide humique, qui ne renferme que 63 à 64 pour 100 de carbone. BERTHELOT et ANDRÉ. *Annales de Chimie et de Physique*, 6° série, t. XXV, p. 364, 1892.

(1) Ce carbone retient toujours une certaine quantité de soufre, qui fait partie intégrante de la molécule.

drique, puis à l'eau bouillante, la substance est finalement épuisée par la benzine, par l'alcool et par l'éther; ces derniers traitements doivent être longs et répétés si l'on veut entraîner la majeure partie des carbures, que cette poudre retient avec la plus grande énergie.

Le produit, ainsi préparé, est un mélange de matières organiques ferrugineuses qui, chauffé, abandonne des produits volatils.

Analysé, il nous a fourni les chiffres suivants :

Cendres	21,29
Carbone	62,17
Hydrogène	0,91

Nous obtenons encore ici un composé carboné de transition. Examinée au microscope, la matière n'est pas homogène; on y a rencontré en particulier de fines aiguilles qu'il a été facile de caractériser et qui étaient formées par du chlorure de Julin.

Les cendres sont très riches en sesquioxyde de fer. Ce dernier métal fait partie de la combinaison.

Cette préparation ne fournit pas de carbone pur.

ACTION DE LA CHALEUR SUR LE TÉTRAIODURE DE CARBONE. — Le tétraiodure de carbone a été préparé pur et cristallisé par la méthode que nous avons indiquée précédemment : action de l'iodure de bore sur le chlorure de carbone (1).

Cet iodure de carbone, porté à la température de 200° dans le vide, se décompose en protoiodure, iode et en matière noire qui, examinée au microscope, est absolument amorphe.

A première vue, cette poudre noire amorphe aurait pu être prise pour une variété de carbone. Il n'en est rien; c'est une

____

(1) H. MOISSAN. Étude du tétraiodure de carbone. *Comptes rendus*, t. CXIII, p. 19, 6 juillet 1891.

combinaison d'iode et de carbone qui vient prouver, une fois de plus, combien il est difficile de séparer le carbone, à basse température, des corps avec lesquels il se trouve uni.

À l'analyse, nous n'avons obtenu que 45,44 pour 100 de carbone sans hydrogène.

Nous rappellerons aussi que la décomposition pyrogénée des fluorures de carbone, au rouge sombre, produit du noir de fumée (1).

Décomposition du tétraiodure de carbone par la lumière. — Nous avons établi dans des recherches antérieures que, sous l'action de la lumière, le tétraiodure de carbone abandonnait de l'iode et fournissait un nouvel iodure C^2I^4 que nous avons appelé *protoiodure de carbone*. Lorsque cette expérience est faite avec du tétraiodure bien sec et dans le vide, la décomposition en iode et en protoiodure se produit sous l'action de la lumière, en trois ou quatre semaines. Elle est complète et il n'y a pas de carbone mis en liberté.

Si le tube renferme une petite quantité d'humidité, la décomposition peut être plus complexe et il se forme des produits noirs amorphes qui ne sont pas formés de carbone pur ; ils contiennent des traces d'hydrogène et une notable quantité d'iode.

Action de la pile de Smithson sur le protoiodure de carbone. — Cette expérience a été faite de la façon suivante : une pile de Smithson, formée d'une lame d'étain sur laquelle était enroulée une feuille d'or, a été placée dans une solution sulfocarbonique de tétraiodure de carbone. Le tube, qui renfermait le liquide, a été étiré, rempli d'acide carbonique, soumis à l'action du vide et fermé à la lampe.

(1) H. Moissan. Fluorures de carbone. *Comptes rendus*, t. CX, p. 276 et 951.

L'expérience, commencée en août 1892 et terminée le 6 mai 1896, a duré quatre ans. On a trouvé, a la surface de l'étain, de beaux cristaux d'iodure d'étain, et sur la lame d'or, un dépôt très faible d'une poudre noire. Examiné au microscope, ce dépôt est absolument amorphe. Il possède une couleur marron et s'attaque avec facilité par l'acide azotique. Il était déposé d'une façon uniforme sur la lame métallique, et il paraît avoir limité l'action électrochimique par sa mauvaise conductibilité. La quantité recueillie était trop faible pour nous permettre d'en faire l'analyse et de mesurer la température d'attaque ou de combustion. Il est vraisemblable que le corps ainsi obtenu n'est pas du carbone pur. Cependant, il est complètement insoluble dans les acides, sauf l'acide azotique concentré, dans les carbures d'hydrogène et, traité par la potasse à 25 pour 100, il ne donne pas de coloration avec ce réactif.

Dans cette expérience, qui s'est produite à la température ordinaire et sous l'action lente d'une décomposition électrolytique très faible, le résidu noir qui s'est déposé a pris l'état amorphe : c'est le point particulier sur lequel nous avions surtout dirigé nos recherches.

M. Berthelot avait déjà signalé la formation de carbone amorphe dans la combustion lente de l'acétylure cuivreux à la température ordinaire (1).

DÉCOMPOSITION DU TÉTRAIODURE DE CARBONE PAR LA LIMAILLE DE ZINC. — Dans un tube de verre, préparé comme nous l'avons indiqué précédemment, nous avons placé de la limaille de zinc et une solution sulfocarbonique de tétraiodure de carbone. L'expérience, commencée en août 1892, a été terminée en mai 1896.

Au moment où l'on a ouvert le tube, le liquide était coloré

____

(1) BERTHELOT. Recherches sur les états du carbone. (Voir *infra*, p. 58.)

en jaune, indiquant la transformation du tétraiodure en proto-iodure. La limaille métallique était recouverte d'une couche de couleur brun foncé.

Après épuisement par le sulfure de carbone, le métal a été attaqué par l'acide chlorhydrique très étendu; il s'est produit un gaz odorant, rappelant l'odeur des sulfines et il est resté une poudre d'un noir brun.

Le résidu a été mis en suspension dans l'eau, puis recueilli et épuisé par l'alcool, la benzine bien pure, et finalement lavé de nouveau avec de l'alcool à 95°.

Cette matière, séchée à l'étuve à 100°, se présente sous forme d'une poudre noire, amorphe, très légère, ne cédant rien à la benzine à chaud, insoluble dans une solution bouillante de potasse et dans l'acide chlorhydrique.

Cette poudre, par son aspect et ses propriétés, ressemble beaucoup à celle obtenue au moyen de la pile de Smithson.

Elle brûle facilement sur la lame de platine et laisse un léger résidu d'oxyde de zinc.

ACTION DE QUELQUES MÉTAUX SUR LE TÉTRAIODURE DE CARBONE. — En même temps que l'expérience précédente était disposée, nous avons préparé un certain nombre de tubes dans les mêmes conditions. Ils renfermaient une solution sulfocarbonique de tétraiodure de carbone en présence de sodium, d'argent, de plomb et de magnésium.

La durée de ces expériences a été aussi de quatre années.

Le sodium, l'argent, le mercure et le plomb ont tous les quatre ramené le tétraiodure à l'état de protoiodure, sans mettre de carbone en liberté.

Le magnésium seul a donné un résultat différent. Les fils de ce métal, employés dans cette expérience, étaient recouverts d'un faible dépôt d'un noir marron ; traitant les fils par l'acide azotique froid et très étendu, nous avons pu isoler, sous forme d'une poussière très ténue, ce voile marron qui, mis en liberté, venait nager à la surface du liquide.

Au microscope, cette matière est absolument amorphe, elle possède une teinte marron foncé, donne de l'acide carbonique par sa combustion dans l'oxygène et ne renferme que des traces d'iode et de magnésium. Elle avait enveloppé complètement les fils métalliques, formant un feutrage qui semblait arrêter la décomposition. En réalité, je crois que cette mise en liberté de carbone doit être attribuée à une action électrochimique, analogue à celle de la pile de Smithson et provenant de la non homogénéité des fils de magnésium.

Quoi qu'il en soit, ce carbone, déposé lentement sur les fils de magnésium, possédait toutes les propriétés du carbone le plus attaquable. Il était très léger, sans dureté et absolument amorphe.

Carbone obtenu par réduction de l'acide carbonique par le bore. — On place du bore pur, dans un tube de verre de Bohême, traversé par un courant d'acide carbonique bien sec. On porte au rouge sombre et le bore brûle dans l'acide carbonique avec incandescence. Il reste un cylindre noir, poreux qui, repris par l'eau, abandonne du carbone amorphe. Cette poudre est traitée par le chlore au rouge sombre pour enlever les dernières traces de bore, enfin lavée à l'eau et séchée.

Ce charbon a été obtenu à haute température dans une réaction non hydrogénée ; il est pur, mais déjà polymérisé et difficilement attaquable. Il donne, avec le mélange oxydant, de l'acide carbonique à 80° et il brûle dans l'oxygène à 490°. Sa combustion est donc comparable à celle du noir de fumée calciné.

Ce carbone est assez pur; il nous a donné à l'analyse :

Cendres...................................... 0,96
Carbone...................................... 86,16
Hydrogène 1,41

ce qui nous donne

$$\text{Cendres, } 0,96 + \text{C } 86,16 + \text{H}^2\text{O } 12,70 = 99,82$$

CONCLUSIONS. — Nous avons repris l'étude d'un carbone amorphe déjà connu, tel que le noir de fumée. Nous l'avons purifié et nous avons démontré que sa polymérisation, sous l'action de la chaleur, n'était pas instantanée et qu'elle croissait avec le temps. Cette polymérisation élève sa température de combustion dans l'oxygène, et augmente sa stabilité en présence d'un mélange déterminé d'acide sulfurique et d'acide chromique.

Nous avons étudié ensuite le carbone amorphe provenant de la combustion incomplète d'un carbure défini, tel que l'acétylène, et celui produit par l'explosion du même carbure sous une faible pression. Ce dernier est déjà plus stable.

Ces différents carbones étant fournis par des réactions qui mettent en mouvement une notable quantité de chaleur, nous avons cherché à préparer du carbone à basse température.

L'action de l'acide sulfurique sur l'amidon et celle du perchlorure de fer sur l'anthracène ne nous ont fourni que des produits organiques. La décomposition se fait en donnant finalement des composés noirs, plus riches en carbone que les acides humiques préparés par MM. Berthelot et André.

La décomposition pyrogénée du tétraoidure de carbone à 180° nous a fourni de même une poudre noire, encore riche en iode, terme de passage entre le composé dont nous sommes parti et le véritable élément du carbone. Cette nouvelle expérience vient à l'appui de la théorie donnée par M. Berthelot sur la décomposition pyrogénée des matières organiques.

L'action lente de la pile de Smithson, sur le protoiodure de carbone en solution sulfocarbonique, nous a fourni une très petite quantité d'une poudre de couleur marron foncé, insoluble dans la potasse et facilement attaquable par l'acide azotique concentré. La limaille de zinc, agissant sur le tétraiodure de carbone, nous a donné des résultats semblables.

Enfin, nous avons étudié une autre variété de carbone, produite par la décomposition au rouge sombre de l'acide carbonique par le bore.

La densité du noir de fumée le plus pur et non calciné est de 1,76.

Ces expériences démontrent tout d'abord combien il est difficile d'obtenir du carbone amorphe pur.

Lorsque le carbone est déposé à la température et à la pression ordinaires, il se présente sous forme d'une poudre impalpable de couleur marron. Il est très léger, sans dureté et s'oxyde facilement par l'acide azotique ou l'acide chromique.

Ce carbone renferme toujours une certaine quantité des corps simples : hydrogène, iode, plomb, zinc, etc., avec lesquels il se trouve en présence dans la réaction. Pour chasser ces impuretés, il faut le chauffer, c'est-à-dire le polymériser.

Tous les carbones amorphes retiennent l'eau avec une très grande énergie.

Enfin, quelle que soit la méthode de préparation de ces carbones, qu'elle soit lente ou rapide, qu'elle se fasse à froid ou au rouge sombre, que le carbone soit pur ou impur, il n'a pas de dureté, sa densité est inférieure à 2 et il est toujours amorphe.

DEUXIÈME PARTIE

Étude du graphite.

Généralités. — Le graphite, avant les recherches de M. Berthelot, n'était pas caractérisé en tant qu'espèce définie. Anciennement on réunissait sous le nom vague de *graphites* toutes les variétés de carbone capables de laisser, par le frottement sur le papier, une trace grise et brillante. A cette époque, la molybdénite pouvait être confondue avec le graphite.

En appliquant la curieuse réaction de Brodie à l'analyse d'un mélange des différentes variétés de carbone, M. Berthelot a pu donner du graphite la définition suivante : « Toute variété de carbone susceptible de fournir par oxydation un oxyde graphitique (1) ».

Cette propriété établissait définitivement la classification des carbones et les trois groupes, diamant, graphite et carbone amorphe, comprenaient, dès lors, tous les états de ce corps simple que l'on peut rencontrer dans la nature ou qui peuvent être produits par la main de l'homme.

L'oxyde graphitique s'obtient, le plus souvent, par la méthode de Brodie, en soumettant à chaud le graphite à l'action oxydante d'un mélange de chlorate de potassium et d'acide azotique. Il se forme un composé, le plus souvent cristallin, qui a la propriété de déflagrer par la chaleur en augmentant beaucoup de volume, et en laissant un résidu noir d'oxyde pyrographitique (2).

(1) Berthelot. Recherches sur les états du carbone. *Ann. de Chim. et de Phys.*, 4ᵉ série, t. XIX, p. 392.

(2) Cette réaction se produit même à la température ordinaire, mais elle exige alors un temps très long. En plaçant dans un tube scellé du graphite de Ceylan, du chlorate de potassium et de l'acide azotique monohydraté et en abandonnant le tout à la tem-

M. Berthelot a décrit, avec soin, les conditions de cette oxydation et l'a appliquée à l'étude des graphites autrefois connus.

J'ai étendu cette recherche à quelques graphites naturels et aux nombreux échantillons de graphite que j'ai pu obtenir, dans mes études sur la Chimie des hautes températures.

Lorsque l'on emploie l'acide azotique fumant et le chlorate de potassium, en suivant exactement les conditions indiquées par M. Berthelot, la couleur de l'oxyde graphitique peut varier du vert ou du marron foncé au jaune, et l'oxydation complète demande parfois de six à huit attaques successives. Il n'en est plus de même, lorsque l'on emploie de l'acide azotique préparé au moyen d'azotate de potassium récemment fondu et d'acide sulfurique bouilli, employé en grand excès.

Dans ces conditions, en ajoutant à l'acide azotique concentré le graphite sec, puis le chlorate de potassium bien sec, par petites quantités, l'oxydation se produit beaucoup plus rapidement et, pour les graphites naturels, elle commence à apparaître dès la fin de la première attaque. On doit employer en chlorate de potassium un grand excès du poids de graphite à transformer. L'attaque doit durer douze heures et se terminer à la température de 6o°.

Il faut avoir soin de ne jamais porter, tout d'abord, le mélange de chlorate de potassium, d'acide azotique et de carbone à une température de 6o°, sous peine d'avoir des explosions souvent assez violentes. On doit éviter aussi l'introduction dans ce mélange des plus petites quantités de matière organique.

A la fin de ces oxydations, l'oxyde graphitique, obtenu en cristaux plus ou moins nets, possède toujours le même aspect gras et la même couleur jaune clair.

pérature du laboratoire, on a obtenu, une année après, une transformation partielle du graphite en oxyde graphitique.

Dans quelques cas, on obtient un oxyde graphitique presque incolore. Nous avons remarqué aussi qu'en projetant du chlorate de potassium bien sec dans l'acide nitrique très concentré, il s'y dissout instantanément, en fournissant une coloration rouge orangé et, dans ces conditions, à la température de 60°, quelle que soit la variété de graphite employée, on obtient, après une attaque de dix heures, une transformation totale en oxyde graphitique. La plus petite trace d'humidité empêche cette coloration rouge de se produire, et diminue beaucoup la vitesse de transformation.

J'ai joint, à cette première étude, la mesure des températures de combustion du graphite dans l'oxygène et la détermination des densités des principales variétés. La recherche de la densité présente, dans ce cas, des difficultés assez grandes. Il m'a été impossible de priver certains échantillons des gaz qu'ils semblaient retenir mécaniquement ; aussi les densités ne nous ont pas présenté un accroissement aussi régulier que les vitesses d'oxydation.

Nous devons rappeler que certaines variétés naturelles de graphite, chauffées en présence d'acide sulfurique ou d'un mélange d'acide sulfurique et de chlorate de potassium, prennent la propriété curieuse de foisonner abondamment, lorsqu'on les porte ensuite au rouge sombre sur une lame de platine (Schafhaul, Marchand et Brodie). M. Luzi (1) vient de montrer qu'il suffit d'imbiber ces graphites naturels d'une très petite quantité d'acide azotique monohydraté, pour les voir ensuite se gonfler par la calcination, en fournissant de petites productions vermiformes ou dendritiques.

M. Luzi a divisé, d'après ces propriétés, les différents gra-

____

(1) Luzi, Sur le Graphite. *Deutsch. Ges.*, t. XXIV, p. 4085, et t. XXV, p. 214.

phites en deux grandes classes : ceux qui gonflent après l'action
de l'acide azotique et auxquels il réserve le nom de *graphites*,
et ceux qui ne foisonnent pas dans ces conditions et qu'il appelle
des *graphitites*.

Le graphite de la fonte ordinaire et celui de l'arc électrique
ne produisent pas ce phénomène après traitement par l'acide
azotique.

Nous avons repris l'étude de quelques graphites naturels,
provenant soit de notre globe, soit de météorites.

Nous avons ensuite produit des graphites par simple élévation
de température et nous avons déterminé les propriétés de ces
différentes variétés. De nombreux échantillons de graphites ont
été ensuite préparés par solubilité du carbone dans un grand
nombre de métaux et, enfin, nous avons pu, à volonté, reproduire les graphites foisonnants, que l'on ne savait pas préparer
jusqu'ici.

Ces recherches nous ont permis d'établir comment il était
possible de ramener à l'état de graphite toutes les variétés de
carbone, diamant ou charbon amorphe.

A. — Graphites naturels.

Graphites de Ceylan. — Ce graphite a été étudié par de
nombreux savants. M. Luzi a établi qu'il était foisonnant ; il
est cependant beaucoup moins foisonnant que le graphite que
nous retirons du platine fondu au four électrique, en présence
d'un excès de carbone.

Traité par le chlorate de potassium non desséché et l'acide
azotique monohydraté du commerce, ce graphite nous a donné,
à la septième attaque, un oxyde graphitique vert foncé et, à la
neuvième attaque, un oxyde coloré en jaune pâle, dont les frag-

ments deviennent irréguliers. Le même graphite, traité par le chlorate sec et l'acide azotique concentré, fournit de l'oxyde graphitique dès la première attaque.

Voici le détail de cette dernière expérience :

Première attaque. — Le graphite devient vert foncé avec des reflets mordorés. Au microscope on reconnaît des pointements nombreux d'oxyde graphitique.

Deuxième attaque. — Masse vert clair paraissant homogène. Il ne reste plus de graphite.

Troisième attaque. — Masse jaune renfermant encore des fragments verts.

Quatrième attaque. — L'oxyde graphitique est jaune très pâle, d'aspect brillant. Au microscope il est nettement cristallisé (fig. 8).

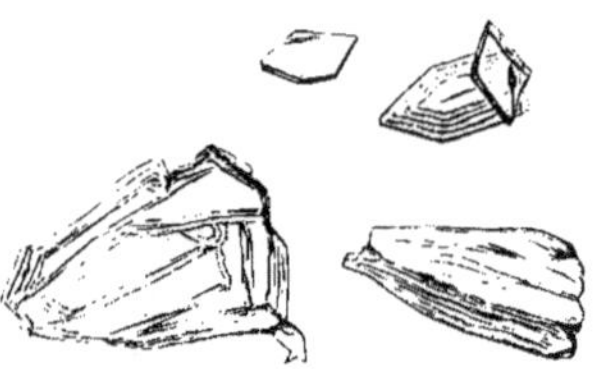

FIG. 8. — Gross. en diamètre : 10.

Température de combustion du graphite de Ceylan dans l'oxygène, 665°; cendres, 0,093. Densité, 2,23.

Ce graphite, purifié, au préalable, par la potasse en fusion et par l'acide fluorhydrique, est entièrement transformable en oxyde graphitique et ne fournit aucun résidu des autres variétés de carbone. Cette expérience a été répétée sur différents échantillons et nous a toujours donné le même résultat.

Graphite de Borowdale (Cumberland). — Ce graphite se présente en fragments compacts, d'une structure amorphe non lamelleuse ; traité par l'acide azotique fumant et chauffé sur une lame de platine, il ne foisonne pas ; à la septième attaque par le mélange oxydant, il donne un oxyde jaune pâle non cristallisé (1).

Lorsqu'on calcine ce graphite dans un tube à essai, il déflagre et se brise en menus morceaux. Nous avons pensé qu'il renfermait des gaz et nous en avons chauffé 1^{cc} au rouge sombre dans le vide. Il s'est dégagé $4^{cc},1$ de gaz renfermant $0^{cc},7$ d'air. Le reste, soit $3^{cc},8$, nous a donné, à l'analyse eudiométrique, un mélange d'hydrocarbures et d'hydrogène. Cette occlusion de gaz explique les propriétés explosives du graphite de Borowdale soumis à l'action de la chaleur.

Ce graphite est impur ; il contient 3,12 de cendres pour 100. Ces dernières ont conservé exactement la forme et le volume du graphite ; elles renferment du fer, de l'alumine, du manganèse, de la chaux et de la silice. Le fer et le manganèse prédominent.

Graphite de Ticonderoga. — Ce graphite a été étudié avec détails par M. Luzi. Il se présente en lamelles brillantes possédant de nombreuses stries rectilignes.

Sous l'action de l'acide nitrique, il foisonne très nettement et fournit une matière feuilletée, d'aspect cristallisé, qui reprend, par la pression, son volume primitif. Traité par le mélange oxydant, il est complètement transformé en oxyde graphitique de couleur vert clair, dès la septième attaque. Ces cristaux ont conservé la forme du graphite et, si l'on continue à faire agir le mélange oxydant, à la neuvième attaque, ils prennent une couleur jaune pâle. Examiné au microscope, le résidu a perdu toute forme cristalline.

Graphite de Greenville. — Ce graphite se présente en petits

(1) L'attaque des graphites naturels a été faite par l'acide azotique monohydraté du commerce et le chlorate de potassium non desséché.

cristaux imprégnés d'une gangue calcaire. Au microscope, on ne retrouve pas, sur la roche, l'impression des stries et des triangles équilatéraux du graphite.

C'est un graphite foisonnant, ainsi que M. Luzi l'a indiqué, qui a besoin de huit attaques pour être transformé en oxyde graphitique jaune.

Graphite d'Omenask (Groënland). — Ce graphite est amorphe et très impur ; la perte au rouge a été de 0,09 pour 100 et il nous a donné 21,04 pour 100 de cendres.

Ces dernières sont presque blanches, contiennent peu de silice et sont très riches en alumine ; elles renferment aussi de la chaux et de la magnésie.

Examiné au microscope, ce graphite se présente en très petits cristaux.

Graphite non foisonnant, ainsi que l'a signalé M. Luzi.

Graphite de Mugrau (Bohême). — Masse de graphite ne présentant pas, à la loupe, de cristaux réguliers. Il renferme de très petits cristaux, visibles au microscope, avec un fort grossissement. Son aspect rappelle les graphites obtenus par l'action d'une température élevée sur un carbone amorphe ; il n'a certainement pas été produit dans un bain liquide de métaux ou de matières en fusion.

Perte au rouge, 9,21 ; cendres, 37,32. Ces cendres sont ocreuses, elles renferment une notable quantité de silice, de l'aluminium, du fer et des traces de manganèse.

Ce graphite ne foisonne pas. Son oxyde graphitique, qui se produit avec facilité, paraît complètement amorphe.

Graphite de Scharzbach (Bohême). — Ce graphite, assez tendre, a le même aspect que le graphite de Mugrau. Perte au rouge, 6,82 ; cendres, 44,27, contenant de la silice, du fer, de l'alumine, de la chaux et du manganèse. Graphite non foisonnant, fournissant un oxyde graphitique jaune amorphe. Il prend feu dans l'oxygène à la température de 620°.

Graphite de South (Australie). — Graphite très impur, ne présentant pas, à la loupe, de cristallisation apparente.

Graphite non foisonnant, donnant un oxyde graphitique amorphe, de couleur jaune.

Graphite de Karsok (Groënland), rapporté par .M. Nordenskiold. — Fragments compacts à texture lamelleuse sans cristallisation nette. Cendres, 17,9 pour 100. Graphite non foisonnant qui a produit un oxyde graphitique vert amorphe.

Graphites de la terre bleue du Cap. —Nous avons trouvé dans la terre bleue du Cap deux graphites d'aspect très différent. Le premier en cristaux réguliers (*a*) et le second (*b*) en masses arrondies à feuillets superposés que nous représentons dans la figure 9. Ce dernier échantillon paraît avoir été formé sous pres-

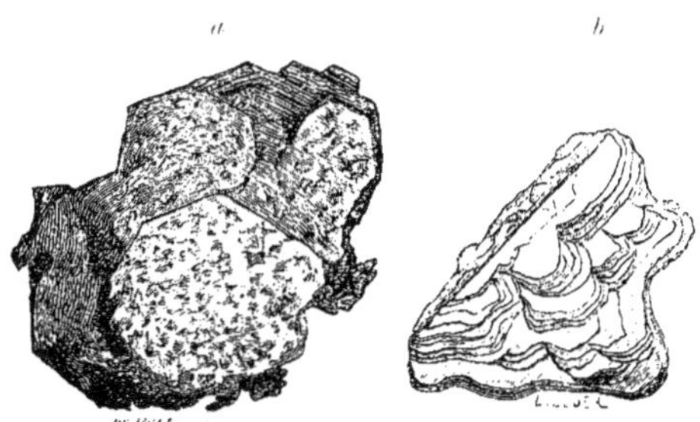

FIG. 9. — Gross. : 40.

sion. Ces graphites sont foisonnants ; ils se transforment nettement en oxyde graphitique, par le mélange oxydant, en s'ouvrant comme les feuillets d'un livre et en conservant leur forme.

Graphite d'une pegmatite. — L'échantillon de graphite, que j'ai étudié, provient d'une pegmatite de l'Amérique (sans nom de localité), et je le dois à l'obligeance de M. Damour.

Cette pegmatite est très intéressante. On sait en effet que cette roche éruptive est arrivée à la surface du sol après avoir été portée à une haute température.

Dans cet échantillon, le graphite se présente en beaux cristaux lamelleux, ayant souvent plus de 1^{cm} de diamètre, intimement répandus dans toute la masse. Il est facile de séparer le graphite en traitant au bain-marie, à plusieurs reprises, la roche, telle quelle, par un grand excès d'acide fluorhydrique à 50 pour 100 de concentration. Tout ce qui est feldspath ou silice ne tarde pas à disparaître. On lave ensuite à l'eau bouillante et l'on sèche à l'étuve.

La pegmatite étudiée renfermait 12,77 pour 100 de graphite. Les belles lamelles ainsi obtenues sont flexibles, miroitantes et présentent une surface portant des stries et des impressions triangulaires équilatérales, tout à fait caractéristiques.

Ce graphite prend feu dans l'oxygène à la température de $690°$; il nous a laissé 5,01 pour 100 de cendres qui sont formées surtout de silice, d'alumine et de chaux et qui ne contiennent que des traces de fer. Ce dernier métal a été décelé par le sulfocyanate et le ferrocyanure de potassium ; les cendres sont blanches et ont conservé la forme des cristaux de graphite. La température de combustion est plus élevée que celle du graphite de Scharzbach ou de Ceylan.

Ce graphite est foisonnant. Imbibé d'acide azotique monohydraté, puis chauffé au rouge sombre, il foisonne abondamment.

Lorsqu'on traite ce graphite, par le mélange oxydant de chlorate de potassium et d'acide azotique monohydraté en grand excès, il présente un phénomène très curieux. Nous avons placé 6^{gr} de graphite dans un ballon de 500^{cc}, en présence de 3^{gr} de chlorate de potassium et de 20^{cc} environ d'acide nitrique. Dès le début de la réaction, le graphite prend aussitôt une belle teinte

verdâtre qui provient d'une attaque superficielle, et, après
quelques heures, il a tellement augmenté de volume qu'il remplit à moitié le ballon. A la deuxième attaque, il continue à foisonner et l'on doit le changer de vase, tellement son volume a
augmenté. C'est le seul graphite qui, en présence d'un liquide
comme l'acide azotique, nous ait donné une pareille augmentation de volume à la température de 60°.

Après la déflagration de l'oxyde graphitique et après sa destruction, nous n'avons trouvé dans le résidu, aucune trace de
diamant noir ou transparent.

A la septième attaque du mélange oxydant, la transformation
en oxyde graphitique, de couleur vert clair, est complète, et, à
l'attaque suivante, l'oxyde graphitique est absolument décoloré.

En examinant au microscope, avec un faible grossissement,
les fragments de quartz ou de feldspath sur lesquels s'étaient
appuyés les cristaux de graphite, j'ai été très surpris de voir
qu'ils présentaient des impressions donnant l'image exacte de la
surface de ces cristaux. Ce sont les mêmes stries et les mêmes
triangles qu'un frottement très énergique ne peut effacer.

Ce fait nous amène à penser que le graphite préexistait avant
les roches qui, par leur cristallisation, ont donné naissance à la
pegmatite.

Par ses propriétés caractéristiques, ce graphite rappelle entièrement, ainsi que nous le verrons plus loin, les échantillons
obtenus dans les métaux en fusion, au moyen de notre four
électrique. Il a dû s'être produit dans les mêmes conditions. Au
moment où la pegmatite s'est formée, il a été moulé par les
cristaux de quartz et de feldspath, et a laissé, sur ces derniers,
les impressions des détails qui se trouvaient à sa surface.

Étude de quelques météorites. — La découverte du graphite

dans la météorite de Cañon Diablo m'a conduit à reprendre l'étude de quelques météorites métalliques ou holosidères (Daubrée), pour rechercher si toutes contenaient du carbone et sous quelle forme elles renfermaient ce métalloïde.

On sait que, parmi les météorites recueillies à la surface de la terre, celles qui sont entièrement formées d'alliage ferrugineux sont de beaucoup les moins nombreuses. Cependant leur nombre est assez élevé, pour qu'une étude méthodique de ces météorites holosidères fournisse de curieux résultats au point de vue du carbone qu'elles peuvent renfermer (1).

Comme il nous est impossible d'aller chercher, dans les couches profondes de notre globe, les métaux qui s'y trouvent et qui, vraisemblablement, sont la cause de la densité élevée de la Terre par rapport aux roches de sa surface, nous devons nous contenter des fragments qui proviennent de la dislocation d'autres planètes.

Le nombre des échantillons, que nous avons pu étudier, est malheureusement assez restreint. Nous les devons, presque tous, à l'obligeance de M. Stanislas Meunier qui poursuit toujours, avec la plus grande ardeur, ses importantes recherches sur ces belles questions.

N° 1. *Fer de Kendall County du Texas.* — Petit fragment scié pesant $5^{gr},950$, à surface lisse, présentant des figures à contours rectilignes. Il renferme quelques géodes qui, examinées à la loupe, paraissent tapissées d'une substance noire. L'attaque a été faite par l'acide chlorhydrique étendu de son volume d'eau. La matière se désagrège rapidement, et il reste une poudre métallique cristalline qui disparaît en peu d'instants dans l'eau régale.

(1) D'après M. Stanislas Meunier, le nombre des fers météoriques connus était, en 1880, d'environ 110, et plus de la moitié des échantillons avait été recueillie aux États Unis [*Météorites, Encyclopédie chimique*, p. 439].

Après cette attaque par l'eau régale, le résidu est formé d'une matière noire amorphe et de petits grains transparents irréguliers, très abondants. Des traitements successifs et répétés, par l'acide sulfurique et l'acide fluorhydrique bouillants, font disparaître toute la partie transparente. Le résidu noir brûle dans l'oxygène en donnant de l'acide carbonique. C'est un carbone amorphe, assez difficilement attaquable par le mélange ordinaire d'acide nitrique et de chlorate de potassium. Dans cette oxydation, il ne se fait pas trace d'oxyde graphitique.

La partie transparente est formée de saphirs et de petits grains, de couleur vert bouteille, rongés sur les bords par les acides et non déterminés. Leur destruction est complète, lorsque l'on traite le résidu par les attaques successives au fluorhydrate de fluorure de potassium en fusion, et à l'acide sulfurique bouillant.

En résumé, la masse de fer de Kendall County renferme du carbone amorphe et ne contient ni graphite ni diamant.

N° 2. *Fer de Newstead de Roxburgshire, trouvé en 1827 en Écosse (échantillon du British Museum).* — Échantillon du poids de $8^{gr},10$, à surface polie, présentant des parties de couleur noire.

Après attaque par l'acide chlorhydrique étendu, il reste un résidu noir abondant, très riche en carbone. Au microscope, on n'y reconnaît pas de carbone filamenteux marron, mais on y distingue nettement la présence du graphite.

Trois attaques par le mélange oxydant fournissent un oxyde graphitique jaune, de forme un peu contournée, sans aspect cristallin bien net. Ce composé déflagre, par simple élévation de température, avec formation d'oxyde pyrographitique.

Après destruction de cet oxyde graphitique par l'acide sulfurique bouillant, traitement par le fluorhydrate de fluorure de potassium en fusion, puis à nouveau par l'acide sulfurique, il ne reste qu'un résidu faible, formé de quelques grains transparents à surface attaquée. Après un nouveau traitement au fluorhydrate, puis à l'acide sulfurique bouillant, on ne trouve plus rien sur le champ du microscope. Le fer de Newstead de Roxburgshire renferme du carbone amorphe, du graphite, mais pas de diamant.

N° 3. *Déesite découverte en 1866 dans la Sierra de Déesa, au Chili.* — Cette météorite, non homogène, nous a donné, après attaque par l'acide fluorhydrique, un résidu abondant composé : 1° de grains transparents irréguliers ; 2° de masses arrondies riches en silice ; 3° d'une substance noire peu dense renfermant des fragments amorphes ayant l'éclat du graphite. Nous n'y avons pas rencontré de carbone noir filamenteux.

La matière noire est entièrement formée par du carbone graphitique. Dès la première attaque par le mélange oxydant, on obtient un oxyde graphitique vert et, à la troisième attaque, il reste des fragments transparents, de forme allongée ou contournée qui, chauffés, déflagrent en se transformant en oxyde pyrographitique.

En faisant subir au résidu les traitements habituels à l'acide sulfurique, au fluorhydrate de fluorure de potassium et enfin à l'acide sulfurique bouillant, il ne nous est resté que trois petits fragments dont deux sont à surface nettement attaquée, et dont le troisième possède une belle limpidité. Ce dernier a été placé sur une petite nacelle de platine dans un courant d'oxygène à 1000°. La petite nacelle, examinée ensuite au microscope avec un faible grossissement, nous a montré que cette parcelle s'était dépolie, mais n'avait pas brûlé dans l'oxygène. Cette météorite de Déesa ne renferme pas de diamant, mais contient une très petite quantité de graphite, et la forme de l'oxyde graphitique obtenu indique que cette matière a dû être soumise à une certaine pression.

N° 4. *Caillite, fer de Toluca-Xiquipilso, Mexique (chute de 1784).* — Le fragment, mis en attaque, présentait une belle surface polie et pesait 69^{gr},050. Le résidu obtenu était très faible; en l'examinant au microscope, nous y avons rencontré quelques grains transparents, quelques fragments verdâtres, de petits grains noirs, sans charbon amorphe et sans graphite apparent.

Après des traitements aux acides, tous les petits fragments transparents ont disparu et, après attaque par le fluorhydrate de fluorure de potassium en fusion, il n'est rien resté.

FER D'OVIFACK. — Après la publication de nos études sur la terre bleue du Cap et sur la météorite de Cañon Diablo, M. Daubrée a eu l'obligeance de mettre à notre disposition quelques échantillons du fer d'Ovifack, découvert au Groënland par M. Nordenskiöld, afin de rechercher quelle était la variété de carbone qu'ils renfermaient. Nous savons, du reste, par une Note parue aux *Comptes rendus*, que M. Nordenskiöld, de son côté, s'est préoccupé de cette question.

D'après M. Daubrée (1), ces blocs de fer appartiennent au moins à trois types : le premier est à éclat métallique et presque noir; le deuxième à éclat métallique d'un gris clair et, dans le troisième, la substance métallique, au lieu d'être continue, n'apparaît qu'en globules ou en grains, dans une partie lithoïde, d'un vert très foncé et de nature silicatée.

Ces trois échantillons ont été traités séparément, en suivant la méthode que nous avons employée pour isoler les diamants microscopiques dans la terre bleue du Cap (2).

Échantillon n° 3. — 34^{gr} de gros fragments nous ont laissé, après épuisement par l'acide chlorhydrique, un résidu très volu-

---

(1) DAUBRÉE. Examen des roches avec fer natif, découvertes en 1870 par M. Nordens kiöld au Groënland. *Comptes rendus*, t. LXXIV, p. 1541, et t. LXXV, p. 240.

(2) H. MOISSAN. Sur la présence du graphite, du carbon et de diamants microsco piques dans la terre bleue du Cap. *Comptes rendus*, t. CXVI, p. 292.

mineux. Après un traitement à l'acide fluorhydrique bouillant, puis à l'acide sulfurique, il nous est resté un résidu beaucoup plus faible qui, étudié au microscope, nous a fourni :

1° Des globules parfaitement sphériques d'un vert foncé ;

2° Quelques cristaux prismatiques de forme allongée transparents ;

3° Des fragments de saphir colorés en bleu, que l'on a pu séparer à la pince et caractériser avec netteté ;

4° Quelques rares fragments de charbon amorphe de forme irrégulière, d'une couleur mate et d'une densité inférieure à 2.

En répétant les traitements alternatifs à l'acide fluorhydrique et à l'acide sulfurique, le volume de la poudre a diminué. Quelques attaques au chlorate de potassium et à l'acide azotique ont fait disparaître le carbone avec rapidité. Enfin, une dernière attaque au bisulfate en fusion, suivie d'un lavage à l'acide fluorhydrique, n'ont plus laissé de résidu.

Échantillon n° 2. — 18^{gr} de cet échantillon, traités par l'acide chlorhydrique, ont donné une petite quantité de substance pulvérulente et de charbon léger. On distingue facilement, au microscope, quelques parcelles de schreibersite, une matière blanche, opaque, en masses irrégulières, et un grand nombre de grains réfringents de forme quelconque.

Un premier traitement à l'acide fluorhydrique diminue déjà le volume de ce résidu. Après une attaque à l'acide sulfurique bouillant, la quantité de charbon amorphe augmente, ce qui indique l'existence d'un graphite foisonnant. On renouvelle les attaques à l'acide fluorhydrique et à l'acide sulfurique. Le résidu est traité onze fois par le mélange de chlorate de potassium et l'acide azotique (formation d'oxyde graphitique), enfin repris par le bisulfate de potassium en fusion, puis finalement par l'acide fluorhydrique.

Il ne reste plus que quelques grains noirs microscopiques, rongés superficiellement, et qui disparaissent dans le bisulfate de potasse en fusion.

M. Berthelot dans l'étude qu'il avait faite d'un échantillon de fer d'Ovifack (1), avait déjà indiqué l'existence d'une substance analogue qui n'est pas du diamant.

Échantillon n° 1. — Fragment de 1^{gr}. Après traitement à l'acide chlorhydrique, il est resté une petite quantité de charbon amorphe très léger. Une première attaque à l'acide fluorhydrique a diminué le résidu; mais, par l'acide sulfurique bouillant, le charbon amorphe a augmenté. Cet échantillon contient aussi du graphite foisonnant. Il renfermait du graphite non foisonnant nettement cristallisé au microscope, et qui a donné de l'oxyde graphitique par les traitements au chlorate. Après attaque par le bisulfate, il ne restait aucun résidu.

Ainsi, dans les quelques échantillons de fer d'Ovifack que M. Daubrée a bien voulu nous confier, nous avons caractérisé nettement dans l'un d'eux du saphir, dans les trois du charbon amorphe ; dans deux d'entre eux du graphite foisonnant ; dans un seul du graphite ordinaire, et nous n'avons rencontré ni diamants noirs, ni diamants transparents dans aucun de ces échantillons.

B. — Graphites artificiels.

Graphites produits par simple élévation de température. — Nous passerons en revue dans ce chapitre quelques-uns des graphites que l'on peut préparer dans le laboratoire.

Diamant. — Jacquelain a démontré, le premier, que le diamant, chauffé dans l'arc électrique, se transforme en graphite ; nous

(1) Analyse citée dans le travail de M. Daubrée.

ajouterons à cette observation importante les faits suivants : le graphite obtenu affecte une forme cristalline irrégulière. Les cristaux enchevêtrés sont trapus, d'un noir brillant et présentent quelques rares facettes planes. Lorsque l'expérience est faite avec un courant de 350 ampères et 70 volts, l'attaque par l'acide azotique monohydraté ordinaire et le chlorate de potassium est assez rapide. Après trois attaques, la transformation est complète et il se produit un oxyde graphitique de couleur jaune. A la combustion, ce graphite nous a donné : carbone 99,88 et cendres 0,016.

Charbon de sucre. — Le charbon de sucre, purifié au chlore et placé dans un creuset fermé, a été chauffé, pendant dix minutes, sous l'action d'un arc de 350 ampères et 70 volts. L'aspect du charbon est sensiblement le même qu'avant l'expérience ; sa couleur cependant est devenue plus grise. Aucun fragment ne possède l'aspect cristallin, quel que soit le grossissement employé. Il laisse une trace grise sur le papier, et, lorsqu'on l'écrase, il prend nettement le ton du graphite. A la troisième attaque par le mélange oxydant, il est transformé en oxyde graphitique jaune pâle. Ce graphite brûle dans l'oxygène à la température de 660°. Sa densité est de 2,19. Il donne à l'analyse : carbone 99,87, hydrogène 0,032 et cendres 0,110.

Charbon de bois. — Le charbon de bois, préalablement purifié, a été chauffé dans un creuset muni de son couvercle. La chauffe a duré environ dix minutes, avec une marche régulière, pendant cinq minutes, de 2200 ampères et 60 volts. L'expérience a dû cesser par suite de projections de chaux fondue tout autour du four.

Ce charbon de bois a conservé son aspect primitif, mais, sous l'action du plus léger frottement, il prend une couleur grise et devient brillant. Au microscope les fibres du bois, bien que légèrement altérées, ont à peu près conservé leur forme. Ce graphite est difficilement attaquable par le mélange oxydant, et il fournit un oxyde graphitique d'un jaune très pâle, formé, le plus souvent, d'un amas de petits rectangles allongés ou de masses possédant encore une texture fibreuse (fig. 10).

FIG. 10. — Gr. : 20.

Carbone sublimé. — Le carbone sublimé, recueilli sur l'électrode positive de l'arc, n'a été complètement transformé, en employant l'acide azotique fumant ordinaire et le chlorate de potassium, qu'à la quatrième attaque. L'oxyde graphitique, d'abord verdâtre, est devenu finalement jaune. Les fragments, parfaitement transparents, avaient l'apparence de feuillets contournés ; à l'analyse, il nous a donné les chiffres suivants : carbone 99,90, hydrogène 0,031, cendres 0,017.

Carbone des extrémités d'électrodes (1). — L'extrémité des électrodes est transformée en un graphite compact, tendre, sans trace de cristallisation, prenant un ton gris sous le moindre frottement et fournissant, à la troisième attaque avec l'acide concentré, un oxyde graphitique jaune.

---

(1) Fizeau et Foucault, Despretz puis M. Berthelot ont établi cette formation de graphite sous l'action de l'arc électrique.

GRAPHITES PROVENANT DE LA SOLUBILITÉ DU CARBONE DANS DIFFÉ-
RENTS MÉTAUX. — Ces graphites peuvent se produire par deux
méthodes différentes, soit que l'on déplace le carbone combiné
au métal fondu par un autre corps simple, soit que l'on utilise
la différence de solubilité du carbone dans le métal liquide à très
haute et à moins haute température.

D'une façon générale, pour obtenir les graphites des métaux
réfractaires, on préparait d'abord le carbure du métal ; puis,
dans une nouvelle opération, on saturait ce composé de carbone
au moyen du four électrique. Le culot, ainsi obtenu, était attaqué par les acides ou chauffé au rouge dans un courant de
chlore pur et sec. Le résidu, formé par un mélange de charbon
amorphe et de graphite, était mis à digérer dans l'acide nitrique
fumant à la température de 40°, qui détruit la première variété
de carbone. Le graphite restant était traité par l'acide fluorhydrique à l'ébullition, puis par l'acide sulfurique tiède, enfin lavé
et séché.

Aluminium. — Lorsque l'on chauffe l'aluminium pendant cinq
à six minutes au four électrique (350 ampères et 70 volts), en
présence de charbon de sucre, ou même simplement dans un
creuset en charbon, le métal se carbure, et, par refroidissement,
on obtient un culot présentant une cassure cristalline jaune et
renfermant le carbure d'aluminium $C^3 Al^4$. Si l'on chauffe dix à
douze minutes, le carbure d'aluminium se volatilise en partie et
il reste une substance grise, cassante, poreuse, hérissée de cristaux de graphite. Ce dernier composé est isolé par l'acide chlorhydrique, puis purifié par l'acide sulfurique et l'acide fluorhydrique. Finalement, il se présente en groupements de petits
cristaux très brillants, présentant parfois quelques filaments
noirs. Sa densité est de 2,11. Dès la première attaque par le
mélange oxydant, le graphite se gonfle, et, dès la deuxième, les

plus petits fragments sont complètement transformés en oxyde graphitique. L'acide concentré fournit, à la première attaque, un oxyde vert clair qui devient jaune à la seconde.

Argent. — Ce métal ne dissout que très peu de carbone, même à sa température d'ébullition. Les culots d'argent, refroidis lentement dans le four électrique, sont généralement recouverts d'une mince pellicule de graphite. Après dissolution du métal par l'acide azotique, on rencontre des lamelles graphitiques, brillantes, en cristaux confus.

Ce graphite n'est pas foisonnant. Traité par le mélange oxydant, il donne dès la première attaque de l'oxyde graphitique et, à la sixième, la transformation est complète.

Manganèse. — Le manganèse, préparé au four à vent, ne renferme, comme M. Berthelot l'a indiqué, que du carbone amorphe ; mais lorsque l'on prend ce carbure de manganèse et qu'on le chauffe pendant quatre à cinq minutes, en présence d'un excès de carbone, sous l'action d'un arc de 350 ampères et 50 volts, le culot métallique qui reste renferme des cristaux de graphite et en est recouvert (1). Ce graphite est en lames brillantes assez grandes, présentant de beaux hexagones réguliers. Traité par le mélange oxydant, il fournit, à la troisième attaque, une transformation complète en oxyde graphitique jaune bien cristallisé.

Nickel. — Le nickel, chauffé au four électrique, donne un graphite qui, par l'aspect et la forme, rappelle celui de la fonte grise, mais ses cristaux sont beaucoup plus nets. Ils se transforment

(1) Cette expérience semble être en contradiction avec la démonstration que j'ai donnée précédemment de la facile volatilisation du manganèse au four électrique. Cela tient à ce que le manganèse métallique est beaucoup plus volatil que le manganèse carburé. Ce dernier corps cependant finit aussi par disparaître sous l'action calorique continue de l'arc électrique.

M. Jordan a déjà appelé l'attention des métallurgistes sur la facile volatilisation du manganèse dans le haut-fourneau.

facilement, dès la deuxième attaque, en oxyde graphitique.

Chrome. — Les carbures de chrome, que nous décrirons ultérieurement, dissolvent avec facilité du carbone. Par refroidissement, ils laissent un culot métallique et ce dernier, après traitement par les acides, fournit des cristaux de graphite beaucoup plus petits que ceux du manganèse. Ces cristaux sont irréguliers, moins brillants, et ils s'attaquent déjà plus difficilement que les graphites du fer et du manganèse, ce qui tient au point de fusion élevé du chrome. Par le mélange oxydant, la transformation ne commence nettement qu'à la troisième

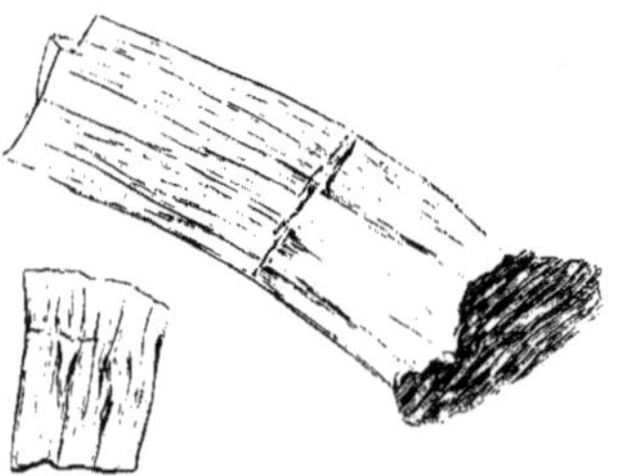

Fig. 11. — Gr. : 40.

attaque. Il se fait un oxyde graphitique, volumineux, jaune pâle, se présentant en masses irrégulières (fig. 11).

Tungstène. — Le point de fusion du tungstène est plus élevé que celui du chrome ; son graphite se présente en petits cristaux noirs brillants et d'une forme régulière. C'est à peine s'il commence à se transformer en acide graphitique à la troisième attaque.

Molybdène. — Le graphite du molybdène est formé d'un amas de petits cristaux noirs brillants. Parfois ces cristaux constituent un véritable feutrage ou sont réunis en masses arrondies. Ils s'attaquent plus difficilement par le mélange oxydant

que les précédents. L'oxyde graphitique obtenu est de couleur
jaune et de forme plus ou moins régulière.

Uranium. — Amas de petits cristaux noirs et brillants difficilement attaquables par le mélange oxydant. Le graphite de
l'uranium fournit un oxyde graphitique jaune de forme irrégulière.

Zirconium. — Le graphite de ce métal se présente en un
feutrage de petites masses tourmentées, offrant des surfaces per-
forées, entourées le plus souvent de filaments plus ou moins

FIG. 12. — Gr. : 40.   FIG. 13. — Gr. : 40.

longs (fig. 12). Attaque lente et difficile par le mélange oxydant,
oxyde graphitique jaune (fig. 13).

Vanadium. — De tous les métaux réfractaires que j'ai pu
préparer au four électrique, le vanadium est un des plus infu-
sibles. Son graphite est rarement cristallisé ; il se présente
surtout en fragments irréguliers très fins, perforés ou légèrement échancrés, et possède parfois des extrémités arrondies.

Titane. — Le carbure de titane CTi, dont nous avons indiqué
la préparation, dissout facilement le carbone et l'abandonne par
refroidissement sous forme de graphite.

Ce dernier corps, légèrement foisonnant, se présente en cristaux ou en masses contournées analogues au graphite du vanadium.

Son oxyde graphitique, marron au début de l'attaque, passe rapidement au jaune pâle.

Silicium. — Chauffé au four à vent, le silicium fondu dissout du carbone qu'il abandonne ensuite à l'état de graphite. Paillettes d'un noir brillant nettement cristallines et fournissant un oxyde graphitique jaune.

A la température du four électrique, le silicium ne donne plus de graphite, il fournit du siliciure de carbone cristallisé.

A la quatrième attaque du mélange oxydant, c'est à peine si quelques fragments de graphite commencent à se transformer en oxyde graphitique. En continuant l'action du chlorate et de l'acide, on obtient un oxyde graphitique jaune ayant conservé la forme des fragments primitifs.

En résumé, les graphites artificiels peuvent être amorphes ou cristallisés. Leur densité varie entre 2,10 et 2,25. Leur température de combustion dans l'oxygène est voisine de 660°.

Il existe plusieurs variétés de graphites, comme il existe plusieurs variétés de carbones amorphes.

La stabilité du graphite s'élève avec la température à laquelle il a été porté. Ce fait est mis en évidence par la résistance plus ou moins grande que présente le graphite pour se transformer en oxyde graphitique. Du reste, au fur et à mesure que s'élève le point de fusion du métal, dans lequel le graphite s'est formé, sa difficulté d'oxydation augmente avec netteté.

L'influence de la température sur la stabilité du graphite peut être démontrée par une expérience très simple. Prenons du graphite naturel de Ceylan ; il se transforme dès la première attaque par le mélange oxydant bien privé d'eau. Chauffons ce graphite au four électrique pendant dix minutes, avec un courant de 1,200 ampères et 70 volts et c'est à peine si, à la troisième attaque, nous verrons apparaître quelques pointements jaunes d'oxyde graphitique.

Une simple élévation de température rend donc le graphite plus difficilement attaquable.

Déplacement du carbone par le bore et le silicium dans la fonte en fusion. — L'étude de la solubilité du carbone dans différents métaux, à des températures de plus en plus élevées, nous a amené à rechercher quelle pouvait être l'action du bore et du silicium sur le carbure de fer maintenu à l'état liquide.

L'action du bore sur le fer n'a pas encore été étudiée (1) ou, du moins, dans les quelques essais tentés sur ce sujet, le bore n'a pu être caractérisé, après l'expérience, dans le métal soumis à son action.

Pour ce qui touche l'action du silicium, aucune expérience n'a été conduite d'une façon méthodique. On sait depuis longtemps, en sidérurgie, que les fontes sont d'autant plus pauvres en carbone qu'elles sont plus riches en silicium ; mais l'action du silicium sur la fonte de fer n'a pas été non plus déterminée avec précision.

La fonte en fusion est un liquide dans lequel, comme nous allons le démontrer, les réactions sont parfois aussi nettes que dans les solutions aqueuses, maniées dans nos laboratoires, à la température ordinaire. La complexité de certaines fontes, qui peuvent renfermer comme impuretés un grand nombre de composés, rend seule les réactions plus obscures.

Action du bore sur la fonte grise. — Nous sommes partis

(1) Cela tient surtout à ce que l'on ne connaissait pas jusqu'ici le moyen de préparer le bore pur. Nous avons indiqué cette préparation en 1892. *Comptes rendus*, t. CXIV. p. 392.

d'une fonte grise de Saint-Chamond, qui renfermait 3,18 de carbone total et 0,5 de scories (1).

10^{gr} de cette fonte ont été placés dans une nacelle de porcelaine brasquée, avec 2^{gr},3 de bore. Le tout a été fortement chauffé au four à réverbère dans un tube de porcelaine rempli d'hydrogène sec. Après l'expérience, on a trouvé, dans la nacelle, un culot bien fondu, recouvert d'un feutrage noir entièrement formé de graphite. Le métal avait une teinte jaunâtre et présentait à la surface quelques longs prismes nettement cristallisés. Il renfermait, d'après l'analyse, 8 à 9 pour 100 de bore. C'était une fonte borée, mélangée de borure de fer en partie cristallisé.

Cette fonte borée ne renfermait plus que 0,27 pour 100 de carbone et ne donnait plus de scories par la combustion du résidu dans l'oxygène. Le bore forme donc facilement des combinaisons avec les impuretés de la fonte et les entraîne dans les scories. Il joue vis-à-vis de l'oxyde de fer, qui se trouve en solution dans le métal, un rôle analogue à celui que MM. Troost et Hautefeuille ont assigné au manganèse (2).

Nous pouvons donc conclure de cette réaction que le bore a chassé le carbone dans la proportion de 1 à 10 et a éliminé en même temps les matières qui constituaient les scories.

Cette expérience a été renouvelée quatre fois sur un autre échantillon de fonte grise de Saint-Chamond renfermant 3,24 pour 100 de carbone et 0,418 pour 100 de scories. On a obtenu, après l'action du bore, les chiffres suivants :

	1.	2.	3.	4.
Carbone	0,36	0,28	0,17	0,14
Scories.	0,02	0,00	0,03	0,01

(1) Dans l'analyse des fontes, on sépare par le chlore ou par le bichlorure de mercure, le mélange des différentes variétés de carbone. Ce résidu est brûlé dans l'oxygène et l'on donne le nom de *scories* aux cendres qu'il fournit.

(2) TROOST et HAUTEFEUILLE. Étude calorimétrique sur les carbures, les siliciures et les borures de fer et de manganèse. *Annales de Chimie et de Physique*, 5e série, t. IX.

Nous avons substitué à la fonte grise une fonte blanche d'affinage provenant du haut-fourneau de Saint-Louis, à Marseille. Cette fonte contenait 3,85 de carbone et 0,36 de scories. Après l'action du bore, elle ne renfermait plus que 0,24 de carbone et 0,06 de scories.

Nous avons tenu à varier la forme même de l'expérience, et à ne pas faire agir sur la fonte liquide un grand excès de bore. On a fondu à la forge 500^{gr} de fonte grise de Saint-Chamond, et, lorsque cette fonte a été parfaitement liquide, on y a ajouté 50^{gr} d'une fonte borée à 10 pour 100 de bore. Après agitation, le creuset a été fermé et l'on a terminé la chauffe. Au moment où le culot de fonte de bore a été ajouté à la fonte grise en fusion, il est resté quelque temps sur le bain liquide et ne s'est dissous que par l'agitation.

Après refroidissement, le culot obtenu, d'apparence lamelleuse, présentant une grande dureté, ne s'attaquait pas au burin et avait l'aspect d'une fonte blanche.

Sous l'action du bore, la teneur en carbone de cette fonte était descendue de 3,75 à 2,83.

Le bore avait donc déplacé du carbone, dont on a, d'ailleurs, retrouvé une partie, sous forme de graphite, entre le culot métallique et le creuset.

Déplacement du carbone par le silicium. — Nous avons répété la même expérience, en chauffant quelques fragments de fonte grise dans une nacelle brasquée avec de la poudre de silicium cristallisé. Le silicium, dans ces conditions, chasse aussi le carbone, que l'on retrouve, sous forme de graphite, au-dessus du métal.

Mais, comme nous le faisions remarquer plus haut, une fonte blanche ou grise préparée au haut-fourneau est une combinaison assez complexe.

L'expérience a été reprise dans des conditions plus simples.

On a préparé d'abord, au four électrique, une fonte riche en carbone, au moyen de fer doux et de charbon de sucre. Puis, sur ce bain liquide, on a projeté quelques globules de plusieurs grammes de silicium fondu. Après refroidissement, le culot, lisse à sa surface supérieure, avait l'aspect d'une fonte siliciée à cassure blanche et brillante. Cette fonte ne renfermait que très peu de carbone combiné et pas de graphite. Mais au milieu du culot, se présentait une grande cavité qui le séparait presque en deux parties. Cette cavité était remplie d'une quantité notable de graphite brillant et très bien cristallisé.

En résumé, le bore et le silicium déplacent nettement le carbone dans une fonte ou dans un carbure de fer en fusion (1). Ces corps, lorsqu'ils sont maintenus à une température suffisante, se conduisent exactement comme les solutions aqueuses de certains composés, dans lesquelles nous précipitons ou nous déplaçons tel ou tel corps en solution ou en combinaison.

Si le déplacement du carbone n'est pas absolument complet, cela tient à ce qu'il se forme un équilibre entre le siliciure et le carbure de fer, équilibre dont les conditions varieront avec la température et avec les impuretés renfermées dans le bain. C'est le cas général des fontes blanches ou grises.

Ces expériences nous conduisent à l'étude des graphites du fer.

Graphites de fer. — Nous avons étudié précédemment les graphites obtenus, soit par la simple élévation de température d'une variété quelconque de carbone, soit par la dissolution du charbon dans des métaux très difficilement fusibles.

Nous avons pensé qu'il était utile de joindre à ces premières

_____

(1) La température à laquelle toutes ces expériences ont été faites, n'était pas assez élevée pour que des quantités notables de siliciure ou de borure de carbone aient pu se produire.

recherches l'étude des différentes variétés de graphite produites
par un même métal, dans des conditions différentes de température et de pression. A ce point de vue, le métal le plus important
par ses applications étant le fer, c'est à lui que nous nous
sommes adressé.

Le point de fusion de la fonte grise étant voisin de 1150°, le
graphite que nous avons étudié, provenant d'une fonte grise de
Saint-Chamond, a donc été formé aux environs de cette température. Le mélange de carbone amorphe et de graphite, retiré de
cette fonte attaquée par le chlore au rouge sombre, a été traité

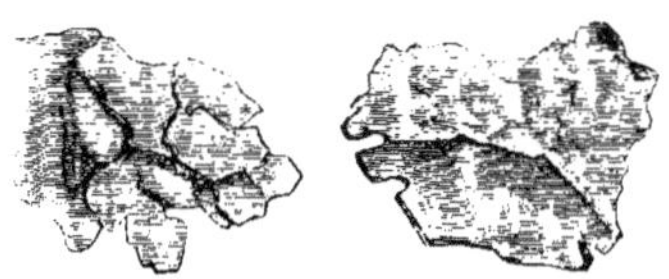

FIG. 14. — Gr. : 20.

plusieurs fois par l'acide azotique fumant, puis par l'acide fluorhydrique. Le graphite restant après lavage et dessiccation possède les propriétés suivantes : sa densité est de 2,17 ; il brûle
dans l'oxygène à une température de 670° ; il se présente en très
petits cristaux groupés, possédant des pointements hexagonaux
très nets et des masses irrégulières brillantes à cassures bien
vives (fig. 14). Sa couleur tire un peu sur le gris. Traité par le
mélange d'acide azotique monohydraté ordinaire et de chlorate
de potassium, il donne, dès la deuxième attaque et complètement à la troisième, un oxyde graphitique vert assez bien cristallisé. Si l'on emploie, ainsi que nous l'avons indiqué précédemment, l'acide azotique concentré et si l'on évite avec soin
l'humidité, il se forme, à la première attaque, un oxyde graphitique vert clair, qui devient jaune à la deuxième.

FOUR ÉLECTRIQUE.   7

Dans une autre série d'expériences, nous avons isolé le carbone, en attaquant la même fonte par un mélange d'acide chlorhydrique additionné d'une petite quantité d'acide azotique. Ce dernier corps servait à amener le fer à l'état de chlorure ferrique très soluble dans les acides étendus. Ce traitement détruit la majeure partie du carbone amorphe. Le résidu lavé et séché est traité à plusieurs reprises par l'acide azotique fumant. Le graphite obtenu, pour le débarrasser des matières minérales qu'il renferme encore, est traité d'abord par l'acide fluorhydrique, puis par l'acide sulfurique bouillant. Dans ces conditions, il reste un composé qui présente bien l'aspect du graphite, mais qui ne renferme plus que 80 à 85 pour 100 de carbone, 1,30 de cendres et 0,15 d'hydrogène. La teneur en hydrogène a varié de 0,15 à 0,80 pour 100 (1). Comme ce graphite a été maintenu au rouge sombre au moment même du dosage, tout me porte à croire qu'il s'est formé, pendant les attaques par les acides, un corps complexe contenant du carbone, de l'hydrogène, de l'oxygène et même de l'azote, corps assez stable pour résister à la température de 400°.

Il nous semble important de tenir compte de la formation de ces composés dans l'étude des graphites des métaux, lorsque ces graphites ne sont pas préparés à très haute température. Ces composés paraissent formés par hydrogénation, puis par oxydation du carbure de fer. Ils viennent s'ajouter à ceux obtenus par M. Eggertz dans l'action de l'eau iodée sur la fonte et par MM. Schützenberger et Bourgeois en traitant une fonte blanche par une solution de sulfate de cuivre (2).

Graphite de la fonte fortement chauffée. — Nous avons placé du fer doux de très bonne qualité dans un creuset de charbon de

---

(1) Ce graphite renfermait de l'azote, que la chaux sodée transformait en ammoniaque, et qui apparaissait sous forme de vapeurs rutilantes dans la combustion par l'oxygène.

(2) SCHUTZENBERGER et BOURGEOIS. Recherches sur le carbone de la fonte blanche. *Comptes rendus*, t. LXXX, p. 911.

sucre. Le tout a été soumis, dans mon four électrique, à l'action
d'un arc de 2000 ampères et de 60 volts. L'expérience a duré dix
minutes. Dans ces conditions, le fer dissout des quantités de carbone assez grandes, perd sa limpidité et prend l'état pâteux.
Nous avons reconnu, avec étonnement, qu'à cette température
élevée le creuset pouvait être retourné sans que le métal s'écou-
lât. En laissant refroidir la masse à l'abri de l'air, on trouve, au
fond du creuset, une fonte cassante recouverte de très beaux
cristaux de graphite pouvant atteindre plusieurs millimètres de
diamètre. On rencontre, à la surface du métal, quelques fragments qui ne contiennent plus que très peu de fer et qui sont
formés par un amas de cristaux de graphite. A cette haute température, une portion de métal a même été volatilisée.

On attaque ensuite le culot métallique par le chlore au rouge
sombre et le résidu est traité par l'acide azotique fumant tiède
pour détruire le carbone amorphe s'il en existait.

Ce graphite se présente surtout en cristaux volumineux, brillants, d'une belle couleur noire, souvent très réguliers. On rencontre aussi quelques amas de cristaux très petits, formant une
espèce de feutrage et qui paraissent résulter de la condensation
de la vapeur du carbone. Ce graphite a une densité de 2,18 ; il
brûle dans l'oxygène à une température voisine de 650°; il renferme 99,15 de carbone et ne contient plus que 0,17 de cendres
et 0,28 d'hydrogène. Il est donc beaucoup plus pur que le graphite de la fonte ordinaire et il ne paraît contenir qu'une très
petite quantité de ces composés hydrogénés complexes qui se
rencontrent toujours dans les graphites des fontes ordinaires
traitées par les acides étendus.

Ce graphite, ayant été porté à une température très élevée,
va nous présenter au contact du mélange oxydant, une stabilité très grande. La première et la deuxième attaque ne produi-

sent aucun effet; à la troisième seulement, il commence à se produire un oxyde graphitique légèrement teinté, ayant l'apparence d'un verre enfumé. L'oxyde graphitique se présente en hexagones réguliers. Avec l'acide concentré, il faut aller jusqu'à

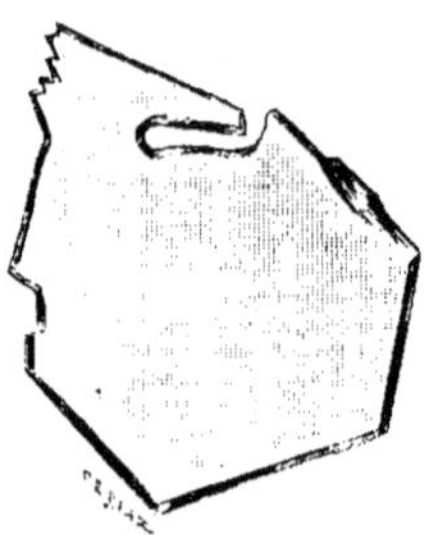

FIG. 15. — Gr. : 20.

la quatrième attaque pour avoir une transformation complète en oxyde graphitique jaune (fig. 15).

Ces deux expériences nous démontrent donc nettement que la résistance du graphite du fer, aux agents oxydants, est fonction de la température à laquelle il a été porté.

Graphite de la fonte refroidie dans l'eau. — Pour faire intervenir la pression dans la préparation du graphite, nous avons employé l'artifice qui nous a servi à comprimer fortement le carbone dans le fer liquide; nous avons brusquement refroidi nos culots de fonte en fusion dans l'eau froide.

Après un traitement au chlore, identique à celui que nous avons décrit précédemment, il est resté un graphite brillant, de belle couleur noire, et dont la forme était toute différente des autres graphites. Il se présente en cristaux trapus dont les angles sont souvent émoussés et en masses irrégulières, dont la forme arrondie semble indiquer un commencement de fusion (fig. 16).

Par son aspect, il rappelle l'échantillon *b* de graphite rencontré dans la terre bleue. Sa densité est de 2,16; il brûle dans l'oxygène à 660° et il donne à l'analyse les chiffres suivants :

Cendres. 1,29
Hydrogène. 0,64

Traité par le mélange oxydant ordinaire, il ne commence à se

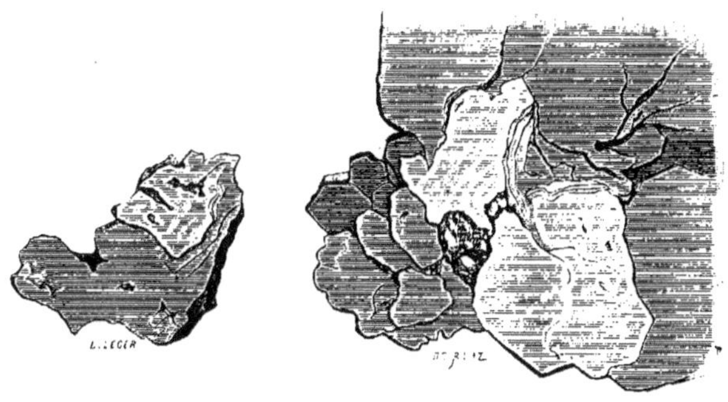

FIG. 16. — Gr. : 20.

transformer en acide graphitique qu'à la troisième attaque. Avec l'acide nitrique concentré, il faut quatre attaques pour arriver à l'oxyde graphitique cristallisé.

Graphite produit par l'action du silicium sur la fonte. —Dans les expériences précédentes, on ne s'était adressé pour préparer le graphite qu'à la solubilité du carbone dans le fer. J'ai tenu à examiner le graphite produit par une réaction chimique et j'ai chassé, pour cela, le carbone combiné au fer dans une fonte par du silicium, au moyen de la réaction étudiée précédemment.

Le détail de cette préparation a été donné plus haut. Nous n'y reviendrons pas.

Le graphite ainsi obtenu est d'une belle couleur noire, en cristaux souvent très réguliers (fig. 17). Sa densité est de 2,20. Il a

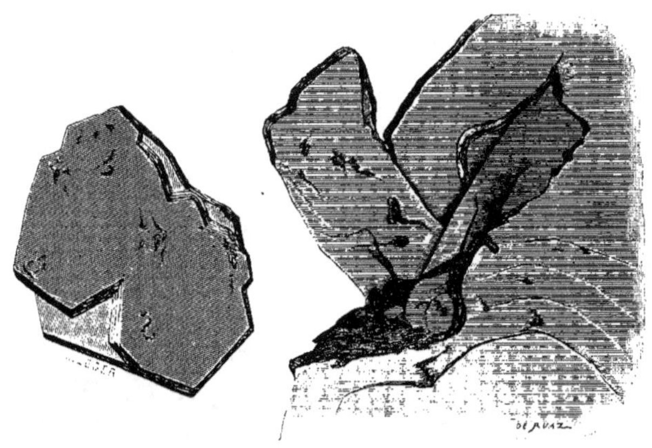

FIG. 17. — Gr. : 20.

donné à l'analyse : carbone, 98,82 ; cendres, 0,85 ; hydrogène, 0,20.
Il se détruit avec facilité par le mélange oxydant et, dès la

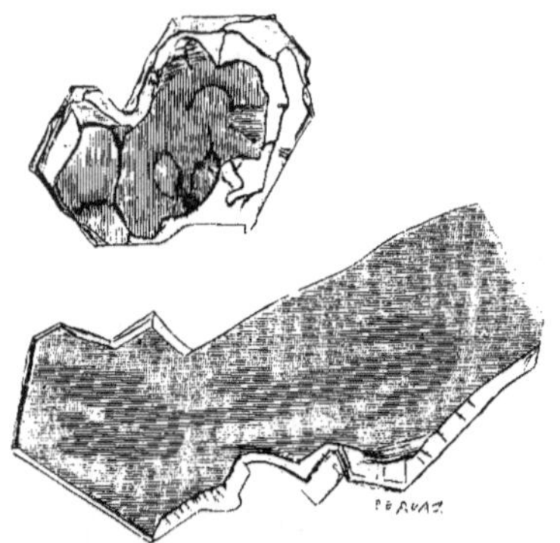

FIG. 18. — Gr. : 20.

première attaque par l'acide azotique ordinaire et le chlorate
de potassium, on voit le graphite s'entr'ouvrir et donner, sur

les bords (fig. 18), quelques fragments d'oxyde graphitique. A
la troisième attaque, la transformation est presque complète ;
l'oxyde graphitique jaune verdâtre est doué d'un bel éclat et
ses cristaux ont conservé d'une façon remarquable l'aspect primitif du graphite.

Avec l'acide nitrique concentré, la transformation en oxyde
graphitique jaune, cristallisé, est complète dès la troisième
attaque.

PRÉSENCE DE L'HYDROGÈNE DANS LES DIFFÉRENTS GRAPHITES. —
Tous les graphites que nous avons étudiés jusqu'ici renferment
de l'hydrogène.

Cet hydrogène peut provenir, soit d'un phénomène physique :
condensation du gaz hydrogène dans le graphite (1); soit d'un
phénomène chimique : hydrogénation du carbure de fer ou de
certaines variétés de carbone amorphe contenues dans la fonte.

Pour bien établir que cet hydrogène n'est pas en combinaison dans le graphite, nous avons fait l'expérience suivante. Un
culot de fer saturé de carbone, sous l'action d'un arc de
2,200 ampères et 60 volts, est abandonné à lui-même dans le
four électrique fermé. Par le refroidissement, le culot métallique se recouvre d'une notable quantité de graphite. Ce dernier
corps est recueilli et, sans être séparé des petits fragments ou
petits globules de fonte qu'il peut contenir, sans être traité par
aucun réactif, on en prend dans une nacelle une petite quantité
que l'on chauffe 10 heures dans le vide, à une température
de 500°.

Lorsque l'appareil est encore à 200°, on laisse rentrer de l'air
sec, puis on pèse dans un tube rodé et finalement on place la

____

(1) M. Cailletet a démontré depuis longtemps, par des expériences délicates, que les
fontes en fusion dissolvaient une notable quantité de gaz hydrogène. *Comptes rendus,*
t. LXI, p. 850.

nacelle, encore chaude, dans l'appareil à combustion venant de servir à une expérience à blanc. Dans ces conditions, la combustion de $0^{gr},076$ de graphite dans l'oxygène ne donne qu'une augmentation de poids du tube à eau de 1^{mgr}, ce qui ne correspondrait qu'à 0,014 d'hydrogène, quantité qui nous paraît être de l'ordre des erreurs d'expérience.

Si l'on étudie les conditions de formation du graphite dans un même métal, le fer, en faisant varier la température et la pression, on obtient donc les résultats suivants :

1° A la pression ordinaire, le graphite est d'autant plus pur qu'il est formé à une température plus élevée ;

2° Ce graphite est d'autant plus stable en présence d'acide nitrique et de chlorate de potassium qu'il a été produit à une plus haute température ;

3° Sous l'influence de la pression, les cristaux et les masses de graphite prennent l'aspect d'une matière fondue ;

4° La petite quantité d'hydrogène, que renferment toujours les graphites, diminue nettement à mesure que leur pureté augmente. Un graphite qui n'est traité par aucun réactif, et qui est chauffé au préalable dans le vide, ne fournit plus d'eau par sa combustion dans l'oxygène ;

5° Il se produit dans l'attaque de la fonte par les acides des composés hydrogénés et oxygénés qui résistent à la température du rouge sombre, et qui, comme le graphite, se détruisent par la combustion.

C. — Graphites foisonnants.

Nous avons rencontré dans la terre bleue du Cap de Bonne-Espérance une variété de ce graphite foisonnant qui vient s'ajouter aux nombreux exemples de graphites similaires, découverts par M. Luzi dans l'État de New-York (Ticonderoga), à Ceylan, à Québec, en Espagne, en Norwège, etc.

Nos études des différentes variétés de carbone nous ont amené à reproduire à volonté cette espèce particulière de graphite, qui se trouve abondamment répandue dans la nature, mais que l'on ne savait pas préparer dans le laboratoire.

Pour obtenir du graphite foisonnant, il suffit de refroidir brusquement de la fonte de fer en fusion, dans de l'eau. On obtient à la surface du culot du graphite ordinaire, et, à une faible profondeur, une notable quantité de graphite qui, traitée par l'acide azotique, se gonfle avec rapidité. On prépare ainsi un mélange des deux graphites ou, pour employer les dénominations de M. Luzi, un mélange de graphitite et de graphite.

Lorsque l'on ne veut obtenir que du graphite foisonnant, il est préférable d'employer, pour dissoudre le carbone, un autre métal que le fer. Celui qui nous a fourni les meilleurs résultats est le platine.

Graphite foisonnant du platine. — On fond au four électrique un culot de platine d'environ 400^{gr}, maintenu dans un creuset de charbon (450 ampères, 60 volts). Le platine entre rapidement en fusion, et, après quelques minutes, il distille et vient se condenser, sous forme de gouttelettes fondues, sur la partie la moins chaude des électrodes. On laisse le platine liquide se saturer quelques instants de carbone, à cette haute température, puis après six à huit minutes, on arrête l'expérience. Le métal se refroidit lentement dans le creuset en charbon. Il s'est formé, dans ces conditions, une dissolution du carbone dans le platine, et l'excès de charbon a cristallisé dans la masse, sous forme de graphite. Le culot métallique est traité ensuite par l'eau régale à plusieurs reprises; enfin, le résidu est lavé à l'eau bouillante et séché. Le rendement est de 1,45 pour cent.

Propriétés. — Ce graphite est d'un gris ardoisé moins noir que celui de la fonte. Il se présente en hexagones séparés, mais le plus souvent en cristaux superposés. Au microscope, les lames hexagonales, qui sont très réfléchissantes, présentent quelques stries parallèles et parfois des impressions triangulaires ne possédant pas le relief de celles que l'on rencontre dans le diamant. Quelques surfaces miroitantes fournissent aussi des lignes parallèles de forme quelconque.

La densité de ce graphite varie de 2,06 à 2,18. Il brûle dans un courant d'oxygène dès la température de 575°. Ce graphite, ayant subi l'action de l'acide azotique dans le traitement à l'eau régale, foisonne abondamment aussitôt qu'on le porte au rouge sombre. En effet, dès la température de 400° il se gonfle à la façon du sulfocyanure de mercure. La masse légère, obtenue dans ces conditions, est formée de graphite, car, traitée par le mélange de chlorate de potassium et d'acide azotique, il se produit, dès la première attaque, un oxyde graphitique d'une belle couleur verte qui devient jaune clair à la seconde attaque.

Le nitrate de potassium, à sa température de fusion, est sans action sur cette variété de carbone. Si l'on chauffe un peu plus, le graphite se met à foisonner et il se détruit alors assez vite, mais rarement avec incandescence. L'acide chromique fondu ne l'attaque pas sensiblement. Cependant, au moment de la décomposition de cet oxydant par suite de l'élévation de température, il se dégage une petite quantité d'acide carbonique. L'acide iodique, légèrement chauffé, l'attaque au contraire avec facilité ; il se produit d'abondantes vapeurs d'iode et de l'acide carbonique. Dans l'acide sulfurique à chaud, il ne change pas d'aspect et ne dégage point d'acide sulfureux, même à l'ébullition. Enfin le carbonate de soude en fusion le détruit avec rapidité.

L'analyse de ce graphite foisonnant a été faite par combus-

tion dans un courant d'oxygène pur en pesant l'acide carbonique
formé.

Nous avons obtenu les chiffres suivants :

	N° 1	N° 2
Carbone............................	99,02	98,84
Cendres	1,10	1,02

La variation du tube à eau n'étant que de $1^{mgr},5$, nous pouvons en conclure que ce graphite ne renferme pas d'hydrogène
ou qu'il n'en pourrait contenir qu'une quantité insignifiante.

Les cendres, examinées au microscope, nous ont présenté
l'aspect de la mousse de platine, et il a été facile, en les traitant
par l'eau régale, de caractériser ce métal.

Cause du foisonnement. — Il nous restait à rechercher quelle
pouvait être la cause du foisonnement de cette variété de graphite.

Nous citerons sur ce point l'expérience suivante : on a chauffé
environ 1^{cc} de ce graphite dans un tube à essai traversé par un
courant d'air bien privé d'acide carbonique. Aussitôt que la
température a été voisine du rouge sombre, la masse s'est gon-
flée rapidement et, en même temps, il s'est dégagé des vapeurs
nitreuses et une petite quantité d'acide carbonique qui a été
recueillie dans de l'eau de baryte. Après départ du mélange gazeux et en présence d'une nouvelle quantité d'acide azotique, il
ne s'est plus produit que des traces d'acide carbonique. Une
dernière addition d'acide n'a donné aucun trouble à l'eau de
baryte.

Il nous a donc semblé que l'on peut attribuer ce foisonnement
à un brusque départ gazeux dû, peut-être, à l'attaque au rouge
sombre d'une petite quantité de carbone amorphe, comprimé
entre les lames hexagonales du graphite, ou à la décomposition
pyrogénée d'une très petite quantité d'oxide graphityque qui

s'est produite par l'action de l'acide azotique, aux dépens d'une trace de graphite amorphe mélangée avec le graphite cristallisé, et plus facilement attaquable. C'est, dans l'une ou l'autre interprétation, le dégagement brusque d'un faible volume de gaz dilaté par la chaleur, qui produirait ce foisonnement particulier.

Graphites foisonnants de différents métaux. — En poursuivant cette étude, nous avons reconnu que beaucoup de métaux pouvaient remplacer le platine dans la préparation que nous venons d'indiquer.

Dans l'ensemble de nos recherches sur les différentes variétés de graphite, nous avons obtenu ce résultat, assez curieux, que tous les graphites obtenus par l'action seule d'une température très élevée, sur une variété quelconque de carbone (diamant, noir de fumée) ou par condensation de la vapeur de carbone, ne présentaient pas trace de foisonnement sous l'action de l'acide nitrique concentré. Au contraire, tous les graphites préparés à haute température, par solubilité du carbone dans un métal quelconque en fusion, étaient foisonnants.

Le zirconium, le vanadium, le molybdène, le tungstène, l'uranium, le chrome fournissent des graphites foisonnants. Il en est de même de l'aluminium, qui ne se sature de carbone qu'à haute température. Et le phénomène du foisonnement, sous l'action de l'acide azotique, ne provient pas seulement de l'action du métal sur le carbone, mais surtout de la température à laquelle le graphite est produit.

En effet, une fonte grise de Saint-Chamond nous a donné, après attaque par le chlore et destruction du carbone amorphe par l'acide azotique, un graphite qui ne se gonflait nullement en présence de l'acide azotique, par une légère élévation de température. La même fonte, chauffée fortement au four électrique sous l'action d'un arc de 2000 ampères et 5o volts, a fourni par refroidissement un graphite très foisonnant (1).

Je rappellerai que ce foisonnement se produit sous l'action de l'acide azotique monohydraté. On peut même sécher le graphite imbibé d'acide à l'étuve, à 120°, pendant toute une journée et, aussitôt que la température s'élève, la masse se gonfle abondamment par la calcination.

Pour toutes ces variétés de graphite produites sous l'action d'une chaleur intense, la température de foisonnement n'est pas très élevée. Elle oscille entre 165° et 175°. On voit donc qu'il est inutile de porter ce graphite jusqu'au rouge sombre.

Nous avons enfermé dans un tube de verre une petite quantité de ce graphite foisonnant, préalablement additionné d'acide azotique, puis séché à l'étuve. Après avoir fait le vide dans le tube, on l'a fermé à la lampe. Le foisonnement se produit dans le vide à la température indiquée précédemment, et il se dégage un mélange gazeux contenant de l'acide carbonique, de l'azote et des vapeurs rutilantes, tandis que quelques gouttelettes d'acide azotique viennent se condenser sur les parois du tube.

Ainsi que nous l'avons fait remarquer précédemment, ce foisonnement peut donc être attribué au dégagement brusque d'un certain volume de gaz, dilaté par la chaleur.

Ces expériences établissent donc que les graphites foisonnants, préparés dans les laboratoires, peuvent être aussi nombreux que ceux qu'on rencontre dans la nature ; elles permettront sans doute d'expliquer la formation des graphites naturels foisonnants, dont certains fournissent, comme on le sait, des cendres le plus souvent très riches en oxyde de fer. Ces graphites paraîtraient avoir été produits à une température assez élevée, sans

(1) Dans l'étude que nous avons faite de la terre à diamants des puits du Cap, nous avons indiqué que cette brèche serpentineuse renfermait, en plus grande quantité que le diamant, un graphite cristallisé foisonnant. Les cendres de ce graphite étaient très ferrugineuses.

grande pression, au sein de masses de fer qui semblent avoir disparu ensuite sous l'action de corps gazeux tels que l'acide chlorhydrique (1).

Le graphite est un corps qui résiste à la plupart des agents chimiques. Au rouge sombre, la vapeur d'eau et l'air n'ont aucune action sur lui. Il s'est donc trouvé séparé de sa gangue métallique, et il a formé des amas plus ou moins grands, ou il a été disséminé dans les roches.

Conclusions. — D'après la définition de M. Berthelot, nous donnerons le nom de *graphite* à la variété de carbone, le plus souvent cristallisé, dont la densité est voisine de 2,2 et qui, par le mélange oxydant de chlorate de potassium et d'acide azotique, fournit de l'oxyde graphitique facile à caractériser.

On trouve ces graphites à la surface de la terre et dans certaines météorites. On peut les diviser, comme l'a conseillé M. Luzi, en graphites foisonnants et non foisonnants, lorsqu'on les chauffe légèrement en présence d'une trace d'acide azotique.

Nous avons rencontré, dans une pegmatite d'Amérique, un graphite d'un foisonnement exagéré. Le fer d'Ovifack, la terre bleue du Cap, nous ont fourni aussi des graphites foisonnants.

Certains de ces graphites, comme ceux de Borowdale, sont gorgés de gaz qu'ils retiennent avec une grande énergie.

Les graphites obtenus dans le four électrique, par une simple élévation de température, ne sont point foisonnants.

Au contraire, tous ceux qui sont obtenus dans un métal liquide à haute température, soit par différence de solubilité, soit par réaction chimique, ont la propriété de foisonner avec facilité. Ce graphite foisonnant se prépare très facilement au four

____

(1) Cette formation d'un chlorure de fer facilement volatil pourrait être la cause de la dissémination du fer pendant les premières périodes géologiques.

électrique en maintenant du platine à l'ébullition dans un creuset de charbon.

Le foisonnement de cette variété de graphite doit être attribué à un dégagement brusque de gaz.

Les graphites artificiels peuvent être amorphes ou cristallisés. Leur densité oscille entre 2 et 2,25. Leur température de combustion dans l'oxygène est voisine de 660°.

Lorsqu'ils sont purs, ils ne renferment pas d'hydrogène.

Un graphite obtenu au four électrique, qui n'est traité par aucun réactif, et qui est chauffé au préalable dans le vide, ne fournit plus d'eau par sa combustion dans l'oxygène. Au contraire, la fonte ordinaire, traitée par les acides étendus, donne des composés hydrogénés et oxygénés qui sont indestructibles à la température du rouge sombre.

Lorsque l'on prépare un graphite au four électrique, sa résistance à l'oxydation est proportionnelle à l'élévation de température à laquelle il a été soumis.

Un graphite facilement attaquable, comme le graphite de Ceylan, peut être rendu difficilement attaquable en le chauffant fortement. Ce fait établit l'existence de plusieurs variétés de graphites, analogues aux diverses variétés des carbones amorphes.

TROISIÈME PARTIE

Reproduction du diamant.

Généralités. — Lorsque Lavoisier eut démontré, par une expérience mémorable, que le diamant n'était que du carbone cristallisé, les essais de reproduction ne se firent pas attendre. Les recherches entreprises dans cette voie sont assez nombreuses, mais bien peu ont été conduites avec méthode et persévérance. Si nous en exceptons quelques Mémoires importants, nous verrons, par l'historique de la question, combien de choses contradictoires ou douteuses ont été publiées sur ce sujet. D'ailleurs, si le nombre des recherches a été très grand, celui des publications n'est pas aussi étendu que l'on pourrait le supposer tout d'abord. Cela tient sans doute à ce que beaucoup de chercheurs ont envisagé plutôt la reproduction du diamant que l'étude des différentes variétés allotropiques du carbone. Considérée sous ce point de vue, la question était incomplète.

En tenant compte de ces idées, nous avons voulu étudier, d'une façon aussi générale que possible, les trois variétés de carbone : carbone amorphe, graphite et diamant.

Dans les chapitres précédents, nous avons donné les résultats obtenus à propos des carbones amorphes et des graphites. Nous résumons, dans celui-ci, tout ce qui se rapporte au diamant.

Dès le début de nos recherches, nous étions bien convaincu que, s'il était possible de reproduire le diamant, les premiers cristaux obtenus seraient microscopiques. Lorsque l'on compare le volume des cristaux de quartz que l'on rencontre dans la nature à celui des cristaux synthétiques obtenus par la belle méthode de M. Daubrée, on ne devait pas s'attendre à reproduire, dès le début d'une étude sur le carbone cristallisé, des diamants de plusieurs carats.

S'il était besoin d'un nouvel exemple, il nous suffirait de rappeler combien il a fallu de recherches et d'efforts successifs pour réaliser la synthèse de rubis présentant un certain volume, et ayant la coloration et la limpidité que nous rencontrons dans quelques rares échantillons de cette belle gemme.

Nous avons donc poursuivi ces études en étudiant avec le plus grand soin et toujours au microscope, les résidus, très faibles parfois, obtenus dans nos expériences après les divers traitements chimiques dont nous parlerons plus loin. C'est grâce au microscope que nous avons pu mener à bien cette étude.

Enfin, il s'agissait de séparer une poussière de carbone cristallisé non seulement d'un grand excès de carbone amorphe et de graphite, mais aussi de la silice, des silicates, de l'alumine cristallisée ou fondue, en un mot de tous les corps que la Chimie minérale pouvait nous fournir. Sur ce point, l'important Mémoire de M. Berthelot (1) nous a servi de guide et de modèle.

On peut donner du diamant la définition suivante : corps simple, d'une dureté maximum, d'une densité de 3,5, brûlant dans l'oxygène au-dessus de 700° et dont 1^{gr} fournit, par sa combustion dans l'oxygène, 3^{gr},666 d'acide carbonique.

Les trois points importants sont donc : la dureté, la densité et la combustion dans l'oxygène.

Jusqu'ici, le diamant ordinaire, d'une belle limpidité, rayait tous les autres corps et n'était rayé par aucun. Nous avons

____

(1) BERTHELOT. Sur les différents états du carbone. *Ann. de Chim. et de Phys.*, 4e série. t. XIX., p. 392.

FOUR ÉLECTRIQUE.   8

démontré que cette dureté excessive, que l'on croyait être le caractère particulier du diamant, se retrouvait dans quelques-uns des nouveaux composés que nous avons préparés dans notre four électrique. Le borure de carbone taille lentement le diamant et le carbo-siliciure de titane est d'une dureté presque égale au diamant transparent. Par contre, certaine variété de boort à cristallisation confuse, bien connue des joailliers, et le diamant noir, méritent toujours le titre d'ἀδάμας et leur dureté est supérieure aux composés que nous venons de signaler.

Le four électrique nous a permis d'augmenter notablement le nombre des corps durs qui rayent le rubis avec la plus grande facilité. Nous citerons le siliciure de carbone, ainsi que de nombreux carbures, borures, azotures, siliciures, et carbo-siliciures métalliques.

On voit par ce rapide résumé, que nombre de composés peuvent rayer le corindon le plus dur, sans être du diamant. Le fait de rayer le rubis n'est donc pas un critérium de grande valeur.

La densité si élevée du carbone cristallisé (3,5), ne peut aussi servir seule à caractériser le diamant. Certains composés du titane, les carbo-siliciures ou carbo-borures de formules complexes et à bases métalliques, peuvent avoir des densités égales ou supérieures à celle du carbone cristallisé.

Enfin, la combustion dans l'oxygène au rouge vif, avec formation d'acide carbonique, n'est pas non plus un caractère suffisant. Le borure de carbone ou certains carbo-borures métalliques, très durs et très denses, peuvent brûler partiellement au rouge avec production d'acide carbonique. La combustion dans l'oxygène ne prend une valeur définitive qu'en produisant une quantité d'acide carbonique qui, pesée, correspond au poids atomique du carbone.

Il faudra donc qu'un corps réunisse ces trois propriétés : dureté, densité et combustion dans l'oxygène avec production, pour 1ᵍʳ de matière brûlée, de 3ᵍʳ,666 d'acide carbonique, pour qu'il puisse être considéré comme étant du diamant. Tout essai, qui ne porterait que sur une seule de ces trois propriétés, serait incomplet et pourrait conduire à une fausse interprétation.

Avant d'exposer mes recherches sur la reproduction du diamant, je tiens à remercier mon préparateur, M. Lebeau, qui, pendant tout ce travail, m'a prêté le concours le plus dévoué et le plus assidu.

Historique. — Nous ne pouvons, dans ce chapitre, reprendre l'historique complet des essais de reproduction du diamant ; cette question nous entraînerait trop loin. Nous ne donnerons qu'un court résumé des travaux les plus importants publiés sur ce sujet.

En 1828, J.-N. Gannal adressa à l'Académie des Sciences un Mémoire ayant pour titre : *Observations faites sur l'action du phosphore mis en contact avec le carbure de soufre pur*. Dans ce travail, Gannal annonçait qu'en abandonnant trois mois, sous une couche d'eau, du phosphore en solution dans le sulfure de carbone, il se formait avec facilité du carbone cristallisé dont certains fragments atteignaient le volume d'un grain de millet.

Nous avons répété les expériences de Gannal, d'abord telles qu'elles ont été décrites, et nous n'avons jamais recueilli autre chose que quelques fragments de verre ou de petits grains de silice entièrement solubles dans l'acide fluorhydrique.

Nous avons ensuite varié les expériences en augmentant leur durée. Après six mois, un an et même cinq ans, nous n'avons rien obtenu. Le phosphore a été remplacé enfin par de l'antimoine dans des conditions identiques, et toujours le résultat a été négatif. Nous n'avons jamais recueilli de cristaux visibles à l'œil nu et les parcelles microscopiques, séparées après épuisement par le sulfure de carbone, puis par l'eau distillée, disparaissaient toujours dans l'acide fluorhydrique bouillant.

Ces expériences avaient été déjà répétées par M. Gore sans donner aucun résultat.

Nous ne rappellerons que pour mémoire les recherches de Cagniard-Latour.

A la suite de ses études sur la volatilisation des corps réfractaires au moyen de l'arc électrique (1), Despretz chercha à reproduire le diamant.

Les expériences de Despretz ont été très discutées. On sait que ce savant, en faisant jaillir l'arc électrique entre une électrode de charbon et une houppe de fils de platine, a obtenu une poussière cristalline qui rayait le rubis, et cette seule propriété l'a amené à considérer cette substance comme du carbone cristallisé.

Plusieurs chimistes ont mis ce résultat expérimental en doute. Il est cependant très vraisemblable. Les petits points brillants, obtenus par Despretz, devaient être formés par des cristaux de siliciure de carbone, et peut-être de borure, dont la dureté est assez grande pour tailler le rubis avec facilité et même pour rayer le diamant tendre.

L'action de l'arc électrique sur le charbon n'a jamais fourni de carbone cristallisé. Dans le Mémoire dont nous avons parlé plus haut, M. Berthelot a repris l'étude des extrémités d'électrodes des lampes à arc qui ont fonctionné pendant un certain temps et, après destruction du graphite, il n'a pas rencontré trace de diamant.

____

(1) Fusion et volatilisation de quelques corps réfractaires sous la triple action de la pile voltaïque, du soleil et du chalumeau. DESPRETZ : *Comptes rendus de l'Académie des Sciences*, 1849, t. XXVIII, p. 755, et t. XXIX, p. 48, 545 et 709.

Nous ajouterons aussi que les petites capsules de charbon et les électrodes de Despretz, qui étaient restées à la Sorbonne, ont été examinées en 1870 par M. Berthelot. Ces capsules et les extrémités des électrodes étaient entièrement transformées en graphite, ainsi que Despretz l'avait annoncé, et seulement en graphite. M. Berthelot l'a établi par la transformation de cette variété de carbone en oxyde graphitique.

En 1866, à la suite d'une théorie géologique de M. de Chancourtois, M. Lionnet a présenté à l'Académie des Sciences une Note « Sur la production naturelle et artificielle du carbone », dans laquelle il indique que le sulfure de carbone est décomposé par un couple formé d'une feuille d'or sur laquelle est enroulée une feuille d'étain. Nous avons répété ces expériences et, lorsque le sulfure de carbone est bien pur, il ne se produit aucun dépôt pendant une durée de cinq années.

Lorsque, dans l'expérience de M. Lionnet, on emploie du sulfure de carbone humide, on voit de petits points brillants se déposer sur le verre dès que la température s'abaisse ; ces points brillants sont formés par des gouttelettes d'eau que l'on pourrait prendre à première vue pour de petits cristaux.

Nous avons étudié alors quelles étaient les conditions à réaliser pour précipiter le carbone par décomposition électrolytique, et nous avons démontré, précédemment, que le carbone, ainsi préparé, était toujours amorphe.

Le 19 février 1880, M. J.-B. Hannay a publié sur le diamant une Note préliminaire ayant pour titre : *Sur la production artificielle du diamant* (1), et peu après un Mémoire *Sur la formation artificielle du diamant* (2).

Dans ces recherches, M. Hannay a repris l'étude du carbone

(1) *Proceedings Royal Soc.*, p. 188 ; Edinburgh, 1880.
(2) *Proceedings Royal Soc.*, p. 450 ; Edinburgh, 1880.

séparé des hydrocarbures par l'action des métaux alcalins.
On sait depuis longtemps que cette réaction fournit à haute
température un carbone brillant doué d'une certaine dureté.
M. Hannay est parti d'abord de l'essence de paraffine, et, dans
différentes expériences, les décompositions assez variables de ce
corps ne lui ont donné aucun résultat. Il s'est adressé ensuite à
un corps plus complexe, l'huile de Dippel. Il l'a additionnée de
10 pour 100 d'essence de paraffine. Le métal alcalin choisi par
M. Hannay est le lithium (1). Il chauffe le tout quatorze heures
dans un tube en fer soudé à la forge à son extrémité, et, lorsque le tube n'éclate pas, il retrouve parfois de petits cristaux
noirs ou transparents qui présentent les propriétés du diamant
et brûlent dans l'oxygène en fournissant un poids d'acide carbonique proportionnel au poids atomique du carbone. M. Hannay,
en recueillant les gaz de la combustion, a reconnu que l'acide
carbonique ainsi produit renfermait 3 pour 100 d'azote, et il dit
alors :

« De ce que le diamant n'a été obtenu qu'en présence de
« composés azotés et du fait que le produit mixte (une partie
« seulement des 14^{mm} était transparente) contient de l'azote, je
« suis amené à croire que c'est par la décomposition d'un corps
« nitré et non d'un hydrocarbure que le diamant est produit dans
« cette réaction. »

Les expériences de M. Hannay sont assez compliquées et assez
contradictoires. La façon de séparer le diamant de la couche de
carbone qui tapisse le tube de fer ne paraît pas très claire. Dans
une expérience, il rencontre dans le fond du tube « un enduit
« lisse, adhérent aux parois. N'ayant jamais obtenu ce résultat,

_____

(1) M. Hannay ne dit pas comment il a préparé le lithium dont il s'est servi dans ses
expériences. On sait qu'avant les recherches de M. Guntz, il était impossible de trouver
du lithium chez les marchands de produits chimiques.

« je fis scier l'extrémité du tube. La masse était noire, on l'en-
« leva au ciseau : elle paraissait formée de fer et de lithium. Je
« la pulvérisai au mortier lorsque je sentis des parties très
« dures, quoique ne résistant pas au choc. En les examinant,
« je vis qu'elles étaient transparentes : c'était du diamant ».

Il nous semble que cette masse qu'on enlève au ciseau abandonne bien facilement au mortier les diamants qu'elle renferme.
De plus, à chaque instant, M. Hannay mentionne la présence
de silice, qui ne devrait pas se rencontrer dans ses expériences.

Si le corps obtenu par M. Hannay est bien du diamant, il s'est
formé sous pression, comme nous le verrons plus loin, par la
solubilité du carbone dans un alliage assez facilement fusible de
lithium et de fer, et non par l'action des composés azotés de
l'huile de Dippel.

Quoi qu'il en soit, j'ai voulu répéter les expériences de
M. Hannay.

J'ai fait préparer des tubes de fer doux étirés, qui avaient les
dimensions suivantes : hauteur, $0^m,60$; épaisseur, $0^m,014$; diamètre intérieur, $0^m,006$. J'ai placé à l'intérieur le mélange de
lithium (je dois ce métal à l'obligeance de M. Guntz),d'huile de
Dippel et d'essence de paraffine. Seulement, lorsque j'ai voulu
fermer ce tube, en soudant le fer sur lui-même au rouge,à l'extrémité restée ouverte (ainsi que M. Hannay le conseille), je
me suis aperçu que tous les liquides contenus dans le tube
distillaient avant que la fermeture eût été obtenue.

Même en entourant le tube en son milieu par un serpentin de
plomb, traversé par un courant d'eau froide, la température,
atteinte par l'extrémité pour arriver au blanc soudant, ne permettait pas de conserver le mélange à l'intérieur.

Après plusieurs essais infructueux j'ai dû renoncer à reproduire ces expériences.

M. Marsden a publié sur la même question des expériences très intéressantes que nous allons résumer.

Dans une note préliminaire *Sur la préparation du carbone adamantin* (1), M. Marsden rapporte qu'il a chauffé de l'argent ou un alliage d'argent et de platine, dans une brasque de charbon de sucre à la température de fusion de l'acier. A cette température élevée, l'argent dissout une petite quantité de carbone qu'il abandonne ensuite par le refroidissement.

M. Marsden attaque le métal par l'acide azotique, et, dans le résidu, il recueille du carbone amorphe, du graphite et de petits cristaux noirs ou transparents. La quantité, ainsi obtenue, était beaucoup trop faible pour qu'il fût possible d'en faire la combustion dans l'oxygène en pesant l'acide carbonique. D'après M. Marsden, les propriétés de ces petits cristaux se rapprocheraient beaucoup de celles du diamant. M. Marsden annonce à la fin de son Mémoire qu'il va continuer ces expériences, mais il n'a pas donné suite à ses recherches.

L'étude de M. Marsden est des plus curieuses, parce qu'il a très bien remarqué le grand nombre de produits différents et cristallisés qui peuvent se former, au moment de la solidification d'une masse d'argent, qui abandonne de l'oxygène, de l'alumine, de la silice, etc. Par exemple, dans un travail conçu sur le même plan et dans lequel il étudie la solubilité de la silice dans l'argent (2), il parle de lamelles hexagonales jaune pâle, qu'il a confondues d'abord avec du graphite et dont il n'a pas poursuivi l'étude. Ces beaux hexagones étaient le siliciure de carbone cristallisé Si C, qui se forme très facilement dans l'argent à haute température, et qui, maintenant, est préparé industriellement sous le nom de *carborundum*.

(1) *Proceedings of the Royal Society*, p. 20 ; Edinburgh, 1880-1881.
(2) R. SYDNEY MARSDEN. Sur la cristallisation de la silice dans les métaux en fusion. *Proceedings of the Royal Society*, p. 37 ; Edinburgh, 1880-1881.

Pour revenir aux expériences de M. Marsden, que j'ai répétées souvent, je crois que l'on peut obtenir accidentellement, en opérant ainsi qu'il l'indique, du diamant noir plus ou moins bien cristallisé. Cela peut se produire surtout lorsque l'on chauffe le creuset brasqué, au four à vent, avec du charbon de cornue. On sait que ce combustible ne laisse que très peu de cendres ; le feu tombe donc tout d'un coup, et, dans ce cas, un courant d'air, dû à l'appel violent de la cheminée, traverse avec rapidité le fourneau. Le refroidissement du creuset est brusque. L'argent contenu dans un creuset de Doulton, en graphite, se refroidit extérieurement ; il se fait une enveloppe métallique résistante et, au moment où le milieu du creuset, non solidifié, encore liquide, passe de l'état liquide à l'état solide, il augmente de volume, comprime le peu de charbon qui reste encore en solution et qui tend à se déposer. Sous l'action de cette pression, il se produit du diamant noir. Antérieurement à cette période, tout l'excès de carbone s'était déposé sous forme de graphite.

Nous verrons plus loin que cette expérience de la production du diamant noir dans l'argent, donne de bons résultats et d'une façon constante, en soumettant à .un refroidissement brusque, une petite masse d'argent saturée de carbone.

Nous n'avons jamais, par ce procédé, obtenu de diamants transparents. En effet, le résidu noir, séparé après attaque du culot d'argent par l'acide azotique, puis par l'acide sulfurique et enfin par l'acide fluorhydrique, fournit un mélange de graphite, de diamants noirs et de cristaux transparents que l'on peut, à première vue, prendre pour du diamant. Le graphite est amené, par le chlorate de potassium et l'acide azotique, à l'état d'oxyde graphitique, puis détruit ; mais les cristaux transparents disparaissent lorsque l'on traite le résidu par le bisulfate de potassium en fusion. Au contraire, les cristaux noirs subsistent et présentent bien finalement les propriétés du diamant noir ou carbon.

En somme, M. Marsden a dû obtenir du diamant noir, mais accidentellement et sans remarquer le rôle important que jouait la pression.

Je tiens à répéter, en terminant, que les résultats de M. Marsden sont très curieux et que j'ai eu l'occasion d'en vérifier quelques-uns dans mes expériences. En particulier, j'ai obtenu avec facilité les cristaux de silice qu'il a signalés dans le mémoire que j'ai cité précédemment.

A. — **Recherches préliminaires.**

Nos recherches antérieures sur le fluor et ses composés nous ont amené à entreprendre quelques expériences sur la cristallisation du carbone.

On sait, en effet, que le fluor est un puissant minéralisateur et qu'il fournit, le plus souvent dans les réactions où il entre en jeu, des corps très bien cristallisés. Nous avons donc étudié, tout d'abord, les combinaisons du fluor et du carbone qui n'étaient pas connues jusqu'ici.

Nous avons préparé différents fluorures de carbone et nous les avons dédoublés dans des conditions variées, espérant qu'une réaction inverse nous permettrait d'obtenir le carbone cristallisé (1). Dans toutes ces expériences de décomposition des fluorures de carbone, nous n'avons jamais préparé que du noir de fumée au rouge sombre ou du graphite à haute température.

Nous avons été conduit alors à généraliser nos recherches et à reprendre, ainsi que nous le disions plus haut, l'étude aussi complète que possible des trois variétés de carbone.

---

(1) H. MOISSAN. Action du fluor sur les différentes variétés de carbone. *Comptes rendus*, t. CX, p. 276 et p. 951 (1890).

Pour ce qui touche le diamant, nous avons pensé, dès le début de nos expériences, qu'un certain nombre d'études préliminaires devaient être entreprises méthodiquement, avant d'aborder la reproduction du carbone cristallisé. Dans toute question de recherches, la marche est identique et les travaux d'analyse doivent précéder les premiers tâtonnements de la synthèse.

Dans le cas actuel, il nous semblait très important de reprendre l'étude aussi complète que possible, non seulement des propriétés du diamant, mais encore des conditions géologiques dans lesquelles il a pu se produire. De là, les recherches préliminaires que nous allons résumer rapidement.

Sur quelques propriétés nouvelles du diamant. — Les chimistes, qui ont étudié les propriétés du diamant, ont surtout porté leur attention sur l'action que l'oxygène exerce sur ce corps à haute température. Bien que cette action de l'oxygène fût connue depuis longtemps, on n'avait encore aucun renseignement sur la température exacte de la combustion du diamant. Dans des recherches importantes, qui ont servi à fixer le poids atomique du carbone, Dumas et Stas (1) avaient réalisé cette expérience au moyen d'un tube de porcelaine chauffé dans un fourneau de terre. La plupart des chimistes qui, depuis cette époque, ont eu à brûler du diamant, ont opéré cette combustion dans la porcelaine, sur une bonne grille à analyse organique (2).

Dès le début de ces recherches, nous avons remarqué qu'il y avait des différences très grandes dans les températures de combustion des différents échantillons, provenant soit du Brésil, soit du Cap.

Pour déterminer ces températures de combustion, nous avons

---

(1) Dumas et Stas. Recherches sur le véritable poids atomique du carbone. *Ann. de Chim. et de Phys.*, 3e série, t. I, p. 5.

(2) Friedel. Combustion du diamant. *Bull. Soc. Chim.*, t. XLI, p. 100.

employé la pince thermo-électrique de M. Le Chatelier, placée dans un tube en porcelaine vernissé à l'intérieur et à l'extérieur. La soudure se trouvait disposée sur un petit support de platine qui recevait le diamant à brûler. Cet appareil, fermé à chaque extrémité par des ajutages de verre, mastiqués sur le tube de porcelaine, permettait de voir la combustion qui s'effectuait dans un courant d'oxygène (1). Deux petits barboteurs à eau de baryte étaient intercalés dans l'appareil, l'un après l'oxygène pour s'assurer de sa pureté, l'autre après le tube de porcelaine pour reconnaître le commencement de la combustion.

Lorsque l'on élève la température dans ces conditions, la combustion du diamant, accusée par l'action de l'acide carbonique sur l'eau de baryte, se produit d'abord lentement et sans dégagement visible de lumière. Mais, si l'on dépasse ce point de 40° à 50°, la combustion se fait avec éclat et le fragment est entouré par une flamme très nette.

Un autre fait assez curieux a été remarqué dans ces expériences. Au moment où la combustion du diamant se produit, on a toujours vu apparaître à sa surface de petites plaques opaques qui indiquent que la transformation du carbone transparent en carbone noir s'effectue en même temps que la combustion se continue.

Voici le résultat de nos expériences:

N° 1. Carbon de couleur ocreuse: brûle avec flamme à une température de 690°.

N° 2. Carbon noir très dur, à aspect chagriné: brûle avec flamme à une température comprise entre 710° et 720°.

---

(1) L'oxygène était préparé au laboratoire avec un mélange de chlorate de potassium et de bioxyde de manganèse, ce dernier ayant été fortement calciné au préalable. Avant chaque combustion, on faisait l'analyse de cet oxygène au moyen du pyrogallate de potassium. Pour être employé, il ne devait pas contenir plus de 3 pour 100 de gaz étrangers.

Nº 3. Diamant transparent du Brésil : commence à brûler sans flamme à la température de 760° à 770°.

Nº 4. Diamant transparent du Brésil nettement cristallisé : commence à brûler sans éclat entre 760° et 770°. Ce diamant, qui pesait environ 1 carat, avait été chauffé préalablement dans une brasque en charbon à la température ordinaire du chalumeau à oxygène, et il était recouvert d'une légère couche noire inattaquable par l'eau régale. Cette couche superficielle a disparu un peu avant la température de combustion du diamant.

Nº 5. Diamant taillé du Cap : commence à brûler sans éclat à la température de 780° à 790°.

Nº 6. Boort du Brésil : commence à brûler sans éclat à la température de 790° et brûle avec flamme à 840°.

Nº 7. Boort du Cap : brûle sans éclat à 790° et avec flamme à 840°, comme le précédent.

Nº 8. Un fragment de boort très dur, impossible à tailler, rayant les meules d'acier sans être entamé par l'égrisée, n'a commencé à brûler sans flamme qu'à 800° et avec flamme à 875°.

Nous avons étudié ensuite l'action de différents corps gazeux sur le diamant. Ces expériences étaient faites avec des gaz préparés avec le plus grand soin et surtout bien exempts d'oxygène. Le diamant sur lequel on expérimentait était placé dans un tube de platine, au milieu d'une petite nacelle de même métal. On se servait de diamants taillés et bien transparents, afin de mieux juger de la moindre action chimique.

Chauffés dans l'hydrogène à 1200°, les diamants du Cap ne changent pas de poids. M. Moren avait déjà indiqué que, dans l'hydrogène au rouge blanc, le diamant ne présentait pas de modification (1). Lorsque l'on opère sur des pierres taillées, un peu jaunâtres, il arrive le plus souvent qu'elles changent légèrement de teinte ; elles s'éclaircissent et deviennent d'un jaune

____

(1) MOREN. *Comptes rendus*, t. LXX, p. 990.

plus pâle. Mais, parfois aussi, elles perdent de leur limpidité et deviennent laiteuses.

Le diamant maintenu au rouge dans un courant de fluor ne change pas de poids, tandis que le graphite est attaqué au rouge sombre et le noir de fumée à la température ordinaire (1).

Le chlore sec n'agit pas sur le diamant entre 1100° et 1200°; il n'a aucune action sur les diamants taillés du Cap qui ne changent ni de poids ni de couleur. Il en est de même du gaz acide fluorhydrique dans les mêmes conditions.

La vapeur de soufre n'attaque le diamant qu'avec difficulté. Il faut chauffer à la température de 1000°, prise à la pince thermo-électrique, pour que cette réaction puisse se produire. Mais, avec le diamant noir, la formation du sulfure de carbone se produit facilement dès la température de 900°.

La vapeur de sodium est sans action sur le diamant à la température de 600°. Le fer, amené à l'état liquide, se combine énergiquement au diamant et fournit une fonte qui, par refroidissement, laisse déposer du graphite. Le platine fondu s'y combine aussi avec rapidité à très haute température.

Le bisulfate de potassium et les sulfates alcalins en fusion n'attaquent pas le diamant. Il en est de même pour le sulfate de chaux qui, à 1000°, n'a pas été réduit.

L'action des corps oxydants a déjà été étudiée avec soin. Il nous suffit de rappeler la séparation des différentes variétés de carbone indiquée par M. Berthelot, au moyen de chlorate de potassium et de l'acide azotique. Dans un travail important, M. Ditte (2) a démontré que l'acide iodique anhydre attaque, à 260°, toutes les variétés de carbone sauf le diamant.

(1) HENRI MOISSAN. Action du fluor sur les différentes variétés de carbone. *Comptes rendus*, t. CX, p. 276.

(2) A. DITTE. *Recherches sur l'acide iodhydrique et ses principaux composés métalliques*. Thèse de la Faculté des Sciences de Paris, 1870.

Le chlorate de potassium ainsi que le nitrate en fusion, sont sans action sur le diamant, tandis que le carbon, comme l'a établi M. Damour, est attaqué dans ces conditions.

Une réaction curieuse nous a été présentée par les carbonates alcalins. Lorsque l'on maintient un diamant dans du carbonate de potassium ou de sodium en fusion à une température comprise entre 1000° et 1200°, il disparaît rapidement en donnant de l'oxyde de carbone. Cette réaction nous a conduit à rechercher si le diamant ne contenait pas une petite quantité d'hydrogène qui, dans ce cas, pourrait se dégager sous forme gazeuse et être facilement caractérisée.

Voici comment l'expérience était disposée : une nacelle de platine, renfermant le carbonate alcalin absolument sec et le diamant, était placée dans un tube de porcelaine, vernissé à l'intérieur et à l'extérieur, et dans lequel on avait fait le vide après l'avoir, au préalable, rempli d'acide carbonique. On portait ensuite le tube à la température de 1100° à 1200°, et l'on recueillait le mélange gazeux qui se dégageait pour en faire l'analyse.

Une solution de potasse enlevait l'acide carbonique. L'oxyde de carbone était absorbé par le sous-chlorure de cuivre en solution, et le faible résidu restant, additionné d'oxygène, ne variait pas de volume sous l'action de l'étincelle. Nous estimons que l'on peut conclure de cette expérience que le diamant essayé ne renfermait pas d'hydrogène ou d'hydrocarbure gazeux.

Nous croyons cependant que cette étude mériterait d'être reprise avec un poids plus important de diamants et surtout avec cette variété de diamant qui prend une si belle fluorescence lorsqu'on l'éclaire avec la lumière bleue. Ces diamants fluorescents renferment peut-être quelques traces de carbure d'hydrogène.

Nous pouvons conclure de ces premières expériences que la

température de combustion du diamant est variable avec les différents échantillons : elle oscille entre 760° et 875°. En général, plus le diamant est dur, plus sa température de combustion est élevée. Cette variation du point de combustion établit donc bien l'existence de plusieurs variétés de carbone diamant. Si le diamant résiste à 1200°, au chlore, à l'acide fluorhydrique, à l'action de différents sels, par contre, il est facilement attaqué à cette température par les carbonates alcalins, et cette décomposition, sous forme gazeuse, nous a permis d'établir que l'échantillon étudié ne renfermait pas d'hydrogène ou d'hydrocarbure.

Analyse des cendres du diamant. — A la suite de ces premières recherches, nous avons pensé qu'il était indispensable de caractériser les matières minérales qui forment les cendres du diamant. Déjà Dumas avait fait remarquer combien il serait utile, pour savoir dans quel milieu le carbone avait pu cristalliser, de connaître les traces d'impuretés que renfermaient ces cristaux.

Cette quantité de cendres étant excessivement faible pour les cristaux d'une belle limpidité, je me suis adressé au boort qui est d'une valeur moins grande et qui contient plus de matières étrangères que les pierres incolores.

La méthode analytique employée variait suivant le corps à reconnaître. Mais ce sont surtout les études micro-chimiques qui nous ont permis d'établir quelques réactions d'une grande netteté. Nous avons employé aussi l'analyse spectrale, mais la présence du fer, qui donne au spectroscope un si grand nombre de raies, compliquait singulièrement ces recherches. Cette dernière méthode nous a surtout permis de contrôler l'existence de quelques traces de corps simples, mis en évidence par les réactions micro-chimiques.

Le fer a été caractérisé par le sulfo-cyanure de potassium. On agissait soit sur la solution chlorhydrique ou sulfurique des cendres, soit sur une solution acide, après fusion avec une trace de carbonate de soude absolument pur.

La silice était décelée au moyen de la perle de sel de phosphore. On reconnaissait ainsi à la loupe une trace de silice insoluble au milieu de la perle. C'est la réaction la plus sensible que nous ayons trouvée pour ce corps.

Le titane était recherché au moyen de la réaction de M. Lévy : action de l'acide titanique sur la morphine en solution dans l'acide sulfurique (1). On opérait soit directement sur les cendres, soit après attaque au bisulfate.

Le calcium était reconnu au microscope, grâce à la formation d'oxalate de chaux cristallisé.

Le magnésium se caractérisait de même au microscope par la production de phosphate ammoniaco-magnésien.

Tous les fragments de diamant, avant d'être brûlés dans l'oxygène, étaient traités par l'acide fluorhydrique, puis par l'eau régale bouillante, enfin lavés à l'eau et séchés à l'étuve. Nous ne donnerons pas le poids des cendres lorsqu'il était inférieur à $\frac{1}{2}$ milligramme.

N° **1**. — Boort du Cap : aspect gras, coloration violette, cristallisation tourmentée. D = 3,49, P = 0,387. Cendres : 0,0005, correspondant à 0,13 pour 100 de boort. Les cendres sont blanches, sauf un point ocreux ; elles sont très légères et ont conservé la forme générale du cristal, tout en présentant l'aspect de feuillets entr'ouverts.

Fer.............   Abondant, caractérisé directement et avec facilité
                   sur la solution chlorhydrique des cendres.
Silicium..........   Réaction très nette par la perle.

(1) LÉVY. *Contribution à l'étude du titane.* Thèse de la Faculté de Paris, 1891, et *Comptes rendus*, 29 novembre, 13 décembre 1886.

Calcium.......... Traces par l'oxalate de chaux, vérifié au spectroscope.
Magnésium....... Réaction très nette, mais très faible, par le phosphate ammoniaco-magnésien.

N° 2. — Deux morceaux de boort du Cap : aspect gras, pointement cristallin, couleur gris fer. D = 3,49, P = 0,146. Cendres très faibles, d'un
poids inférieur à $\frac{1}{2}$ milligramme, de couleur ocreuse, ayant conservé la
forme primitive du cristal. Fer abondant. Silicium très net par la perle.
Pas de titane. Calcium : traces. Magnésium : traces.

N° 3. — Boort du Cap : aspect gris fer. D = 3,48, P = 0,093. Cendres
très faibles, d'un blanc gris. Fer : réaction caractéristique. Silicium :
réaction très nette.

N° 4. — Boort du Cap : forme cubique, faces courbes. D = 3,48,
P = 0,100. Fer et titane : réactions très nettes.

N° 5. — Boort du Cap (Kimberley) : aspect gras, brillant. P = 0,212.
Cendres blanches, légèrement ocreuses sur le bord. Fer très net ; pas
de titane.

N° 6. — Boort du Cap (Jagersfontein) : couleur rougeâtre, aspect gras.
P = 0,272. Cendres ocreuses assez abondantes. Silicium ; fer abondant,
titane très net.

N° 7. — Carbon du Brésil : d'une grande dureté ; aspect d'anthracite.
D = 3,50, P = 0,0397. Cendres dont le poids est inférieur à $0^{mm},5$,
mais en plus grande quantité, comparativement, que le n° 3. Ces
cendres sont d'une couleur rouge brique, très dures et d'un aspect gra-
nuleux.

Fer .... Réaction très nette, forme la majeure partie des
cendres ; peut être caractérisé par le ferro-
cyanure et même par la perle de borax.
Calcium .... En très petite quantité. Vérifié au spectroscope.
Magnésium .... Douteux.
Titane .... Néant.

N° 8. — Carbon du Brésil : de couleur noire, d'aspect chagriné, présentant au microscope des stries alternativement blanches et noires.
P = 0,354. Il a fourni, après la combustion : cendres, 0,017, soit 4,8

pour 100. Il nous a été possible de faire une analyse quantitative de ces cendres ; voici les résultats obtenus :

	Pour 100 de cendres.	Pour 100 de carbon.
Sesquioxyde de fer	53,3	2,2
Silice	33,1	1,4
Chaux	13,2	0,6
Magnésie	Traces.	»

N° **9**. — Boort du Brésil : fragments rouges. Surface cristalline renfermant des veines transparentes de couleur ocreuse. D = 3,49, P = 0,130. Cendres très faibles, inférieures à $0^{mm},5$, à feuillets blancs et ocreux. Ces cendres, plus difficilement attaquables que celles du carbon, ont dû être reprises par le carbonate de potassium.

Fer	Réaction très nette par le sulfocyanure et le ferrocyanure.
Silicium	Abondant par la réaction de la perle.
Magnésium	Douteux.
Calcium	Très faible.
Titane	Néant.

N° **10**. — Boort du Brésil : fragments verts, transparents, très réfringents, présentant quelques faces cristallines très nettes. D = 3,47, P = 0,093. Cendres insignifiantes, légèrement jaunâtres. Les diamants, tout à fait transparents, ont seuls donné une quantité de cendre plus faible.

Fer	Néant.
Silicium	Réaction nette à la perle.

N° **11**. — Diamant du Cap taillé : très légèrement jaunâtre, belle limpidité, fluorescent. D = 3,51, P = 0,126. Cendres à peine visibles ; le fer a pu être caractérisé avec une grande netteté.

En résumé, tous les échantillons de boort et de diamant du Cap que nous avons étudiés renfermaient du fer. Ce métal formait, du reste, la majeure partie des cendres. Nous l'avons retrouvé dans les cendres du carbon et du diamant du Brésil, sauf une variété de boort de couleur verte, qui en était totalement dépourvue. Enfin, nous avons caractérisé, dans tous ces échantillons, l'existence du silicium, et, dans la plupart, la présence du calcium. Nous rappellerons que M. Daubrée a indiqué l'existence de ce métal alcalino-terreux dans certains fers tels que ceux d'Ovifak.

Étude de la terre bleue du Cap. — On sait que les diamants se rencontrent, au Cap de Bonne-Espérance, dans d'immenses puits remplis d'une brèche serpentineuse contenant plus de quatre-vingts espèces minérales et ne renfermant que 500^{mgr} à 100^{mgr} de carbone cristallisé par mètre cube. On n'a recherché d'abord, dans cette *terre bleue*, comme on l'appelle au Cap, que les diamants d'une certaine grosseur et pouvant être triés à la main. Lorsque l'exploitation s'est transformée et que les machines ont remplacé le travail de l'homme, on a pu séparer, à l'aide de tamis assez fins, des diamants beaucoup plus petits ; mais, jusqu'à présent, on ignorait la présence de diamants microscopiques dans cette brèche serpentineuse. Ces derniers, peu importants au point de vue commercial, m'intéressaient tout particulièrement au sujet de la reproduction de cette variété de carbone.

J'ai pu me livrer à cette étude grâce à l'obligeance de M. de Monmort, auquel je suis heureux d'adresser ici tous mes remercîments et qui a bien voulu, lors de notre dernière Exposition universelle, me procurer les éléments nécessaires pour cette étude. Ces échantillons provenaient de la mine d'Old de Beer's.

Pour mettre en évidence les diamants microscopiques que renferme cette brèche serpentineuse, il a fallu détruire toutes les autres substances minérales qui accompagnent cette pierre précieuse.

Deux kilogrammes de cette terre bleue ont été divisés par portions de 250^{gr} et traités par un excès d'acide sulfurique bouillant pendant douze heures. Après refroidissement, on a lavé à l'eau puis on a attaqué par l'eau régale. Un nouveau lavage a enlevé une grande quantité de parties solubles et le résidu a été placé dans une capsule de platine et traité par un grand excès d'acide fluorhydrique bouillant. Le résidu était formé d'une centaine de grammes de matière ; on a séparé à la pince quelques gros fragments inattaqués et les rubis les plus volumineux. On traite ensuite par l'acide sulfurique bouillant, on lave à l'eau, on sèche, puis on reprend par l'acide fluorhydrique, et cette double attaque est répétée douze à quatorze fois ; elle a pour but d'enlever principalement l'alumine cristallisée, dont il est très difficile de se débarrasser.

Il ne restait plus alors que 0,094 de substance, et ce résidu a été repris quinze fois par un mélange de chlorate de potassium et d'acide azotique monohydraté pour détruire le graphite. Ce résidu final, après lavage à l'acide fluorhydrique, puis à l'acide sulfurique bouillant, est alors fractionné au point de vue de la densité de la substance qu'il contient, avec le bromoforme 2,9 et l'iodure de méthylène 3,4.

Nous rappellerons que l'étude microscopique du résidu a été suivie pendant toute la préparation.

Avant les attaques au chlorate de potassium, nous avons nettement reconnu la présence du graphite en beaux cristaux brillants hexagonaux ou lamelleux, présentant parfois l'apparence de petites cupules. Nous avons aussi rencontré des fragments plus volumineux, ayant une certaine épaisseur et présentant en creux des impressions triangulaires. Ce graphite nous a fourni, au chlorate de potassium, un oxyde graphitique de couleur verdâtre, qui est passé au jaune et que nous avons détruit par l'acide sulfurique, pour éviter sa transformation en oxyde pyrographitique par déflagration. Nous rappellerons que le graphite de la fonte, ainsi que l'a indiqué M. Berthelot, produit aussi un oxyde graphitique de couleur verdâtre.

En même temps, nous avons pu isoler un graphite ayant la propriété de se désagréger dans l'acide sulfurique à 200°, en produisant un foisonnement considérable (1).

Lorsque l'on examine le résidu, d'une densité supérieure à 3,4, qui reste au fond de l'iodure de méthylène, après tous ces traitements, on reconnaît au microscope qu'il est formé de plusieurs substances :

1° D'une matière d'un jaune ambré en masses irrégulières;

2° De carbon ou diamant noir;

3° De diamants microscopiques;

4° De petits cristaux transparents qui ne brûlent pas dans l'oxygène, qui se présentent sous forme de prismes allongés, qui ne sont pas fluorescents dans la lumière violette et qui agissent sur la lumière polarisée.

Les fragments de substance jaune qui ont résisté à un traitement si énergique sont doués d'une certaine transparence; quelques-uns possèdent des trous présentant l'aspect d'un carré et dans lesquels des cristaux devaient être inclus. Chauffée à 1000°, cette matière laisse un résidu gris, légèrement attirable à l'aimant et contenant une grande quantité de fer. Nous avons rencontré la même matière dans les anfractuosités de gros diamants naturels et dans certains de nos culots de fonte qui nous ont servi à reproduire le diamant.

Les morceaux de diamant noir, que nous avons rencontrés au microscope, dans la terre bleue du Cap, sont arrondis, rarement chagrinés; quelques-uns présentent des angles droits; d'autres

---

(1) Nous avons indiqué précédemment, à propos de nos recherches sur le graphite, comment il est possible de préparer cette nouvelle variété.

ont des arêtes courbes et rappellent des pointements d'octaèdre (fig. 19 A); certains possèdent un éclat gras très net. Il en existe aussi en fragments noirs irréguliers et pointillés. Leur densité

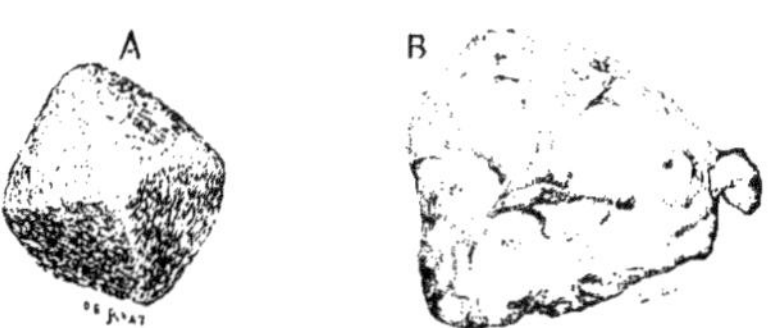

FIG. 19. — Diamants microscopiques du Cap. Gr. en diamètre : 100 d.

varie entre 3 et 3,5 ; ils rayent le rubis et brûlent dans l'oxygène à 1000°.

Les diamants transparents ont des proportions excessivement variables ; quelques-uns sont à peine visibles au microscope avec un grossissement de 500 diamètres. Les uns sont arrondis et ce sont les plus nombreux (fig. 19, B); les autres ont des apparences cristallines très nettes (fig. 20, B), et certains se présen-

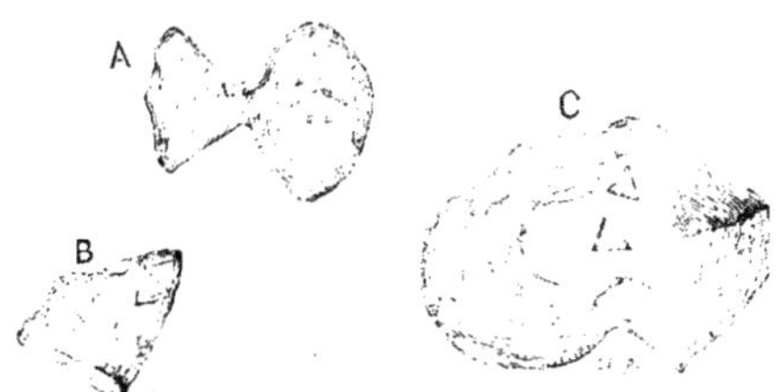

FIG. 20. — Diamants microscopiques transparents du Cap. Gr. : 100 d.

tent sous la forme de gouttes transparentes (fig. 20, A et C) possédant des stries et des impressions triangulaires ; ils brûlent dans l'oxygène en donnant de l'acide carbonique et ils rayent le rubis avec la plus grande facilité. En même temps que ces diamants, on rencontre, mais en petit nombre, des fragments de boort et de diamant enfumé.

Certains des cristaux transparents, qui se présentent sous forme de prismes allongés, renferment de la silice ; on peut les détruire, ainsi que la substance d'un jaune ambré dont nous avons parlé précédemment, par deux attaques faites avec soin au bisulfate de potassium fondu, puis par un traitement à l'acide fluorhydrique, et enfin à l'acide sulfurique.

En résumé, notre étude de la terre bleue du Cap nous a amené à y découvrir l'existence de nombreux diamants microscopiques, du boort, du carbon ou diamant noir sous ses formes diverses et de densité variable, et enfin du graphite.

La quantité de graphite contenue dans la terre bleue est certainement supérieure à la quantité de diamant que l'on peut y rencontrer, et ces cristaux de graphite sont séparés les uns des autres.

Je tiens à faire remarquer, en terminant, que la découverte du carbon ou diamant noir, dans la terre bleue, appartient à M. Couttolenc (1) qui a fait connaître sa présence dans la mine d'Old de Beer's. Bien que mon étude analytique fût faite depuis deux années, je n'avais encore rien publié sur ce sujet, et l'antériorité en revient incontestablement à M. Couttolenc.

Étude des sables diamantifères du Brésil. — Grâce à l'obligeance de M. Lacroix, professeur au Muséum d'Histoire naturelle, nous avons pu rechercher si les sables diamantifères du Brésil renfermaient aussi des diamants microscopiques.

$4^{kg},500$ de sable ont été tamisés, et nous ont donné $1,350^{gr}$ de poudre presque entièrement formée de silice.

---

(1) Examen de la terre diamantifère de la mine d'Old de Beer's, par M. Couttolenc (*Société d'Histoire naturelle d'Autun*, 5e Bulletin, p. 127 ; décembre 1892). Si ce savant n'a pas reconnu l'existence des diamants microscopiques, cela tient à ce que, dans son traitement de la terre bleue, il a fait intervenir une fusion à la soude caustique qui est

L'attaque en est très longue, et ce n'est qu'après une douzaine de traitements alternés à l'acide fluorhydrique et à l'acide sulfurique bouillants que l'on est arrivé à un résidu de 2^{gr}.

La substance est alors traitée par le fluorhydrate de fluorure de potassium en fusion, puis attaquée par le bisulfate de potassium.

Ce résidu renfermait des parcelles déchiquetées en voie d'attaque, de petits grains transparents, quelques paillettes d'or et de platine natifs et de petits cristaux noirs, brillants, ayant l'aspect du graphite. On a séparé quelques-uns de ces derniers et on les a transformés en oxyde graphitique qui, par déflagration, a donné de l'oxyde pyrographitique.

Après avoir caractérisé le graphite, tout le résidu a été traité par l'iodure de méthylène. La partie plus dense que l'iodure de méthylène a été séparée et traitée à nouveau par le fluorhydrate de fluorure, puis par le bisulfate. Une attaque à l'eau régale a fait disparaître les métaux précieux.

Nous avons pu séparer ensuite des fragments noirs et des fragments transparents n'ayant pas d'action sur la lumière polarisée, qui ont brûlé complètement dans l'oxygène, en fournissant un précipité blanc dans l'eau de baryte.

Ce résidu renfermait aussi des grains brillants agissant sur la lumière polarisée, de forme allongée, à surface corrodée, incombustibles, et qu'on a pu faire disparaître à la longue par des attaques successives.

Ce sable du Brésil contient donc du diamant noir à surface chagrinée (fig. 21, B), des diamants transparents (A et C) dont la forme était irrégulière, et enfin du graphite, ainsi que nous l'avons démontré plus haut. Il existe donc dans la nature, soit

toujours plus ou moins carbonatée ; j'ai démontré précédemment que le diamant est détruit avec facilité par les carbonates alcalins en fusion.

au Cap, soit au Brésil, des diamants microscopiques noirs ou transparents, et, dans les deux cas, ces parcelles de carbone, à densité élevée, sont accompagnées de graphite.

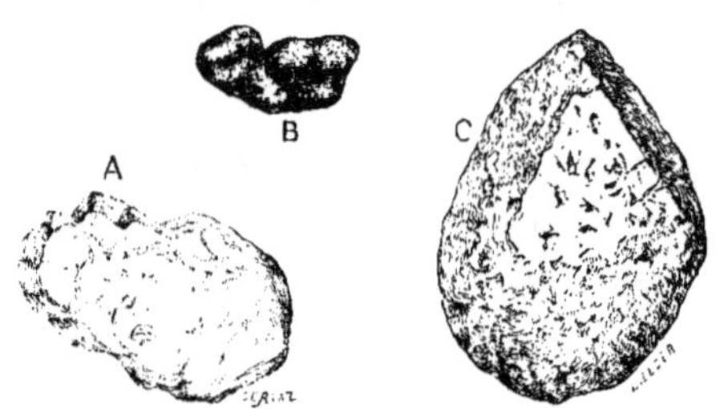

FIG. 21. — Diamants microscopiques du Brésil. Gr. : 100 d.

ÉTUDE DE LA MÉTÉORITE DE CAÑON DIABLO. — Après la curieuse présentation à l'Académie des Sciences de la météorite de l'Arizona par M. Mallard (1), nous avons pu nous procurer des échantillons de cette météorite et entreprendre l'étude du car-

FIG. 22. — Météorite de Cañon Diablo. Gr. : 3 d.

bone qu'elle renferme. Nous n'avons pas publié de suite ces résultats et nous devons rappeler l'intéressante communication de M. Friedel (2) sur ce sujet. Ce savant a établi le premier

(1) MALLARD. Sur le fer natif de Cañon Diablo. *Comptes rendus*, t. CXIV, p. 812, 4 avril 1892.

(2) FRIEDEL. Sur l'existence du diamant dans le fer météorique de Cañon Diablo. *Comptes rendus*. t. CXV, p. 1037, 12 décembre 1892.

l'existence du carbon dans la météorite de Cañon Diablo.

Parmi les différents échantillons soumis à l'analyse, il y en avait un très important, ne pesant, il est vrai, que $4^{gr},216$, mais, présentant très nettement une pointe, d'une grande dureté, sur laquelle une meule d'acier n'avait aucune prise. Lorsque l'on examine attentivement cet échantillon, on voit que le fragment qui raye l'acier est entouré d'une gaine noire qui est formée de carbone et de carbure de fer (fig. 22).

Cet échantillon est attaqué par l'acide chlorhydrique bouillant, jusqu'à ce qu'il ne reste plus trace de fer; on obtient alors un mélange contenant :

1° Du charbon très léger, en poussière impalpable, mettant douze heures pour tomber au fond de l'eau et qui provient peut-être de la décomposition des carbures de fer ;

2° Un charbon en fragments très minces, rubanné, de couleur marron au microscope, paraissant déchiqueté, et qui semble avoir été fortement comprimé;

3° Un charbon dense, se présentant surtout sous forme de fragments arrondis et mêlé à de petits morceaux de phosphure de fer et de nickel à reflets mordorés (1).

Ce mélange est repris alternativement par l'acide sulfurique bouillant et l'acide fluorhydrique ; sa densité est alors assez grande pour qu'une partie tombe au fond de l'iodure de méthylène.

On fait subir, à ce dernier résidu, huit attaques au chlorate de potassium et à l'acide azotique. Les fragments, de couleur foncée, disparaissent peu à peu, en même temps qu'une petite quantité de fer entre en solution. Finalement, il ne nous est resté que deux fragments jaunâtres, absolument identiques, présentant un aspect gras, très net, ne possédant pas d'impres-

---

(1) Ce phosphure de fer et de nickel présente, d'après **M.** Friedel, tous les caractères de la schreibersite.

sions triangulaires, et dont la surface, rugueuse et tourmentée, rappelle la cristallisation contrariée du boort (1).

Ces deux fragments tombent au fond de l'iodure de méthylène ; ils rayent nettement le rubis et l'un d'eux, brûlé dans l'oxygène, a laissé des cendres conservant encore la forme du fragment, de couleur ocreuse et dans lesquelles il a été possible de caractériser la présence du fer.

Le plus gros diamant (fig. 23) mesurait $0^{mm},7$ sur $0^{mm},3$; il

FIG. 23. — Diamant transparent de Cañon Diablo.

possédait une teinte jaune, une surface rugueuse et se laissait traverser par la lumière.

Dans un autre échantillon, nous avons rencontré, à côté du carbone dense, dont nous venons de parler, mélangée à des phosphures et à des sulfures de fer et de nickel, une substance cristalline formée de dendrites, d'une couleur grise, plus mate que le platine et qui n'a pas disparu dans le traitement à l'acide fluorhydrique et à l'eau régale. Nous y avons rencontré aussi quelques fragments de diamant noir à surface chagrinée ou brillante, d'une densité voisine de 3, et qui brûle dans l'oxygène à 1000°.

Il ne faut pas confondre, avec ce carbon, quelques parcelles

(1) Les lapidaires donnent le nom de *boort* au diamant quelquefois transparent dont la cristallisation irrégulière ne permet pas de clivage facile et qui n'est pas usé par l'égrisée sur les meules d'acier.

d'oxyde de fer magnétique, incombustible bien entendu dans l'oxygène, et tout à fait inattaquable par l'acide sulfurique (1), ce qui se produit pour l'oxyde $Fe^3 O^4$ obtenu à haute température.

Il est d'ailleurs curieux de voir combien cette météorite de Cañon Diablo manque d'homogénéité. Nous avons pris, par exemple, deux échantillons sur le même fragment à 1^{cm} de distance ; soumis à l'analyse, ils nous ont fourni les chiffres suivants :

	N° 1.	N° 2.
Fer	91,12	95,06
Nickel	3,07	5,07
Silice	0,050	»
Insoluble	1,47	0,06
Magnésie	Traces	»
Calcium	Néant	»
Phosphore	0,20	»
Soufre	Néant	»

Les deux échantillons qui contenaient du carbone, en quantité variable, se trouvaient ne pas renfermer de soufre.

Une autre météorite de la même provenance, qui ne nous a pas fourni trace de carbone, nous a donné, sur des fragments pris à quelques centimètres de distance, la composition suivante :

	N° 1.	N° 2.
Fer	91,09	92,08
Nickel	1,08	7,05
Silice	0,05	»
Insoluble	Néant	»
Magnésie	Néant	»
Calcium	Néant	»
Phosphore	Non dosé	»
Soufre	0,45	»

(1) Pour arriver à mettre en solution ces petits fragments d'oxyde magnétique stable, il a fallu deux attaques successives de quinze minutes au bisulfate de sodium fondu.

Un troisième échantillon de 20^{gr},200 ne nous a donné que trois parcelles de diamant noir, sans diamant transparent.

En résumé, le fragment de la météorite de Cañon Diablo que j'ai étudié, renfermait du diamant transparent, du diamant noir ou carbon, et un charbon marron d'une densité assez faible.

J'ajouterai que, dans certains échantillons, j'ai pu aussi caractériser la présence du graphite sous forme de petits amas possédant un aspect gras. Ce graphite a été transformé en oxyde graphitique facilement reconnaissable au microscope, et qui a déflagré par une élévation de température. Le diamant transparent peut donc se rencontrer dans d'autres planètes que la terre, si le fer de Cañon Diablo est une météorite; dans cet échantillon, il se trouve au milieu de la masse métallique.

Fer de Novy-Urej, Krasnoslobodsk, gouvernement de Penza, Russie (tombé le 23 août 1886). — Petit fragment de couleur foncée, présentant au microscope quelques pointements de couleur bronze ; son poids était de 0^{gr},410.

Cette météorite est charbonneuse et non pas holosidère. On sait que c'est la première météorite dans laquelle MM. Jerofeïeff et Latchinof ont découvert l'existence du diamant noir.

L'attaque par l'acide chlorhydrique étendu est assez lente, et l'on reconnaît de suite, en examinant le dépôt au microscope, qu'on est en présence d'une météorite riche en matière siliceuse.

Au premier traitement par l'acide sulfurique bouillant, la matière se désagrège et finalement, dans le fluorhydrate de fluorure en fusion, toute matière siliceuse disparaît. On reconnaît au microscope l'existence de petites masses irrégulières de couleur foncée.

Après le traitement au chlorate de potassium et à l'acide nitrique, nous n'avons pas, au microscope et à la déflagration, trouvé trace d'oxyde graphitique. Il ne faut pas oublier cependant que l'échantillon que nous avons étudié ne pesait pas même un demi-gramme.

Après une nouvelle attaque au fluorhydrate de fluorure puis à l'acide sulfurique bouillant, nous avons reconnu, au microscope, un résidu de couleur foncée, ayant l'aspect du diamant noir, et constitué par des agglomérations de petites masses granulées. Tous ces grains noirs brûlent dans l'oxygène à 1000" et un petit grain transparent, qui avait résisté à toutes ces attaques, a été trouvé intact après la combustion.

Nous ajouterons que ces petites parcelles de diamant noir tombent au fond de l'iodure de méthylène.

Ces expériences ne font que confirmer celles de MM. Jeroféïeff et Latchinof. Le fer de Novy-Urej renferme du diamant noir.

TECHNIQUE DE CES RECHERCHES

En prenant le problème de la séparation d'un mélange des différentes variétés de carbone avec tous les corps que la chimie minérale peut nous fournir, la question, à première vue, semble presque insoluble. Il est cependant assez facile de séparer quelques dixièmes de milligramme de diamant, d'un kilogramme de matière étrangère. Nous en avons donné un exemple à propos de l'étude de la terre bleue du Cap.

Le diamant et le graphite sont en effet assez inattaquables par la plupart des réactifs, pour que des traitements réitérés à l'acide fluorhydrique concentré, puis à l'acide sulfurique bouillant, puissent enlever la plupart des substances minérales. Tous les silicates disparaissent facilement. L'alumine fondue ou cristallisée et le fluorure d'aluminium cristallisé finissent par se ronger, se déchiqueter et se dissoudre. Quand il s'agit de composés tels que l'acide titanique, on peut avoir intérêt à traiter par l'acide nitrique puis par l'ammoniaque. La séparation du résidu solide se fera toujours par décantation.

Lorsque les matières autres que le diamant et le graphite sont détruites, ou lorsqu'elles n'existent plus qu'à l'état de traces, on transforme le graphite en oxyde graphitique, et par cette méthode de séparation, que l'on doit à M. Berthelot, le diamant restera comme dernier résidu.

M. Berthelot avait indiqué de faire avec le mélange de différents carbones, le chlorate de potassium et l'acide azotique, une pâte épaisse et de maintenir le tout à la température de 60° pendant cinq ou six heures. Ce traitement, répété 6 à 8 fois, permettait la transformation complète du graphite en oxyde graphitique. On faisait ensuite déflagrer ce dernier composé en le portant au rouge sombre. L'acide pyrographitique ainsi obtenu était détruit à son tour par l'acide azotique et le chlorate de potassium.

Comme notre intention dans ce travail n'était pas d'étudier et de comparer les différents oxydes graphitiques, nous avons modifié la méthode analytique de M. Berthelot de la façon suivante : On commence par détruire, au moyen de l'acide nitrique ou de l'eau régale, tout ce qui est carbone amorphe ; on lave ensuite, toujours par décantation ; on sèche, et le mélange, sans être pulvérisé, est introduit au moyen d'un pinceau de blaireau dans un petit matras en verre.

On l'additionne alors, s'il ne s'agit que d'une petite quantité de graphite, de 2^{gr} environ de chlorate de potassium. On mélange le tout dans le matras et l'on ajoute 8 à 10^{cc} d'acide nitrique monohydraté du commerce. On maintient le ballon au bain-marie à la température de 60° à 80° pendant une journée. On lave ensuite à l'eau bouillante, on sèche à l'étuve et l'on ajoute dans le matras les mêmes proportions de chlorate et d'acide. Cette deuxième attaque se produit pendant la nuit et toujours à la température de 60°. On continue ces opérations jusqu'à ce que tout le graphite soit transformé en oxyde graphitique.

En détruisant tout le carbone amorphe avec soin avant l'oxydation, nous n'avons jamais eu d'explosion. En employant un grand excès d'acide nitrique, nous avons l'avantage, quand il n'y a que peu de graphite, de le mettre en solution ou en suspension, sous forme gélatineuse, dans le liquide. Le graphite, dans ce cas, disparaît donc par une simple décantation.

Si, au contraire, la quantité de graphite est abondante, on le transforme en oxyde graphitique, que l'on peut détruire, soit par déflagration, soit par un traitement prolongé à l'acide sulfurique bouillant.

La vitesse d'oxydation d'un graphite déterminé est variable suivant la concentration de l'acide nitrique.

Dans nos premières recherches, nous avons utilisé l'acide azotique monohydraté ordinaire et nous faisions plusieurs attaques successives.

Plus tard nous avons employé de l'acide azotique concentré obtenu par la décomposition du nitrate de potassium bien sec en présence d'un grand excès d'acide sulfurique exactement monohydraté. Dans ces conditions, ainsi que nous l'avons indiqué dans notre étude des graphites, l'attaque est beaucoup plus rapide.

Dans ces manipulations assez longues, nous évitons autant que possible de changer de vase. Lorsque la destruction du graphite a été exécutée dans le petit matras dont nous avons parlé plus haut, pour enlever les traces de diamant qu'il renferme, on le remplit complètement d'eau, on le bouche avec le pouce et on le retourne dans une capsule contenant de l'eau. En vertu de leur densité, les poussières lourdes se réunissent rapidement au fond de la capsule.

Pour examiner ces poussières au microscope, on se sert d'un tube effilé qui forme pipette, on ferme l'extrémité supérieure avec le doigt et l'on place la pointe auprès des parcelles réunies au fond de la capsule. En enlevant le doigt, la pression atmosphérique projette ces poussières dans le tube avec le liquide de la capsule et l'on peut ensuite les déposer sur une lame de verre pour les examiner au microscope. A la façon dont elles tombent dans le liquide, on peut déjà reconnaître si leur densité est plus ou moins grande. Après l'examen microscopique, la lame de verre et la lamelle qui la recouvrait sont lavées au-dessus de la capsule avec le jet d'une pissette à eau distillée.

Cet examen microscopique montre tout d'abord que, malgré toutes les précautions, ces résidus [renferment toujours une petite quantité de fragments de verre. Ces derniers peuvent provenir des vases ou des liquides. Lorsque le laboratoire contient une soufflerie, les poussières de verres se rencontrent d'une façon permanente dans l'atmosphère et se retrouvent ensuite au fond des verres à pied et des capsules.

On trouve aussi dans ces résidus de petits grains de silice à cassure brillante ou à surface arrondie ; il faut même avoir soin, pour les éviter, de faire recristalliser, dans des vases fermés, le chlorate de potassium qui doit servir à la destruction des graphites. Pour la même raison on ne doit jamais agiter les flacons contenant les acides ni utiliser le liquide qui se trouve au fond.

Cette présence constante du verre et de la silice dans le résidu exige finalement un traitement par l'acide fluorhydrique bouillant. Pour cela, le faible résidu qui reste dans la capsule est projeté, avec une pissette à jet, dans une capsule de platine. L'excès de liquide est décanté, et, sur les parcelles encore mouillées, on verse de l'acide fluorhydrique à 50 pour 100 de concentration. Cet acide a été préparé à l'état de pureté dans le laboratoire par la décomposition du fluorhydrate de fluorure de potassium dans un alambic en platine. Le liquide acide est porté à une température peu inférieure à son point d'ébullition pendant deux ou trois heures. On laisse refroidir, puis on lave par décantation à l'eau distillée.

Parfois le résidu a augmenté, et l'on voit au microscope des cristaux de forme régulière qui sont formés de fluorures insolubles dans un excès d'acide.

Il faut alors reprendre par l'acide sulfurique bouillant qui, en quelques heures, détruit ces composés. Après refroidissement, on étend d'eau l'acide et l'on fait un nouveau traitement par l'acide fluorhydrique.

Après lavage à l'eau, le volume du résidu a notablement diminué.

Ces divers traitements doivent s'exécuter, en ayant bien soin de ne jamais amener le léger résidu dans un état de dessiccation complète. Ce n'est qu'à la fin des opérations que l'on sèche la capsule de platine à l'étuve. On reprend ensuite ce résidu par l'iodure de méthylène, d'une densité de 3,4, dans lequel le diamant tombe avec facilité.

Il faut laisser ces parcelles en contact, pendant plusieurs heures, avec l'iodure de méthylène et les agiter entre temps. Cette dernière expérience se fait dans un petit tube à essai fermé par un bouchon de liège.

Nous nous sommes servi aussi, pour séparer les divers échantillons de carbone, du bromoforme d'une densité de 2,9.

Lorsque les fragments de carbone et de diamant ont été traités par le chlorate, il arrive souvent qu'ils ne sont plus mouillés par l'eau et la plupart des liquides.

Aussitôt que la surface de ces poussières est parfaitement nettoyée, par un phénomène de capillarité facile à comprendre, ils nagent sur l'eau et ne peuvent être que difficilement précipités au fond d'un verre à pied rempli de ce liquide. Il est utile de pulvériser alors à la surface du liquide une petite quantité d'alcool concentré. Nous avons souvent perdu de petits diamants par suite de ces phénomènes de capillarité.

B. — Solubilité du carbone dans quelques corps simples à la pression ordinaire.

Dans un chapitre précédent, nous avons établi que si l'on préparait du carbone à basse température, c'est-à-dire de $+ 20$ à $+ 200°$, ce carbone était toujours amorphe.

A la suite de ces premières études, nous avons cherché à séparer le carbone d'un dissolvant par une simple variation de température.

Le meilleur dissolvant du carbone est le fer en fusion. C'est sur lui que nos premières expériences ont porté.

Mais, à côté de ce corps simple, de nombreux métaux possèdent la même propriété. Si peu de choses étaient connues jusqu'ici sur ce sujet, cela tient à ce que les recherches avaient été faites entre des limites de température trop restreintes. L'emploi du four électrique nous a permis d'étendre le nombre de nos observations.

Enfin, nous avons fait varier la nature du dissolvant, espérant saisir quelques différences dans les propriétés du carbone ainsi préparé.

Argent. — Nos premiers essais ont porté sur l'argent à la température de $1000°$. L'argent pur, fondu dans une brasque de charbon de sucre, ne dissout pas sensiblement de carbone. Le culot, traité par l'acide nitrique, nous a laissé un résidu très faible et qui a été étudié avec soin au microscope. Lorsque l'on employait un creuset de Doulton ou lorsque notre creuset de charbon de cornue renfermait des silicates, nous avons souvent rencontré les cristaux empilés de silice, décrits par M. Marsden, et dont nous avons parlé au début de ce travail.

Lorsque le creuset de charbon a été traité par le chlore, ou si l'argent a été fondu sous une couche de chlorure de sodium, on rencontre, dans l'examen microscopique, de petits cristaux très brillants, lourds, réfringents, insolubles dans l'acide azotique et dans l'eau, pouvant rester plusieurs heures dans l'ammoniaque étendue sans s'y dissoudre sensiblement, n'agissant pas sur la lumière polarisée et appartenant au système cubique. Ce sont de petits cristaux de chlorure d'argent, solubles dans l'ammoniaque, à la longue, et immédiatement décomposables par l'acide sulfurique bouillant.

Si l'on chauffe l'argent en présence de charbon de sucre, à la température de la forge, il dissout alors une petite quantité de carbone, et, après attaque par l'acide azotique, le résidu examiné au microscope, renferme du carbone amorphe et du graphite. Si, dans le creuset ou dans la brasque, il se rencontre de la silice, on obtient déjà à cette température de petits cristaux jaunes ou transparents assez épais de siliciure de carbone. Ce composé raye le rubis, résiste à tous les acides, même à l'acide fluorhydrique, et a été pris quelquefois pour du diamant; son aspect, l'action qu'il exerce sur la lumière polarisée, sa combustion incomplète dans l'oxygène à 700° et son attaque par les alcalis peuvent servir facilement à le caractériser.

Pour atteindre une température plus élevée, nous avons inventé notre premier four électrique en chaux vive qui, dans un autre ordre d'idées, nous a rendu tant de services (1).

____

(1) Description d'un nouveau four électrique. *Comptes rendus*, t. CXV, p. 1031, décembre 1892, et *Annales de Chimie et de Physique*, 7ᵉ série, t. IV, p. 365.

Au moyen de cet appareil, nous pouvions porter un métal à une température voisine de 3500°. Nous avons remarqué de suite que, à sa température d'ébullition, l'argent dissolvait une petite quantité de carbone et ce métalloïde, par refroidissement, se sépare sous forme de graphite (1). Après dissolution du métal par l'acide nitrique, puis traitement du résidu, ainsi que nous l'avons indiqué précédemment, jamais nous n'avons obtenu aucun résidu visible au microscope. Tout le graphite, après transformation en oxyde graphitique, était détruit, et il ne nous restait aucune poussière tombant dans l'iodure de méthylène. Cette expérience a été répétée bien des fois, le résultat a toujours été le même.

Fer. — Lorsque l'on sature le fer de carbone, à une température comprise entre 1100° et 3500°, on obtient, par le refroidissement, des résultats différents, selon la température à laquelle la masse a été portée et suivant la vitesse de refroidissement. Si l'on ne chauffe qu'à 1100° ou 1200°, il reste, après attaque par les acides, un mélange de charbon amorphe et de graphite en petits cristaux. A 3500°, il se fait surtout du graphite en très beaux cristaux. Lorsque le graphite est préparé à haute température, il est tellement brillant qu'il réfléchit autant de lumière que le miroir du microscope et qu'il peut, à première vue, sembler transparent.

Entre 1100° et 3000°, la fonte de fer liquide se conduit comme une solution qui dissout de plus en plus de carbone au fur et à mesure que la température s'élève. C'est ce qui explique la formation du graphite sur les fontes fortement chauffées aux hauts-fourneaux qui, en passant de 1700° à 1100°, point de leur solidification, laissent sortir de leur masse une abondante cristallisation de graphite.

(1) A haute température, le siliciure de carbone se produit avec facilité dans ce métal. H. MOISSAN. Sur la préparation du siliciure de carbone cristallisé. *Comptes rendus*. t. CXVII, p. 425.

Dans les nombreuses expériences, exécutées sur la fonte en fusion, soit à la température de la forge, soit à la température du chalumeau oxhydrique, soit enfin au four électrique, je n'ai jamais obtenu que des graphites dont j'ai déjà donné les propriétés.

Aluminium. — La solubilité du carbone dans l'aluminium peut se démontrer avec facilité à la température du four électrique et elle se produit dès la température de la forge.

On peut préparer ainsi un carbure d'aluminium transparent, en cristaux jaunes de formule $C^3 Al^4$, qui se décompose lentement par l'eau en donnant du gaz méthane pur. En même temps que ce carbure se produit, l'excès d'aluminium, ou le carbure en fusion, abandonne de beaux cristaux de graphite et rien que du graphite.

Glucinium. — Le carbure de glucinium, préparé par M. Lebeau au four électrique, peut dissoudre avec facilité du carbone à très haute température. Après attaque par l'acide chlorhydrique étendu, il donne du graphite.

Chrome. — Nous avons eu l'occasion de préparer, au four électrique, une vingtaine de kilogrammes de ce métal dans des conditions variées. La fonte de chrome se combine avec facilité au carbone à haute température et fournit deux carbures définis et cristallisés de formule $C Cr^4$ et $C^2 Cr^3$. Par une nouvelle élévation de température, ces composés dissolvent abondamment du carbone, qu'ils abandonnent ensuite sous forme d'un graphite bien cristallisé en petites lamelles très miroitantes.

Manganèse. — Le manganèse dissout rapidement le carbone à la température du four électrique. Comme ce métal est très volatil, on peut même enlever, sous forme de vapeur, l'excès de manganèse et recueillir ainsi du graphite bien cristallisé. Après traitement par les acides, puis par le mélange oxydant, ce graphite ne laisse aucun résidu.

Nickel. — Ce métal, au four électrique, se comporte comme le fer, en présence du carbone. Il paraît cependant en dissoudre une quantité moindre.

Cobalt. — Le cobalt dissout de même du carbone qu'il abandonne sous forme de graphite.

Tungstène. — Le tungstène, préparé au four électrique, lorsque l'on opère avec un mélange d'oxyde et de charbon, dans lequel ce dernier n'est pas en excès, peut ne pas renfermer de carbone et se limer avec facilité. On obtient ainsi dès la première opération le métal non carburé. Cette expérience se fait dans un creuset de charbon, car le tungstène est assez difficilement fusible pour que toute la masse métallique, d'environ 1^{kg}, reste sous forme d'une éponge ne touchant le creuset que par quelques points. Ce tungstène est d'une grande pureté, même à l'analyse spectrale.

Si l'on continue à chauffer cette éponge métallique, sous l'action d'un courant puissant, elle fond, se combine alors au carbone du creuset et produit un carbure CTg^2 qui va dissoudre assez de carbone pour l'abandonner par refroidissement sous forme de graphite.

Molybdène. — Le molybdène au four électrique dissout plus de carbone que le tungstène. Il est d'ailleurs un peu plus fusible et donne un carbure défini de formule CMo^2. Lorsque la température s'abaisse, le charbon entré en solution se sépare à l'état de graphite.

Uranium. — L'uranium, plus fusible que les deux métaux précédents, se rapproche du fer au point de vue de la solubilité du carbone. Il produit en se refroidissant une notable quantité de graphite. Il ne faut pas oublier que l'uranium est assez volatil, et si la chauffe est trop longue, on perd une grande quantité du métal. L'uranium donne un carbure défini et cristallisé de formule C^3Ur^2.

Zirconium. — Le zirconium dissout aussi du carbone qu'il abandonne sous forme de graphite qui reste emprisonné dans le métal. Cela tient à ce que son point de fusion est très élevé. Aussitôt que l'on arrête l'arc, la partie extérieure du métal se solidifie et le graphite ne peut venir nager à la surface. En attaquant le carbure de zirconium CZr, par les acides, on voit que l'excès de carbone qu'il renferme ne se trouve qu'à l'état de graphite.

Vanadium. — Le vanadium se conduit comme le zirconium. Il est difficilement fusible, et le carbone qui entre en solution cristallise en lamelles graphitoïdes au milieu du carbure CVa.

Thorium. — Le carbure de thorium C^2Th, de couleur jaune d'or et bien cristallisé, peut dissoudre assez de carbone pour abandonner en se solidifiant des cristaux de graphite. Il ne nous a fourni aucune autre variété de carbone.

Métaux alcalino-terreux. — Les carbures alcalino-terreux C^2Ca, C^2Ba et C^2St, lorsqu'ils sont maintenus liquides dans le four électrique, dissolvent du charbon qu'ils abandonnent sous forme de graphite.

Il en est de même des carbures de cérium C^2Ce, de lanthane C^2La et d'yttrium C^2Yt.

Titane. — Le titane carburé fondu au four électrique est un corps pâteux, qui grimpe avec facilité sur les parois du creuset. Il ne présente pas la liquidité très grande de la fonte de molybdène, de tungstène ou de fer. Ce corps simple fournit un carbure défini CTi. Ce dernier peut, par une élévation de température assez grande, dissoudre du carbone qu'il abandonne ensuite sous forme de graphite soit à la surface, soit à l'intérieur du titane.

Platine. — Au moment où le platine entre en ébullition au four électrique, il dissout du carbone, qu'il rejette, avant son point de solidification, à l'état de graphite. On peut obtenir ainsi des cristaux nets et bien formés. Ce graphite est foisonnant, ainsi que nous l'avons démontré précédemment.

L'iridium, le palladium et le rhodium donnent le même résultat.

Silicium. — Nous avons préparé du silicium cristallisé, aussi pur que possible par la méthode de Deville, et nous l'avons fondu en globules de la grosseur d'une noisette à la température de la forge. Pour que cette expérience réussisse bien, il faut éviter l'action de l'azote et entourer le creuset d'une brasque d'acide titanique et de charbon. On peut aussi ajouter au silicium un petit fragment de sodium, qui abaisse alors le point de fusion du métalloïde, et produit plus facilement de gros globules fondus. Les cristaux de silicium à fondre étaient tassés au fond d'un petit creuset de charbon de cornue, et recouverts de charbon de sucre en poudre. Une fois cette première fusion obtenue, le globule était chauffé à nouveau au milieu d'une brasque de charbon de sucre, soit dans un four à vent, soit à la forge.

Après refroidissement, on casse ces globules, et l'on trouve, dans leur intérieur, du graphite et de petites géodes tapissées de cristaux brillants. Ces cristaux peuvent être mis en liberté, en dissolvant le culot de silicium dans un mélange d'acide nitrique monohydraté et d'acide fluorhydrique. Ils peuvent atteindre plusieurs millimètres de longueur, rayent le rubis avec facilité et ont une densité de 3,12. On obtient ainsi le siliciure de carbone de formule CSi, préparé pour la première fois à l'état amorphe par M. Schützenberger.

En répétant cette expérience au four électrique, le rendement en siliciure de carbone est beaucoup plus grand, mais il n'est mélangé d'aucune autre variété de carbone.

Dans toutes les expériences qui précèdent, le corps simple fondu ayant dissout du carbone était attaqué par un acide ou par un mélange d'acides appropriés et le résidu traité par la méthode que nous avons décrite au chapitre portant comme titre : *Technique de ces recherches*.

Le graphite était transformé en oxyde graphitique, détruit ensuite et les traitements étaient poussés assez loin pour que tout le corindon, que l'on rencontre souvent dans ces culots, fût entièrement dissous.

Après la série complète de ces attaques, il ne nous restait absolument rien sous le champ du microscope. Jamais nous n'avons obtenu des fragments noirs ou transparents non attaqués, tombant dans l'iodure de méthylène, qui puissent être pris pour du diamant.

La conclusion à tirer de ces expériences est la suivante : A la pression ordinaire, si l'on élève suffisamment la température, un très grand nombre de corps simples ou de carbures peuvent dissoudre du carbone et l'abandonner ensuite par un simple abaissement de température. Le carbone mis en liberté est toujours du graphite.

C. — Action d'une haute température sur le diamant et sur différentes variétés de carbone.

Après avoir constaté cette formation constante de graphite dans les métaux difficilement fusibles, il nous a semblé utile, avant d'aller plus loin, de rechercher quelle pouvait être l'action d'une température très élevée sur les différentes variétés de carbone.

Diamant. — Dans un Mémoire publié aux *Annales de Chimie et de Physique* (3ᵉ série, t. XX), en 1847, Jacquelin a établi que le diamant se transforme en graphite, lorsqu'on le chauffe au milieu de l'arc électrique. Il est facile de rendre cette expérience visible pour tout un amphithéâtre en lui donnant la forme suivante : Au moyen d'un faisceau de lumière électrique assez intense, on projette sur un écran l'image de deux charbons cylindriques verticaux entre lesquels on peut faire jaillir un arc d'intensité moindre. L'un des charbons, très légèrement creusé, supporte un diamant brut ou taillé de 100ᵐᵍ à 200ᵐᵍ, dont l'image est projetée dans ces conditions, avec une grande netteté. On approche ensuite ces charbons avec lenteur, de façon à faire jaillir l'arc sur le côté et à échauffer lentement le diamant pour qu'il n'éclate pas tout d'abord. Aussitôt que la température est assez élevée, le diamant est porté à l'incandescence, et on le voit bientôt foisonner sans fondre et se couvrir de masses noires entièrement formées de graphite. Examiné après l'expérience, ce graphite se présente sous forme de lamelles hexagonales, séparées les unes des autres et facilement transformables en oxyde graphitique, sous l'action du mélange de chlorate de potassium et d'acide nitrique.

On peut disposer cette expérience d'une autre façon, en plaçant, au milieu du four électrique que j'ai décrit précédemment, le diamant enfermé dans un petit creuset en charbon de cornue. J'ai réalisé cette expérience avec un arc de 70 volts et 300 ampères ; le cristal commence par se briser en menus fragments suivant les plans du clivage. Enfin, si la température continue à s'élever, chaque petite masse foisonne abondamment et la transformation en graphite est complète. Les lamelles irrégulières ou hexagonales se désagrègent avec facilité, et fournissent, par oxydation, un oxyde graphitique d'une belle couleur jaune.

A la température de l'arc, même si cet arc n'est pas très puissant (1), la forme stable du carbone est donc le graphite.

Dans de nombreuses expériences, j'ai eu l'occasion de chauffer des diamants bruts ou taillés, entourés d'une brasque de charbon, à une température voisine de 2000°, au moyen du chalumeau à oxygène. Dans ces conditions, le diamant s'est quelquefois recouvert d'une couche noire adhérente qui disparaissait lentement dans le mélange de chlorate de potassium et d'acide azotique, mais je n'ai jamais obtenu de graphite.

Je rappellerai aussi qu'en brûlant les diamants du Cap pour en obtenir les cendres et les soumettre à l'analyse, j'ai toujours vu, au moment de sa combustion, le diamant se recouvrir d'un enduit noir, fait qui avait été signalé autrefois par Lavoisier et vérifié depuis par M. Berthelot.

Charbon de sucre. — Le charbon de sucre, maintenu dans un creuset fermé et chauffé au four électrique, se transforme complètement en graphite et ne fournit pas d'autre variété de carbone. L'aspect extérieur du charbon est resté le même et nous n'avons pu, au microscope, reconnaître aucune cristallisation.

Charbon de bois. — Le charbon de bois, chauffé dans les mêmes conditions, se transforme de même en graphite sans trace de cristallisation. Au microscope, les fibres du bois ont toujours conservé leur forme. Nous avons donné le détail de ces expériences dans notre étude du graphite.

Charbon de cornue. — La transformation en graphite du

(1) Nous avons pu transformer avec facilité un diamant en graphite, dans un petit creuset de charbon formant l'extrémité de l'électrode positive d'un arc de 30 volts et de 40 ampères. Cet arc était produit par une machine dynamo actionnée par un moteur à gaz de quatre chevaux.

carbone des électrodes servant à l'arc électrique, a été indiquée pour la première fois par Fizeau et Foucault : *Recherches sur l'intensité de la lumière émise par le charbon dans l'expérience de Davy* (1).

Dans ses expériences sur la reproduction du diamant, expériences dont nous avons parlé au début de ce Mémoire, Despretz a remarqué que ses électrodes et ses petits creusets laissaient une trace sur le papier et avaient pris l'aspect du graphite. M. Berthelot a démontré que les creusets de Despretz, qui étaient restés à la Sorbonne, étaient, en effet, transformés en graphite, par l'oxydation de cette variété de carbone, au moyen du chlorate de potassium et de l'acide azotique.

Dans nos nombreuses expériences, faites au four électrique, nous avons eu bien des fois l'occasion de vérifier ce phénomène.

Noir de fumée. — Le noir de fumée, séché avec soin et tassé dans un petit creuset de charbon, a été chauffé au four électrique, pendant dix minutes, avec un courant de 1000 ampères et de 70 volts. Après l'expérience, la densité de ce carbone est devenue égale à 2,12. Il est inattaquable par l'acide azotique et fournit de l'oxyde graphitique par le mélange de chlorate de potassium et d'acide azotique. Après la déflagration de l'oxyde graphitique, et après traitement par le mélange oxydant, puis par l'acide fluorhydrique, il ne reste aucun résidu.

Ainsi, quelle que soit la variété de carbone que l'on étudie, par une élévation de température suffisante, cette variété est toujours amenée à la forme graphite. Ce graphite, ainsi que nous l'avons démontré précédemment, peut être plus ou moins stable, amorphe ou cristallisé, mais il est toujours transformable en oxyde graphitique par le mélange d'acide azotique et de chlorate de potassium.

(1) *Ann. de Chim. et de Phys.*, 3ᵉ série, t. II. p. 371 ; 1844.

Ces recherches ont été faites à la température de l'arc électrique, c'est-à-dire à une température très élevée. Certains composés, en particulier les corps iodés, peuvent déterminer cette transformation du carbone en graphite à plus basse température, ainsi que M. Berthelot l'a démontré. Mais ce sont là des réactions comparables à celles de l'iode sur le phosphore ordinaire, qui permettent à une polymérisation de se produire un peu plus tôt, sans modifier le sens général du phénomène.

De toutes ces expériences nous pouvons conclure que la variété graphite est la variété de carbone stable à haute température, à la pression ordinaire.

ÉTUDE DE LA VAPEUR DE CARBONE. — Avant d'aller plus loin, il nous a semblé indispensable d'étudier la vapeur du graphite fortement chauffé.

Jusqu'ici, la formation de la vapeur de carbone n'avait été constatée que dans l'arc électrique, soit grâce à l'analyse spectrale, soit par la belle synthèse de l'acétylène de M. Berthelot.

On peut démontrer l'existence de cette vaporisation, en dehors de l'arc, de la façon suivante : si l'on place un tube de charbon d'un diamètre intérieur de 2^{cm} environ, au milieu d'un four électrique en chaux vive, chauffé par un arc puissant, 2000 ampères et 80 volts, on voit l'intérieur du tube se remplir rapidement d'un feutrage noir très léger produit par la condensation de la vapeur de carbone.

On peut encore rendre cette vapeur de carbone visible en plaçant dans une nacelle, au milieu de ce tube de charbon fortement chauffé, du silicium cristallisé. On voit alors le silicium fondre, entrer en ébullition et, au fur et à mesure que sa vapeur s'élève, elle vient rencontrer la vapeur de carbone, qui descend du haut du tube sous l'action calorifique de l'arc. Il se produit entre la nacelle et le tube un lacis de fines aiguilles de siliciure de carbone. Ce dernier composé, cristallisé et transparent, s'est formé par union directe des deux vapeurs.

A une très haute température, produite dans notre four électrique, on peut donc, en dehors de l'arc, vaporiser le carbone.

Nous avons pensé qu'il était intéressant d'étudier comment se produisait cette vapeur. En général, un corps passe de l'état solide à l'état liquide, puis, après une élévation de température suffisante, il prend l'état gazeux. Le carbone se conduit-il de même ou fait-il exception à la règle générale ? Les expériences suivantes vont résoudre la question.

Nous avons placé à l'intérieur de notre four électrique, chauffé au moyen d'un arc de 1200 ampères et 80 volts, un petit creuset de charbon bien pur, dans lequel le couvercle massif entrait profondément et à frottement doux. Ce petit creuset était disposé sur un disque de charbon soutenu par un lit de magnésie comprimée. La chauffe a duré dix minutes et la chaleur produite était assez intense pour volatiliser plusieurs centaines de grammes de chaux et de magnésie.

Après refroidissement, le couvercle, qui était resté en place, n'adhérait nullement au creuset ; toute la masse était transformée en graphite, mais les deux surfaces n'étaient pas soudées.

Lorsque l'on place une nacelle de charbon dans un tube de même substance, et que l'on chauffe le tube, soit superficiellement, soit inférieurement, au moyen d'un arc puissant ou de plusieurs arcs, on n'arrive jamais à souder la nacelle au tube.

En faisant agir un arc de 1000 ampères et de 80 à 90 volts dans notre four électrique à tube, il arrive souvent que la partie supérieure du tube, qui est la plus exposée à l'action calorifique de l'arc, se troue, sans que les bords de l'ouverture présentent, après refroidissement, aucune trace de fusion (1).

Nous avons chauffé du charbon de sucre dans un creuset fermé, au moyen d'un arc de 1000 ampères et 70 volts. Le charbon de sucre a gardé sa forme; il conserve encore les vacuoles par où se sont dégagés les hydrogènes carbonés au moment de sa préparation. Il est entièrement transformé en graphite, mais la masse pulvérulente, examinée au microscope avec un faible grossissement, ne présente aucune trace de soudure.

En chauffant, dans les mêmes conditions, du graphite, du charbon de bois ou du charbon de cornue purifié par le chlore, on ne retrouve, après l'expérience, que du graphite, mais chaque variété de carbone a conservé sa forme et l'on ne rencontre nulle trace de fusion ou de soudure.

Si l'on examine les électrodes formées de carbone aussi pur que possible, qui ont été employées dans ces expériences, on voit que les pointes sont arrondies, complètement transformées en graphite, mais qu'elles ne présentent pas trace de matière fondue. Avec un courant de 2200 ampères et de 70 volts, la transformation sur les électrodes de 0,05 de diamètre s'est opérée sur une longueur de 15^{cm}.

Voici l'analyse du graphite pris à l'extrémité de l'électrode :

        Carbone....................................... 99,63
        Hydrogène..................................... 0,03
        Cendres....................................... 0,39

(1) Grâce à l'obligeance de M. Meyer, directeur de la Société Edison, nous avons pu pendant les vacances de l'année 1894, poursuivre ces nouvelles expériences sur la volatilisation du carbone, au moyen d'une machine de 300 chevaux.

Dans ces conditions, nous avions, dans notre four électrique, un arc d'environ 2200 ampères et 70 à 80 volts. La force effective était donc, dans le four électrique, de 200 chevaux. On obtient ainsi un foyer intense et, dans la cavité du four, les parties les plus éloignées de l'arc se trouvent exactement à la température de volatilisation de la chaux vive. La cavité du four s'agrandit, en effet, de plus en plus au fur et à mesure de la durée de l'expérience.

Avant l'expérience, la quantité de cendres de ce charbon était voisine de 1 pour 100. Toutes les matières minérales étant plus volatiles que le carbone, l'électrode s'est purifiée peu à peu par volatilisation.

On peut même former l'extrémité de l'électrode positive par un cylindre de charbon ajusté à frottement doux, et, après l'expérience, ce cylindre, qui s'est trouvé dans la partie la plus chaude de l'arc, est déformé mais ne s'est pas soudé à l'électrode.

Nous devons faire remarquer qu'il n'en est plus de même si le charbon employé contient des impuretés : oxydes métalliques, silice ou acide borique.

Nous avons déjà indiqué que l'acide borique fournit, dans ce cas, un borure de carbone défini et cristallisé, de formule Bo^6C. Ce borure de carbone cristallisé peut s'unir à un excès de charbon et produire des corps d'apparence fondue, à forme plus ou moins arrondie, des gouttelettes d'une dureté parfois très grande, mais qui ne sont pas formées de carbone pur. Une très petite quantité d'impuretés métalliques peut de même donner des carbures fondus ou cristallisés ; j'en ai décrit plusieurs. Il est donc indispensable dans ces expériences de n'employer que du carbone aussi pur que possible.

D'après ces expériences, le carbone passe donc de l'état solide à l'état gazeux sans prendre l'état liquide.

Il reste à étudier la variété de carbone produite par la condensation de cette vapeur.

Nous avons recueilli la vapeur de carbone par trois procédés différents :

1º *Par distillation*. — La vapeur de carbone, condensée dans un tube de charbon, ainsi que nous l'avons indiqué précédemment, nous a donné un dépôt noir entièrement formé de graphite.

2° *Par condensation sur un corps froid.* — Lorsque nous avons placé un tube de cuivre, traversé par un courant d'eau froide (1), dans notre four électrique, nous avons recueilli, à sa surface, un dépôt noir qui a été traité à froid par l'acide chlorhydrique très étendu, pour le débarrasser de la chaux vive et du carbure de calcium. Ce dépôt contient de petites sphères de silice et d'autres impuretés, mais il est formé surtout d'une poudre impalpable, nageant sur l'eau, de couleur grise au microscope et qui présente tous les caractères du graphite amorphe (2).

3° *Par condensation sur une paroi chaude.* — Lorsque l'on fait jaillir l'arc électrique dans un four en chaux vive, pour éviter la présence de l'acide carbonique qui absorbe la vapeur de charbon pour se transformer en oxyde de carbone, on obtient, surtout au pôle négatif, des champignons de carbone qui proviennent de la vaporisation de ce métalloïde dans l'arc lui-même.

Lorsque le four électrique en chaux vive marche quinze à vingt minutes, il arrive souvent que l'on recueille des champignons de carbone sur les deux pôles. Dans quelques expériences où un courant de gaz inerte froid, traversait le four, nous avons trouvé des filaments de carbone qui unissaient les deux pôles, ce dont on s'apercevait de suite par la rapide diminution du nombre des volts.

Ce carbone, dont la surface est plus ou moins arrondie, examiné au microscope, ne présente lui aussi aucune apparence de fusion. Sa densité est de 2,10. A l'analyse, il nous a donné

---

(1) H. MOISSAN. Étude de quelques phénomènes nouveaux de fusion et de volatilisation produits au moyen de la chaleur de l'arc électrique. *Comptes rendus*, t. CXVI, p. 1429, 12 juin 1893.

(2) Si l'on recueillait la matière qui se trouve condensée sur la partie inférieure du tube de cuivre, c'est-à-dire sur celle qui se trouve du côté de l'arc électrique, on y rencontrerait de petits cristaux de graphite qui proviennent des gouttelettes liquides de carbure de calcium projetées de tous côtés dans les expériences de longue durée.

pour 100 : 99,61 à 99,90 de carbone, il ne renfermait qu'une trace insignifiante de cendres.

Son analyse quantitative nous a fourni :

Carbone	99,61	99,84	99,90
Hydrogène	0,018	0,03	0,031
Cendres	0,023	0,018	0,017

C'est donc du carbone pur produit par distillation.

Il présente tous les caractères du graphite et ne peut être brûlé, dans l'oxygène, qu'à une température assez élevée. Sa combustion ne peut s'effectuer que dans un tube de porcelaine.

M. Deslandres a étudié le spectre fourni par ce carbone et il a trouvé qu'il contient moins de raies que les spectres similaires publiés par MM. Liveing et Dewar, Hartley et Adeney, Eder et Valenta (1).

En résumé, toutes ces condensations de la vapeur de carbone nous ont toujours donné du graphite.

Lorsque ces diverses expériences ont été terminées, nous avons pensé à les vérifier avec un petit appareil très simple, la lampe à incandescence. Tout le monde connaît aujourd'hui le dispositif de cet appareil. Un filament de charbon est réuni, grâce à un dépôt électrolytique de cuivre, aux extrémités de deux fils de platine. Ce filament est enfermé dans une ampoule de verre, dans laquelle on a fait le vide, avec la trompe à mercure. Après un temps d'éclairage qui varie de 500 heures à 900 heures, on voit un léger voile se produire sur le verre. Ce dépôt augmente et met bientôt la lampe hors d'usage. D'autres fois, sous l'action d'un courant trop intense, le filament se brûle en un point, et donne en même temps et tout d'un coup le

---

(1) DESLANDRES. Étude spectrale des charbons du four électrique. *Comptes rendus*, t. CXX, p. 125, 10 juin 1895.

même dépôt qui se répand uniformément sur l'intérieur de l'ampoule.

Une trace de silice ou de sel de calcium, déposée accidentellement sur le filament de carbone, peut fournir un siliciure de carbone ou un carbure de calcium fusible ou volatil, qui amène une diminution du diamètre du filament. En ce point, la résistance augmente et le courant développe une température plus élevée ; dès lors, le carbone se volatilise et le filament ne tarde pas à se rompre.

Si l'on recueille le dépôt noir qui se trouve à l'intérieur de l'ampoule, dans un vase rempli d'eau, et si on l'examine au microscope, on remarque : des cristaux très petits de siliciure de carbone de forme caractéristique, des cristaux empilés rappelant la silice obtenue par M. Marsden dans l'argent en fusion, et surtout de petites masses plus ou moins agglutinées de couleur noire. Ce dernier dépôt avec un fort grossissement, ne nous a pas présenté trace de cristallisation. Nous devons faire remarquer, en même temps, que, sur le liquide, nage une pellicule mince qui, au microscope, a une teinte marron. Le contenu d'une lampe a été traité par le mélange d'acide nitrique et de chlorate de potassium, et la matière noire ne s'est pas détruite aussitôt. On a maintenu ce mélange pendant douze heures à la température de 6o°, et après lavage et décantation, le léger dépôt obtenu, examiné au microscope, nous a présenté des cristaux très nets et de petites parcelles d'oxyde graphitique. On a enlevé alors la petite lamelle supérieure, on a fait évaporer le liquide et le résidu, sur la plaque même de verre, a été porté au rouge sombre.

Un nouvel examen microscopique a fait voir, que tous les cristaux et parcelles jaunes ou verdâtres avaient déflagré et étaient remplacés par un dépôt floconneux noir, beaucoup plus volumineux. Ce dépôt a disparu, à son tour, par combustion à l'air, au rouge sombre. Nous pouvons conclure de cette expérience que le voile formé sur les lampes à incandescence est surtout constitué par du graphite (1).

Si, d'autre part, on examine au microscope les extrémités du filament qui a été rompu dans une lampe à incandescence, on reconnaît que les pointes du filament ne présentent pas de parties fondues et que les extrémités sont hérissées de petits cristaux de graphite (2).

De toutes ces expériences, nous pouvons conclure que, dans le vide comme à la pression ordinaire, le carbone passe de l'état solide à l'état gazeux sans prendre la forme liquide. A ce point de vue, il peut donc être comparé à l'arsenic.

Lorsque le carbone gazeux reprend l'état solide, il fournit toujours du graphite.

D. — **Expériences sous pression.**

Les expériences précédentes sur la vaporisation du carbone, les recherches sur l'action d'une haute température sur les différentes variétés de charbon, ainsi que la formation constante de graphite dans les métaux en fusion, nous ont amené à donner une nouvelle direction à nos recherches.

Les nombreuses études géologiques entreprises sur les différents terrains où se rencontre le carbone cristallisé semblent établir, d'une façon indiscutable, que le diamant n'est pas un minéral de filon (3).

---

(1) La petite pellicule qui surnageait sur le liquide était formée aussi de graphite qui, après déflagration, a laissé un oxyde pyrographitique facilement combustible.

(2) Le graphite qui forme le filament est plus difficilement transformable en oxyde graphitique que le dépôt recueilli à l'intérieur de la lampe.

(3) De nombreux ouvrages traitent de ces questions ; mais je tiens à rappeler à ce

Aucun cristal n'a été rencontré fixé sur une roche qui, nettement, lui avait servi de support. Tantôt on trouve les diamants dans des sables d'alluvion, tantôt dans des conglomérats de peu de dureté, ou dans une brèche serpentineuse.

Bien plus, on n'a jamais rencontré dans les puits du Cap les deux morceaux du même fragment brisé, placés l'un à côté de l'autre. La masse que renferme ce puits a été projetée de bas en haut en coulées juxtaposées.

Le diamant préexistait dans cette brèche serpentineuse du Cap, car, dans le cas contraire, il faudrait admettre aussi que les quatre-vingts espèces minérales, trouvées dans cette roche désagrégée, se seraient produites dans les mêmes conditions. Peut-on croire que la calcite, les zéolites, la topaze, le grenat, le zircon et le fer titané se soient formés dans la même substance et dans les mêmes conditions ?

Le diamant doit donc venir des couches profondes du globe, c'est là qu'il a dû se produire, et, dès lors, la pression a dû intervenir au moment de sa formation.

D'ailleurs, il nous semble que les preuves abondent pour établir l'importance de la pression dans cette production de diamant. La profondeur des puits qui, aujourd'hui dépasse, 500^m, est un fait qui vient à l'appui de cette théorie.

M. Moule a démontré que l'on rencontre du granit dans les puits verticaux du Cap. Or, le granit est une roche qui, de l'avis de tous les géologues, a dû être formée sous pression. Elle viendrait donc, comme le diamant, de couches plus profondes.

Certains diamants portent des stries qui, d'après M. Daubrée, ne peuvent être attribuées qu'au frottement des diamants les uns

sujet l'important travail de M. BOUTAN ayant pour titre : *Le Diamant*, et publié dans l'*Encyclopédie chimique* de Frémy.

contre les autres, dans le transport qui a lieu des terrains profonds aux couches superficielles.

Il arrive parfois que les diamants retirés de la terre bleue du Cap se fendent ou éclatent, après un temps variable. Ne peut-on pas considérer ce phénomène comme l'indice d'un état physique instable, dû à des pressions très fortes, qui ont pu agir au moment de la formation du diamant ?

Jamais aucun diamant, parmi tous ceux que l'on a rencontrés, n'a présenté nettement un point d'attache sur une roche quelconque. Certains cristaux possèdent une forme d'une régularité parfaite. Il semble donc que ce diamant se soit produit au milieu d'une matière liquide ou pâteuse, et l'on se demande de suite quel peut être le dissolvant qui a été utilisé.

D'après les propriétés connues du carbone et d'après les expériences relatées dans cet ouvrage, ce sont surtout les métaux qui dissolvent le carbone avec facilité. Dans cette voie, le fer est un des meilleurs. Si l'on se souvient maintenant que la terre bleue du Cap renferme, comme je l'ai établi, du graphite parfaitement cristallisé, que le graphite bien cristallisé se forme avec la plus grande facilité dans un métal en fusion et non pas par volatilisation, on est amené à rechercher la cristallisation du carbone dans le fer fondu sous pression.

J'ajouterai que l'étude des cendres du diamant, dans lesquelles on rencontre toujours du fer, nous a conduit à la même conclusion. On peut objecter que ce métal se trouve disséminé dans toute la nature ; mais les quantités que l'on rencontre dans certains boorts et dans quelques diamants noirs, nous semblent trop importantes pour être dues à une dissémination comparable à celle du manganèse ou de l'acide borique.

A ce point de vue, il est assez curieux de faire remarquer que, parmi tous les minéraux qui se trouvent dans un mètre cube de terre bleue, le plus abondant, et de beaucoup, est le fer titané, ainsi que M. Stanislas Meunier l'a démontré.

Enfin, s'il était besoin d'une dernière preuve, elle nous serait fournie par ce fer de Cañon Diablo qui, au milieu d'une masse métallique nous a présenté, entourés de carbone amorphe en lanières nettement comprimées, deux petits diamants transparents à surface rugueuse et chagrinée. Ici, la nature semble être prise sur le fait. Ce carbone a dû cristalliser sous l'action d'une forte pression; le fer était à l'état liquide, et grâce à un refroidissement brusque, dû à une cause quelconque, il y a eu contraction violente de la masse, et le carbone est passé d'une densité de 2 à celle de 3,5; il a donné du diamant.

Telles sont les idées, vraies ou fausses, qui m'ont amené à changer la direction de mes recherches sur le diamant et à faire intervenir la pression. Je ne sais si cette théorie résistera aux études de mes successeurs, mais c'est à elle que je dois les expériences que je vais décrire et qui m'ont amené à reproduire le diamant en cristaux microscopiques.

Détail des expériences. — Pour réaliser cette expérience, j'utilise la pression produite par l'augmentation de volume que subit une masse de fonte au moment de son passage de l'état liquide à l'état solide. On sait, en effet, que la fonte solide a une densité plus faible que la fonte liquide. C'est un fait connu dans la pratique industrielle, que les saumons de fonte surnagent, sur le bain de la même fonte liquide.

De même que l'eau, la fonte augmente de volume au moment de sa solidification.

Nous avons donc commencé ces recherches en chauffant au chalumeau à oxygène une petite quantité de fer dans un creuset de charbon, puis nous avons plongé le tout dans l'eau froide.

Ces premières expériences n'ayant fourni qu'un résultat douteux, nous avons pensé qu'il était indispensable de saturer le fer de carbone à une température plus élevée. Pour arriver à ce résultat, nous avons employé le four électrique. A la température élevée, fournie par cet appareil, le fer dissout une grande quantité de carbone, qui est ensuite abandonné sous forme de graphite lorsque la fonte revient à son point de solidification.

L'expérience était réalisée de la façon suivante : 200^{gr} de fer doux de Suède, coupés en cylindres de 1^{cm} à 2^{cm} de longueur et 1^{cm} environ de diamètre, étaient placés dans un creuset de charbon et recouverts complètement de charbon de sucre. Nous avons donné, dès le début de cet ouvrage, la disposition du four électrique, nous n'y reviendrons pas actuellement.

On chauffe pendant trois à six minutes avec un courant de 60 volts et 350 ampères. Le couvercle du four est enlevé et, en s'entourant la main d'un linge, on saisit le bord du creuset avec une pince de fer, puis on le plonge brusquement dans un vase rempli d'eau froide. Le creuset et le métal qu'il contient restent au rouge pendant quelques minutes, en dégageant des bulles gazeuses qui viennent crever à la surface du liquide sans inflammation. La température diminue rapidement, le creuset se refroidit, toute lueur disparaît ; l'expérience est terminée (fig. 24.)

Ce n'est pas sans une certaine appréhension que nous avons exécuté, pour la première fois, cette expérience ; je m'étais demandé s'il ne se produirait pas d'explosion au moment où l'on placerait dans l'eau un creuset rempli de fer liquide, porté à la température de 3000°. En réalité, grâce à la caléfaction, l'expérience est sans danger. Nous avons pu préparer 250 à 300 culots de fer ainsi refroidis brusquement, et nous n'avons jamais eu d'accident. Avec d'autres métaux, et en particulier le bismuth, il n'en a pas toujours été ainsi.

Le culot métallique est ensuite attaqué par l'acide chlorhydrique bouillant jusqu'à ce que cet acide ne fournisse plus la réaction des sels de fer. Il reste alors trois espèces de charbon : du graphite en petite quantité quand le refroidissement a été brusque ; un charbon de couleur marron en lanières très minces, contour-

FIG. 24.

nées, paraissant avoir subi l'action d'une forte pression (nous avons rencontré la même variété dans différents échantillons du fer de Cañon Diablo) ; enfin, il s'est formé une très faible quantité d'un carbone assez dense qu'il s'agit maintenant d'isoler.

On traite à plusieurs reprises par l'eau régale, puis par des traitements alternatifs à l'acide sulfurique bouillant et à l'acide fluorhydrique. Le résidu est ensuite placé dans l'acide sulfurique que l'on porte à la température de 200° et dans lequel on projette, par petites quantités, du nitrate de potassium en poudre. Tout le carbone amorphe est détruit. La portion la plus dense, examinée au microscope, ne contient plus que très peu de graphite et renferme différentes variétés de carbone. On lui fait subir alors six ou huit attaques au chlorate de potassium et à l'acide azotique fumant, préparé par nous, c'est-à-dire aussi exempt d'eau que possible. Après un dernier traitement par l'acide fluorhydrique bouillant, puis après décantation, par l'acide sulfurique bouillant, pour détruire les fluorures formés, on lave, puis on sèche le résidu et l'on sépare par le bromoforme quelques parcelles à densité élevée.

Après cette première séparation par le bromoforme, le faible résidu, recueilli au fond de ce liquide, est lavé à l'éther puis placé dans un petit tube rempli d'iodure de méthylène. Quelques petites parcelles transparentes se déposent, et des fragments noirs nagent sur le liquide. On recueille les uns et les autres, on les place séparément dans un verre à pied conique, de forme bien régulière, en présence d'un grand excès d'eau distillée.

Il est facile dès lors de les prendre avec une pipette (voir *Technique de ces expériences*) et de les déposer sur une lame de verre. On les recouvre d'une lamelle, et on les examine au microscope.

Les fragments opaques ont un aspect chagriné, une teinte d'un noir gris, identique à celle des échantillons de carbon. Leur densité varie de 3 à 3,5, puisque quelques-uns tombent dans l'iodure de méthylène et d'autres dans le bromoforme. Certains à surface moins rugueuse et d'un noir plus foncé présentent des arêtes courbes. D'autres possèdent des angles bien déterminés (fig. 25) et qui, à première vue, peuvent appartenir à un cube.

Pour reconnaître si ces fragments rayent le corindon, on fixe, avec un peu de mastic Golaz, un rubis présentant une face bien polie sur un morceau épais de glace. Avec une pointe fine en bois dur, mouillée, on touche les petits fragments noirs, puis l'on frotte fortement la surface du rubis. On a eu soin, au préalable, de regarder cette surface bien éclairée au microscope sous un faible grossissement. La pointe de bois doit être promenée

FIG 25. — Diamants noirs de synthèse. Gr. : 100 d.

sur le rubis dans le sens perpendiculaire aux stries du polissage. On regarde à nouveau au microscope, et si les parcelles, entraînées par la tige de bois, ont une dureté suffisante, on voit des raies plus ou moins profondes marquées sur la face horizontale du rubis. Après chaque essai, la surface de ce rubis doit être polie à nouveau. Ce procédé nous a permis de reconnaître la dureté de poussières très ténues. En faisant légèrement miroiter la surface du rubis, on retrouve les plus petites stries.

La poussière noire, dont nous avons parlé plus haut, rayait le rubis avec facilité.

Il restait à la faire brûler dans l'oxygène. Nous avons fait

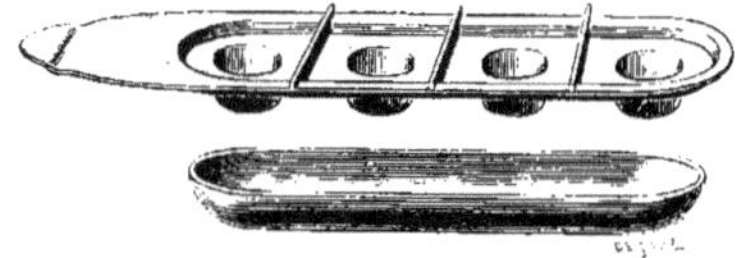

FIG. 26. — Nacelle de platine.

alors construire une petite nacelle de platine qui portait un couvercle creux sur lequel, par estampage, se trouvaient formées quatre petites cupules à surface brillante et bien polie (fig. 26).

Les petits fragments noirs étaient pris, dans le verre à pied rempli d'eau, au fond duquel ils se trouvaient, au moyen d'une pipette formée d'un tube effilé. Puis, en posant sur la cupule la pointe de la pipette, et en redressant cette dernière, les fragments tombaient grâce à leur densité, et restaient, avec quelques gouttes d'eau, à la surface du platine. La nacelle était portée à l'étuve pour évaporer l'eau. On plaçait ensuite la petite cupule qui renfermait les fragments noirs sous le champ du microscope, et l'on en dessinait l'image à la chambre claire.

Cette nacelle était disposée enfin dans un petit appareil de platine (fig. 27), formé d'un tube fermé par un ajutage à frotte-

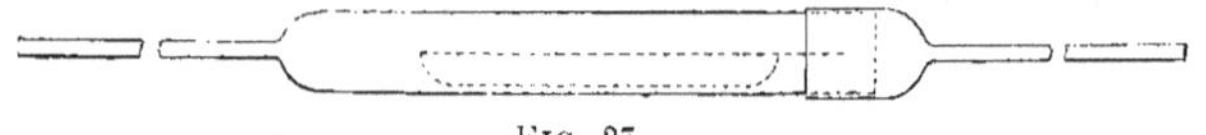

FIG. 27.

ment doux, et traversé par un courant d'oxygène. L'appareil était chauffé, dans la partie médiane, qui contenait la nacelle, par un chalumeau à gaz dont la température était d'environ 1200°. On chauffait de vingt à trente minutes, on laissait refroidir, et l'on portait à nouveau sous le champ du microscope, en plaçant la nacelle dans le même sens que précédemment. On dessinait alors à la chambre claire le contenu de la cupule de platine, ce qui était facile, car le fond brillant formait miroir et, en comparant les deux dessins, on voyait quels étaient les fragments qui avaient disparu et si, à leur place, il restait quelque peu de cendres.

Le tube de platine dont nous venons de parler pouvait être remplacé par un tube de porcelaine de Berlin, de 0^m,30 de longueur, fermé par des ajutages de verre fixés au mastic Golaz. On disposait, à la suite de l'appareil, un petit barboteur renfermant de l'eau de baryte qui se troublait aussitôt qu'il se produisait de l'acide carbonique. Un barboteur identique se trouvait, bien entendu, avant le tube à combustion et était séparé de ce dernier par un tube à potasse fondue, de façon à indiquer si l'oxygène préparé par nous ne renfermait pas une petite quantité d'acide carbonique.

Une trace de carbone peut être facilement reconnue par ce procédé, ainsi que je m'en suis assuré par des expériences préliminaires.

Les diamants noirs, de densité 3 à 3,5, retirés de notre culot de fer, brûlaient dans l'oxygène en donnant de l'acide carbonique, et laissaient un très léger résidu de cendre ocreuse, à la place qu'ils occupaient sur la petite cupule de platine.

Les fragments transparents ont un aspect gras ; ils s'imbibent de lumière et possèdent un certain nombre de stries parallèles, et parfois des impressions triangulaires. Ces derniers fragments sont, le plus souvent, entourés d'une gaine de charbon noir ; on ne les reconnaît qu'après les attaques au chlorate de potassium qu'il faut porter quelquefois jusqu'au nombre de dix.

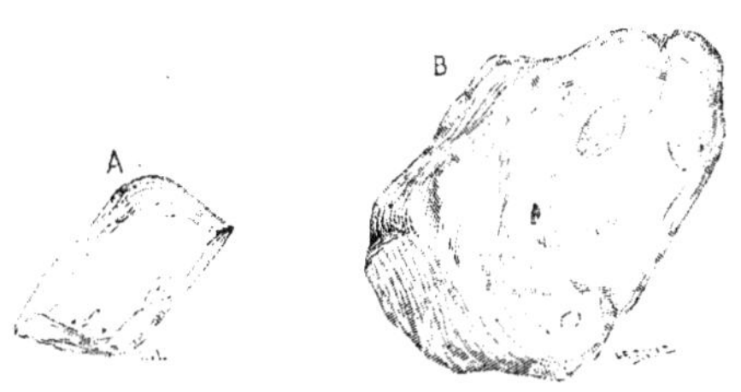

Fig. 28. — Gr. : 100 d.

Quelques-uns de ces diamants sont à surface arrondie (fig. 28, B), d'autres paraissent brisés en menus morceaux (fig. 28, A). Un de ces fragments A était légèrement coloré en jaune, ainsi que le cube B de la figure 29.

D'autres se présentent sous forme de cubes (fig. 29, B), ou possèdent une forme irrégulière (fig. 29, A et C). Leur densité à tous est voisine de 3,5 puisqu'ils tombent dans l'iodure de méthylène ; ils rayent le rubis très profondément, et ils brûlent dans l'oxygène sans laisser de cendres, ou en produisant une trace de cendre légèrement ocreuse avec production d'acide carbonique.

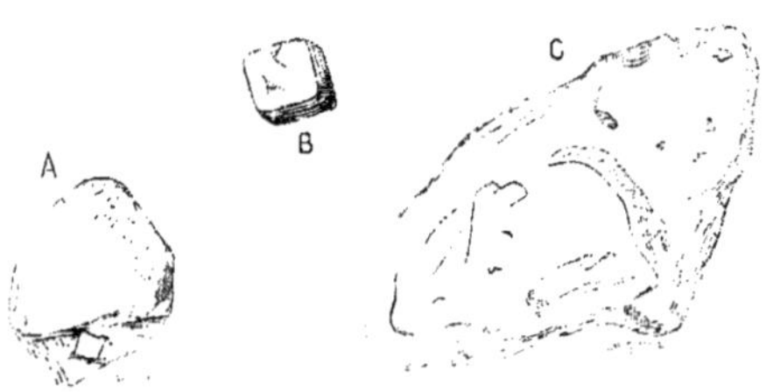

FIG. 29. — Diamants transparents de synthèse. Gr. : 100 d.

Quant au rendement de ces premières expériences, il a été tellement faible, que nous n'avons pu réunir les quelques milligrammes de cristaux transparents nécessaires pour peser l'acide carbonique produit par la combustion. Du reste, un certain nombre de ces culots ne nous ont rien donné, ce qui tient à ce que la pression a été insuffisante. Il arrive parfois que la croûte métallique, formée pendant le refroidissement brusque, est brisée et que le métal de l'intérieur encore liquide est repoussé à la surface. D'autre part, les dégagements gazeux forment des géodes au milieu du métal et empêchent la pression d'être régulière. Dans ces cas, qui n'ont été que trop nombreux, après les traitements au chlorate de potassium et à l'acide fluorhydrique, il ne restait absolument rien sur le champ du microscope.

Pour que la préparation réussisse mieux, nous avons cherché à entourer un culot de fonte d'une enveloppe de fer doux. Voici comment on réalise cette expérience :

Du charbon de sucre est fortement comprimé dans un cylindre
de fer doux fermé par un bouchon à vis de même métal (fig. 30).
Ce cylindre a $0^m,04$ de haut et $0^m,01$ de diamètre intérieur. Son
épaisseur est de 8^{mm} à 10^{mm}. On fond au four électrique une

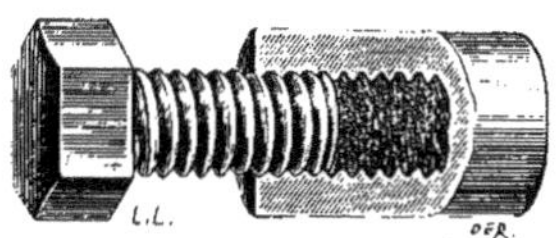

FIG. 30.

quantité de fer doux de 50^{gr} à 200^{gr}, opération qui n'exige que
quelques minutes, puis dans le bain liquide on introduit rapidement le cylindre contenant le charbon. Le creuset est aussitôt
sorti du four et trempé dans un seau d'eau. On détermine ainsi
la formation rapide d'une couche de fer solide, et, lorsque cette
croûte est au rouge sombre, on retire le tout de l'eau et on laisse
le refroidissement se terminer à l'air.

Lorsque l'on brise un culot ainsi formé, on trouve à l'extérieur
une couche de fonte, puis du métal moins carburé et, au centre,
une partie riche en carbone dans laquelle se trouvent les petits
diamants. La quantité de diamant noir produite paraît plus

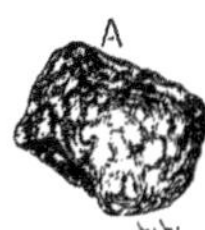
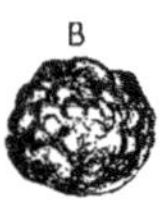

FIG. 31. — Diamants noirs du cylindre. Gr. : 80 d.

grande que dans le procédé précédent. Le rendement est un peu
supérieur bien que toujours très faible. Un certain nombre de
culots ne valent rien par suite de la rupture de la couche externe
ou par suite de la production de géodes.

Les attaques se font par les procédés qui ont été décrits plus haut.

Nous avons obtenu ainsi les diamants noirs de la figure 31 et des diamants transparents.

Un de ces diamants transparents (fig. 32) mesurait $0^{mm},38$, soit environ quatre dixièmes de millimètre dans sa plus grande longueur. Son aspect était tout à fait caractéristique ; il tombait dans l'iodure de méthylène et, brûlé dans la petite nacelle de platine, il a disparu dans l'oxygène vers 900° en fournissant de l'acide carbonique. En retirant avec précaution la nacelle, du tube dans lequel avait été faite la combustion, on retrouva à la

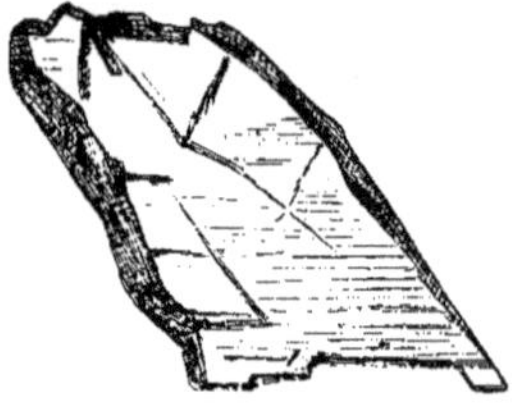

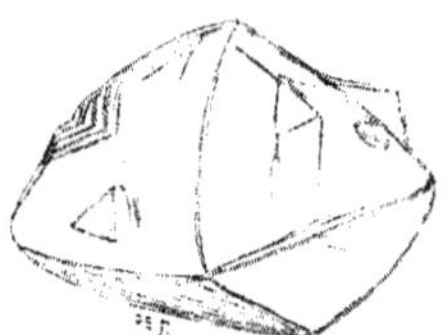

FIG. 32. — Diamant transparent du cylindre.　　　FIG. 33. — Gr. : 100 d.

place de ce petit fragment, une trace de cendres, à peine visible au microscope, ayant conservé la même forme et qui avait une couleur d'un gris ocreux.

Un diamant (fig. 33) d'une belle limpidité et bien cristallisé, provenant d'une autre préparation, a brûlé de même dans l'oxygène en ne laissant pas de cendres.

D'une façon générale, lorsque le fer employé dans ces expériences est bien exempt de silicium et lorsque le creuset ne renferme pas d'alumine, les fragments noirs ou transparents ne fournissent point de cendres par leur combustion dans l'oxygène.

Expériences faites dans la limaille de fer. — Il nous a semblé que la vitesse de refroidissement avait une influence capitale sur la formation de ce carbone cristallisé.

Lorsque nous refroidissons notre creuset dans l'eau, la caléfaction empêche tout contact entre la fonte portée au rouge et le corps liquide.

Le refroidissement, au début, se produit donc surtout par rayonnement. Pour diminuer plus rapidement la température, nous avons essayé de refroidir la fonte liquide par conductibilité. Pour cela, 200^{gr} de fonte, saturés de carbone au four électrique, sont versés dans une cavité pratiquée au milieu d'une masse de limaille de fer et recouverts de suite d'un excès de cette même limaille. La fonte s'entoure de fer en fusion et le tout se refroidit rapidement, grâce à la conductibilité de la limaille. Après attaque par les acides, après le traitement par le chlorate de potassium et l'acide azotique, enfin après l'action de l'acide fluorhydrique, puis de l'acide sulfurique bouillant, il reste de petits diamants de forme arrondie présentant rarement une apparence cristalline et renfermant presque toujours à l'intérieur de petits points noirs qu'on appelle *crapauds* en terme de joaillerie (1).

(1) On rencontre dans la nature, aussi bien au Brésil qu'au Cap, des diamants transparents renfermant des inclusions de forme variable. Ces inclusions peuvent être de nature différente, mais les plus nombreuses sont noires et, lorsqu'elles sont abondantes, elles fournissent cette variété de carbone cristallisé, à aspect gras, que l'on désigne sous le nom de *diamant noir*.

Nous pouvons démontrer que ces inclusions noires sont dues à une variété de carbone différente du diamant, de la façon suivante : un diamant noir de 2^{gr},2365, présentant quelques petites plages transparentes, a été enveloppé d'un morceau de toile, placé sur une enclume et brisé au marteau. Il s'est clivé dès le premier choc, et nous a fourni un pointement octaédrique très net. Nous avons réduit le tout en poudre fine au mortier d'Abiche, et cette poussière, d'un gris noir, examinée au microscope, est formée de fragments, renfermant de nombreux crapauds.

On chauffe alors un centigramme environ de cette poudre dans un tube de verre de Bohême traversé par un courant d'oxygène, à une température inférieure de 200° à la température de combustion du diamant. L'expérience dure une demi-heure. On constate d'une façon très nette, un léger dégagement d'acide carbonique, qui s'arrête bientôt et

Ces diamants à crapauds ont une densité de 3,5, rayent le rubis et brûlent avec facilité dans l'oxygène en donnant de l'acide carbonique. Dans cette nouvelle expérience, la pression semble avoir été moins forte et la transformation du carbone en diamant moins complète; le rendement, du reste, est toujours assez faible. L'expérience du refroidissement par la limaille de fer a été répétée un assez grand nombre de fois (une quarantaine environ). Lorsque le culot a été régulièrement formé et qu'il ne

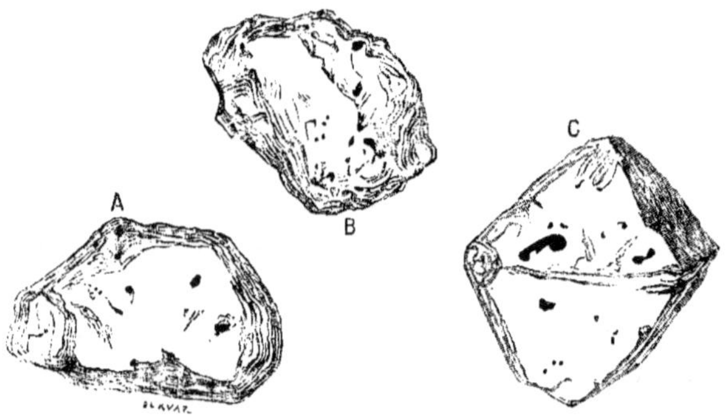

FIG. 34. — Diamants à crapauds. Gr. : 80 d.

renfermait pas de cavité, le résultat a toujours été le même. La forme des crapauds était variable, tantôt formée de petits points noirs répandus au hasard, tantôt produisant des plages de peu d'étendue (fig. 34).

Nous regardons cette formation des diamants à crapauds

qui est mis en évidence par de l'eau de baryte. Après refroidissement le diamant a perdu sa teinte grise; il est devenu blanc et, au microscope, on ne retrouve plus de crapauds. La matière noire, que renfermait ce diamant, brûle donc dans l'oxygène en fournissant de l'acide carbonique et le diamant reprend sa transparence.

L'expérience ne réussit qu'avec du diamant noir réduit en poudre très fine.

Un éclat de diamant noir chauffé dans les mêmes conditions, ne se décolore pas. L'expérience réussirait peut-être en chauffant, avec précaution, ce diamant dans de l'oxygène comprimé.

comme très importante, puisqu'elle nous fournit des résultats comparables à ceux que nous rencontrons dans la nature. De plus, leur faciès tout spécial permet de suite de reconnaître ces fragments pour du diamant. Il arrive en effet parfois, que l'on obtient de petits grains transparents, dont la densité est supérieure à celle de l'iodure de méthylène, qui ont résisté à toutes les attaques des acides et du chlorate de potassium et qui ne sont point formés de carbone. Ces parcelles ne présentent jamais d'angles déterminés, de stries ou d'impressions triangulaires ; elles sont arrondies et ne brûlent pas dans l'oxygène. On les retrouve après la combustion sur les cupules de platine ; leur forme n'a pas changé, parfois seulement leur surface est légèrement dépolie. Cette substance s'est produite particulièrement avec les fontes riches en silicium, ou bien lorsque nos électrodes renfermaient une notable proportion de silice et d'alumine ; nous y reviendrons à propos de l'analyse quantitative du diamant de synthèse.

Expériences faites dans le plomb fondu. — La formation des diamants à crapauds nous a amené à chercher un refroidissement plus rapide par conductibilité. Nous avons pensé alors à refroidir notre fonte liquide saturée de carbone, en la plongeant dans un bain d'étain en fusion. L'expérience n'a pas donné de bons résultats, parce que la fonte fortement chauffée s'unit avec facilité à l'étain ; il se formait au milieu du liquide de longs filaments d'un alliage de fer et d'étain, et nous n'avions aucune masse agglomérée.

De plus, lorsque nous plongions notre creuset rempli de fonte à 3000° dans le bain d'étain liquide, maintenu aux environs de son point de fusion, la combinaison de fer et d'étain dégageait de la chaleur, et toute la masse ne tardait pas à être portée à une température trop élevée pour que notre expérience puisse réussir.

L'étain, ne donnant que de mauvais résultats, a été remplacé par le plomb liquide, maintenu autant que possible aux environs de son point de fusion, c'est-à-dire vers 325°. Le creuset contenant la fonte était rapidement introduit au fond d'un bain de plomb de 0^m,10 environ de profondeur. La fonte étant plus légère que le plomb fondu, il se détachait du creuset des masses qui tendaient à prendre la forme de sphères et qui s'élevaient plus ou moins rapidement au travers du plomb liquide. Lorsque la fonte est saturée de carbone au four électrique, elle est tellement pâteuse, qu'il est possible de retourner le creuset qui la contient sans rien renverser. Aussitôt que la température s'abaisse, le métal ne tarde pas à redevenir liquide, en même temps qu'il abandonne du graphite. Les plus petites sphères, celles qui ne mesuraient que 0^m,01 ou 0^m,02 de diamètre, étaient solides et suffisamment refroidies en arrivant à la surface du bain. Les autres, lorsqu'elles parvenaient encore liquides à la partie supérieure du plomb, produisaient à l'air la combustion de ce métal avec dégagement d'abondantes fumées de litharge et parfois projection d'oxyde ou de métal incandescent. Quelques minutes plus tard, on enlevait tous les globules métalliques qui nageaient sur le plomb fondu, on attaquait le plomb dont ils étaient recouverts par l'acide azotique, puis on les soumettait au traitement indiqué précédemment pour nos autres culots métalliques.

Dans ces conditions le rendement, tout en étant toujours très faible, a été un peu meilleur. Mais ce qui nous a frappé tout d'abord, c'est la limpidité des diamants transparents ainsi obtenus ; nous n'avions plus de diamants à crapauds, et la surface de quelques-uns d'entre eux présentait des cristallisations très nettes. Nous y avons reconnu de très nombreuses stries parallèles et de petites impressions de cubes semblables à celles que l'on rencontre parfois dans certains diamants naturels.

Un de ces diamants transparents (fig. 35), dont le diamètre atteignait $0^{mm},57$, présentait la forme d'un triangle dont les angles étaient arrondis. Sa limpidité était parfaite; sur un point, à droite, il laissait voir une légère cavité et sa surface était recouverte d'impressions ayant l'aspect de petits cubes. Trois mois après sa formation, ce diamant, qui était serré entre deux lamelles de verre, s'est fendu sur deux points différents. Nous

FIG. 35. — Diamant par refroidissement dans le plomb.

avons pu suivre pendant quelque temps l'agrandissement de ces petites fentes, et, après trois semaines, le diamant a été trouvé sur sa préparation brisé en plusieurs morceaux.

Cet accident s'est produit aussi sur un autre échantillon, qui a été retrouvé de même, entre les deux lamelles de verre, pulvérisé en menus fragments.

Cette production de diamants, qui éclatent plusieurs mois après leur préparation, nous paraît assez importante. On sait que certains diamants, retirés des mines du Cap, présentent des phénomènes identiques. Il nous semble que ces accidents des fragments microscopiques que nous avons obtenus et des diamants du Cap, doivent être attribués à la forte pression que les uns et les autres ont subie, au moment de leur formation.

Les échantillons de diamants, préparés par cette méthode de refroidissement dans le plomb fondu, étaient très curieux à examiner au point de vue de leur forme. Le plus souvent la surface de ces diamants était lisse et brillante (fig. 36), parfois elle était chagrinée, creusée par de petites capsules présentant un aspect spécial que l'on rencontre souvent dans les diamants naturels. Ces cristaux possédaient un relief très accusé. Ils avaient toujours l'éclat gras particulier au diamant. Enfin, quand un rayon lumineux pénétrait à l'intérieur, ils s'illuminaient et semblaient pour ainsi dire s'imbiber de lumière. Quelques-uns se présentaient en cubes ou en octaèdres à face arrondie. M. Bouchardat, professeur de Minéralogie à l'École supérieure

Fig. 36. — Diamant par refroidissement   Fig. 37. — Diamant cristallisé en cube.
dans le plomb. Gr. : 100 d.   Gr. : 100 d.

de Pharmacie, a bien voulu examiner ces cristaux au point de vue de leur forme, et il en a rencontré un, entre autres, possédant nettement la forme d'un trapézoèdre à douze faces, c'est-à-dire se présentant comme une forme hémiédrique du système cubique.

Examinés en lumière polarisée convergente, tantôt ces cristaux (fig. 35 et 36) ne présentent aucun phénomène de coloration (c'est le cas le plus général), tantôt ils prennent des teintes faibles (fig. 37). Nous avons eu plusieurs fois l'occasion d'étudier des cristaux de diamants naturels qui nous ont présenté des phénomènes de coloration beaucoup plus intenses. Il nous semble que ces colorations bien connues peuvent s'expliquer facilement par la pression nécessaire à la production de ces cristaux.

Nous en décrirons quelques-uns. Celui qui est représenté (fig. 37) et qui, dans sa plus grande longueur, mesure $0^{mm},40$ est une pierre d'une transparence parfaite qui laisse voir au travers de sa masse les plus petits détails de la partie inférieure. C'est un assemblage de cristaux aussi épais que longs et présentant des impressions carrées en très grand nombre. Il est formé de plages superposées à cristallisation troublée. Sur les côtés, on distingue de très nombreuses stries parallèles.

Le diamant représenté (fig. 38) a la forme d'une goutte

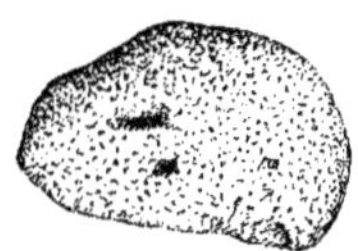

FIG. 38. — Diamant en forme de goutte. (Gr. : 80 d.

qui aurait été solidifiée brusquement. Sa surface est chagrinée et son aspect est identique à certains diamants du Brésil. J'ajouterai que cet aspect est tout à fait caractéristique.

Expériences faites en grenaillant le métal fondu. — Dans une nouvelle série d'expériences, nous avons cherché à diminuer le volume du fer en fusion et à le refroidir beaucoup plus rapidement.

L'expérience idéale à réaliser, consisterait à amener la fonte liquide sous forme d'une sphère, et à exercer ensuite sur elle une pression très grande. Un tel résultat peut être atteint sur un petit volume de matière, en laissant tomber d'une certaine hauteur la fonte liquide saturée de carbone au moyen du four électrique, et en la refroidissant brusquement dans un bain de mercure.

Nous avons disposé un four électrique en pierre de Courson, analogue à ceux que nous employons journellement, mais dont le fond portait une ouverture cylindrique de 6^{cm} de diamètre. Les électrodes qui amenaient le courant avaient 5^{cm} de diamètre ; celle du pôle positif était creuse ; elle portait, suivant son axe, un canal cylindrique de 18^{mm} de diamètre dans lequel pouvait se mouvoir avec facilité une tige de fer, que l'on avançait ou que l'on reculait à volonté.

Ce four (fig. 39) était disposé sur deux tréteaux et en dessous

FIG. 39. — Four à grenaille.

se trouvait une marmite de fer, contenant du mercure sur une épaisseur de 10^{cm}, surmonté d'une couche d'eau deux fois plus épaisse. On commençait par faire jaillir l'arc, et l'on employait un courant de 1000 ampères et 60 volts. Lorsque le régime normal du four était établi, et que la chaux commençait à distiller, ce qui demandait deux à trois à minutes au plus, on avançait lentement la tige de fer; le métal approchait de l'arc, fondait, se carburait avec rapidité, puis la fonte en fusion tombait sous forme de sphères très régulières. Ces sphères incandescentes traversaient la couche d'eau et, en vertu de leur vitesse acquise, tombaient jusqu'au fond du mercure, où elles étaient refroidies par conductibilité.

Une fois l'expérience en marche, elle se réglait avec la plus grande facilité, et il était possible, en quelques instants, de grenailler plusieurs kilogrammes de fonte de fer.

Lorsque l'on retirait cette masse de grenailles, qui nageait sur le mercure, on y rencontrait un assez grand nombre de sphères ou d'ellipsoïdes aplatis, de forme régulière et d'une homogénéité parfaite. Ils mesuraient $0^m,01$ au plus de diamètre, parfois 4^{mm} à 5^{mm} seulement. Ils étaient mis de côté pour être attaqués par les acides en suivant la méthode indiquée précédemment.

Les autres grenailles, de forme irrégulière, qui avaient roché ou qui renfermaient des géodes plus ou moins grandes, permettant de les écraser facilement sous le marteau, n'étaient point traitées par les acides. Nous nous étions assuré, dès les premières expériences, qu'elles ne renfermaient point de carbones de grande densité et que, soumises au traitement habituel, elles ne laissaient aucun résidu sous le microscope.

Toute cette fonte était suffisamment saturée de charbon, car elle renfermait du graphite, que l'on pouvait voir dans les géodes des grenailles de mauvaise qualité.

Les sphérules de forme régulière nous ont fourni du diamant noir et du diamant transparent. Ce dernier corps était en cristaux très petits, ce qui n'a pas lieu de nous surprendre. Mais quelques-uns de ces cristaux présentaient une régularité remarquable ; nous citerons, par exemple, un octaèdre (fig. 40, A et B) mesurant $0^{mm},016$ dans sa plus grande longueur qui tombait dans l'iodure de méthylène et qui, brûlé sur la nacelle de platine, a disparu en ne laissant pas de cendres. Ces petits cristaux rayaient le rubis et possédaient l'éclat et l'aspect du diamant.

Grâce à l'obligeance de M. Guichard, ingénieur de la Société

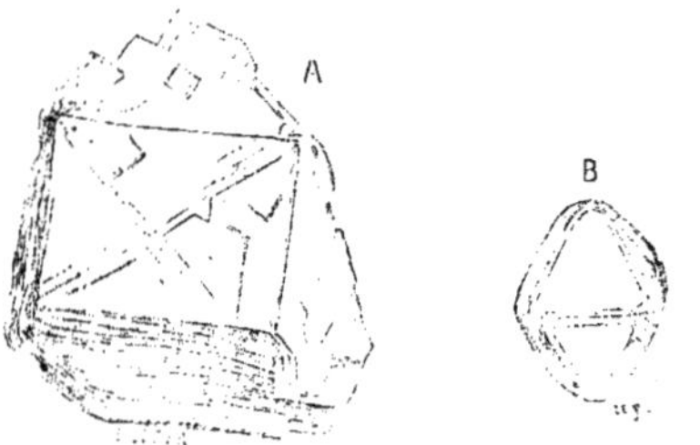

FIG. 40. — Diamants de la grenaille de fer. Gr. : 100 d.

Edison, nous avons pu réaliser la même expérience, sous une autre forme.

Le four électrique, dont nous venons de parler, a été disposé au-dessus d'un puits de 32^m au fond duquel se trouvait un seau de fer contenant l'eau et le mercure. Aussitôt que le four eut atteint sa température normale, nous avons fait avancer la barre de fer, dans l'axe de l'électrode positive, en ayant soin de produire la fusion d'une assez grande quantité de métal pour que la grenaille formée fût d'un diamètre un peu plus grand. On voyait alors des sphères de fonte en fusion atteignant de $0^m,02$ à $0^m,03$ de diamètre, qui tombaient verticalement, en donnant de loin en loin une rare étincelle et qui disparaissaient sans bruit dans l'eau placée au fond du puits.

Au point de vue de la production du diamant, cette préparation a été très mauvaise, car notre épaisseur de mercure était insuffisante pour une telle vitesse de chute, et le métal fondu s'éparpillait en fragments de forme quelconque.

Mais deux choses sont à retenir dans cette expérience :

Lorsque l'une de ces sphères venait à toucher le bord du baquet au centre duquel était placé le seau métallique, ou lorsqu'elle rencontrait le sol, elle produisait une flamme, se brisait en globules étincelants, en faisant entendre un bruit analogue à celui d'un coup de fusil. Cette sphère de métal paraissait saturée de gaz et éclatait comme un bolide.

Le deuxième fait qui nous a frappé est le suivant :

Au moment où la boule de métal quitte le four électrique, elle est d'un éclat éblouissant, mais, dans sa chute si rapide, elle n'a pas parcouru un espace de $0^m,50$ que déjà la vive lumière qu'elle projette a bien diminué. Une chambre pratiquée au fond du puits nous a permis de voir nettement les sphères, au moment où elles arrivaient au contact de l'eau, et, d'après leur couleur, nous pouvons dire que leur température avait déjà considérablement changé.

Expériences faites dans des blocs métalliques. — Cette dernière étude nous a conduit à remplacer le mercure par un bloc métallique. Un cylindre de fer de $0^m,18$ de longueur et de $0^m,14$ de largeur a été préparé au tour. On a foré ensuite, dans son axe, une ouverture cylindrique de 3^{cm} de diamètre et d'une profondeur de $0^m,12$, dans laquelle pouvait glisser, à frottement doux, un cylindre de même métal.

Cet appareil a été disposé dans un baquet rempli d'eau froide. On a fondu ensuite, au four électrique, 400^{gr} de fer qui s'est saturé de carbone. Ce liquide a été coulé dans le bloc métallique que l'on a fermé rapidement au moyen du cylindre de fer.

Dans ces expériences, le refroidissement est très brusque. On enlève, au tour, tout le métal qui constitue le bloc, et la masse de fonte que l'on trouve à l'intérieur est soumise aux traitements décrits plus haut.

Cet essai nous a donné de meilleurs résultats ; le rendement, sans être très élevé, était supérieur à celui du métal grenaillé. Le diamant était accompagné d'un graphite en cristaux trapus d'une densité de 2,35. Quelques parcelles de diamant étaient bien cristallisées et d'une transparence parfaite, tandis que d'autres renfermaient des crapauds.

Pour augmenter encore la vitesse de refroidissement, nous avons répété la même expérience dans un bloc de cuivre, de mêmes dimensions. Le rendement en poids n'est pas plus élevé, seulement les diamants sont bien transparents, et le nombre des diamants à crapauds est plus restreint. Ils ne sont pas accompagnés de fragments denses, transparents et non combustibles.

Gaine de feu. — Le phénomène de la gaine de feu a été découvert par MM. Fizeau et Foucault (1) ; il fut étudié ensuite par M. Planté, puis par MM. Violle et Chassagny (2), et enfin MM. Hoho et Lagrange ont cherché à l'appliquer dans l'industrie (3).

Ce phénomène qui se produit lorsque l'on fait passer un courant trop intense dans un liquide conducteur, permet de porter le métal d'une électrode à son point de fusion.

Nous avons réalisé cette expérience avec un tube de fonte, renfermant en son axe un cylindre de charbon, et nous avons

---

(1) Fizeau et Foucault. Recherches sur l'intensité de la lumière émise par le charbon dans l'expérience de Davy. *Ann. de Chim. et de Phys.*, 3e série, t. II, p. 383 ; 1844.

(2) Violle et Chassagny. *Société de Physique*, 1889, et *Comptes rendus*, février 1880.

(3) Hoho et Lagrange. *Comptes rendus*, 13 mars 1893.

recueilli des gouttes de métal liquide, au milieu de la solution de carbonate de soude qui servait d'électrolyte.

Les grenailles, ainsi obtenues, ont toujours été de forme irrégulière et incomplètement saturées de carbone : elles ne renfermaient pas de diamants.

Essai de solubilité du carbone dans le bismuth. — On sait que le bismuth présente, à un haut degré, la propriété d'augmenter de volume, en passant de l'état liquide à l'état solide. Nous avons tenu à étudier la solubilité du carbone dans ce métal.

On a commencé par chauffer du bismuth, dans une nacelle de charbon, placée dans un tube de même substance au milieu du four électrique. Le courant employé était de 350 ampères et 60 volts. L'expérience a été très courte à cause de la facile volatilisation de ce métal. Après refroidissement de la masse non volatilisée, le restant du bismuth ne contenait ni carbone amorphe, ni graphite.

On a chauffé ensuite du bismuth en présence de charbon de sucre, dans un creuset de charbon, avec un courant de 60 volts et de 350 ampères.

Lorsque la masse était au rouge, on l'a plongée dans l'eau, et il s'est produit de suite une violente explosion avec projection de l'eau et de tout le métal, ce dernier pulvérisé en très petits fragments.

La même expérience a été recommencée et a donné les mêmes résultats.

Refroidissement brusque de l'argent. — L'argent possède aussi, lorsqu'il est saturé de carbone, l'intéressante propriété d'augmenter de volume en passant de l'état liquide à l'état solide (1).

_____

(1) Lorsque l'on refroidit brusquement dans l'eau un culot d'argent ne contenant pas de carbone, le culot se contracte par refroidissement ; les bases du cylindre sont con-

A la température de sa fusion, l'argent ne dissout que des traces de charbon, mais si l'on chauffe de l'argent, dans le four électrique, de façon à l'amener en pleine ébullition, en contact avec une brasque de charbon de sucre, il dissout alors une certaine quantité de carbone.

En le refroidissant rapidement, c'est-à-dire en plongeant dans l'eau froide le creuset qui le contient, il se forme un culot emprisonnant une partie de l'argent liquide et ce dernier, en passant de l'état liquide à l'état solide, sera soumis à une forte pression. Le carbone, qui se déposera dans le centre du culot, prendra une densité bien supérieure à celle du graphite. Après l'expérience le métal est attaqué par l'acide azotique bouillant, et il reste une poudre que l'on examine au microscope. Cette matière est complexe. Si les électrodes du four ou les creusets renferment des composés siliciés, elle contient des cristaux de silice empilés, décrits par M. Marsden. On y trouve aussi du corindon et du siliciure de carbone.

Ce résidu est soumis au traitement que nous avons indiqué précédemment : action alternée de l'acide sulfurique bouillant et de l'acide fluorhydrique, attaque par le mélange oxydant, par l'acide fluorhydrique, puis par l'acide sulfurique.

A la suite de ce traitement et dans des recherches qui ont été répétées un grand nombre de fois, nous n'avons jamais obtenu que du diamant noir. Il nous est resté souvent, avec ce carbon,

caves. Au contraire, lorsque l'on expérimente sur une fonte d'argent, sur un métal saturé de carbone, on remarque qu'après le refroidissement les bases sont convexes. Dans ce dernier cas, la partie cylindrique a moulé très exactement les moindres détails du creuset. Il semble donc que le carbure d'argent seul, puisse augmenter de volume, en passant de l'état liquide à l'état solide. Ces résultats concordent avec les recherches de MM. W. Chandler Roberts et T. Wrightson (*Proc. Phys. Soc.*, t. IV, p. 195), qui ont établi que la densité de l'argent à l'état liquide, aux environs de son point de fusion, est de 9,51, tandis que la densité de l'argent solide est de 10,57.

Nous avons trouvé un résultat identique pour le fer et pour l'aluminium liquides lorsqu'ils sont saturés de carbone.

quelques cristaux transparents dont certains avaient une apparence octaédrique (1), mais ils disparaissaient lentement par
une série d'attaques successives et très énergiques à l'acide sulfurique concentré. On peut aussi produire leur disparition, sans
toucher au diamant noir, par une fusion au bisulfate de potassium à basse température.

Le résidu est ensuite traité par l'iodure de méthylène.

Dans ces recherches, il est très important de multiplier les
attaques au chlorate de potassium et à l'acide azotique, si l'on
veut enlever l'argent qui imprègne le diamant noir.

Il se produit, dans ces conditions, un rendement plus grand
en diamants noirs que dans les culots de fer. Ce diamant noir
ou carbon se présente, soit sous l'aspect grenu, soit sous
l'aspect de plaques pointillées (2), soit en masses à cassures
conchoïdes, à aspect peu brillant et gras, d'une densité qui peut
varier entre 2,5 et 3,5.

Cette expérience, qui ne conduit pas jusqu'au diamant transparent, est intéressante, en ce sens qu'elle nous montre l'existence d'une série de carbons, dont la densité croît depuis la
densité du graphite jusqu'à la densité de 3 et au-dessus. En
traitant le mélange par le bromoforme, nous avons pu obtenir
un carbon rayant le rubis et brûlant dans l'oxygène à 1000°. Ce
diamant noir se forme toujours au centre du culot ; nous avons
pu nous en assurer de la façon suivante : si l'on prend un de ces
culots d'argent refroidi brusquement, de forme bien régulière,
et sans bulle, et qu'on le fasse scier en deux parties égales perpendiculairement à sa base, en attaquant par l'acide azotique
la section ainsi produite, on obtient, en peu d'instants, la

---

(1) Les cristaux de siliciure de carbons, brisés et regardés sur la tranche, peuvent
être pris pour des pointements octaédriques.

(2) Quelques échantillons de charbon remis par Marignac, de Genève, à M. Des Cloizeaux.
possèdent le même aspect.

majeure partie du diamant noir formé. Au contraire, si l'on prend un culot non scié et que l'on attaque sa surface par l'acide, le dépôt noir qui se forme est constitué en majeure partie par du graphite et ne renferme pas de carbon.

Nous ajouterons que les culots d'argent fin, que nous avons employés au début de ces recherches, contenaient parfois, sans que nous le sachions, une très petite quantité d'or ; nous avons retrouvé quelques grains de diamant noir imprégnés de ce métal, qui disparaît rapidement dans l'eau régale (1). Il est assez curieux de rapprocher cette remarque de la découverte faite par M. Des Cloizeaux, de carbons renfermant de petites paillettes d'or.

E. — Combustion des diamants de synthèse.

Nous avons reconnu que les cristaux obtenus au moyen du fer et de l'argent, refroidis dans l'eau, possédaient la densité et la dureté du diamant transparent et noir ; de plus, ils brûlaient dans l'oxygène à une température de 700° en donnant de l'acide carbonique. Pour établir nettement que cette substance est du diamant, il ne reste donc plus qu'à faire une combustion en poids.

Cette partie de nos recherches a été la plus délicate. Le rendement dans ces expériences est très faible, et la séparation des cristaux microscopiques de diamant est longue et difficile.

Ce faible rendement tient à plusieurs causes. Lorsque la fonte est refroidie très brusquement, le carbone qui se trouve en solution n'est pas mis en liberté. Or, comme il faut que notre refroidissement soit rapide pour former une croûte solide et résistante,

---

(1) L'or s'est réuni dans la partie centrale encore liquide. Ce fait semble indiquer qu'il n'existe pas d'alliage défini d'or et d'argent.

à la surface du culot métallique, on s'explique que, pour des lingots de 200^{gr}, la teneur en diamants soit si faible. La partie centrale qui peut encore être liquide n'a pas le temps d'abandonner, avant sa solidification, une grande quantité de carbone. Il faudrait, théoriquement, faire agir une pression déterminée, sur une masse de fonte saturée de carbone à haute température qui se refroidirait lentement. De plus, au moment du passage de l'état liquide de la fonte à l'état solide, il se dégage des gaz qui empêchent la pression d'être uniforme. Enfin, après ces nombreuses attaques, les liquides sont décantés et, lorsque nos petits diamants sont bien nettoyés, plusieurs des fragments nagent sur l'eau et nous avons plusieurs fois perdu ainsi de beaux échantillons.

En opérant sur une trentaine de culots d'argent, nous avons pu, par les méthodes que nous avons indiquées, séparer 0^{gr},006 de diamant noir, tombant au fond de l'iodure de méthylène et rayant énergiquement le rubis.

Pour faire la combustion de cette substance, nous avons disposé notre appareil de la façon suivante (fig. 41) :

Un tube de porcelaine de Berlin, vernissé à l'intérieur et à l'extérieur, d'une longueur de 0^m,60, était disposé sur une bonne grille à analyse, dont la température maximum, mesurée à la pince thermo-électrique, était de 1050°. Chaque extrémité de ce tube de porcelaine était fermée par un ajutage de verre, fixé au moyen de mastic Golaz. L'un de ces ajutages était mis en communication, par un tube de plomb, avec un gazomètre en cuivre, entièrement rempli d'oxygène, préparé par le chlorate de potassium et le bioxyde de manganèse bien exempt de traces d'acide carbonique.

Ce gaz oxygène passait d'abord dans deux flacons à eau de baryte, qui restaient d'une limpidité parfaite. Il était ensuite desséché au moyen de longs tubes contenant des fragments de potasse refondue au creuset d'argent. L'autre ajutage de verre était en communication avec un petit tube à ponce sulfurique, un tube à boules ou à serpentin renfermant une solution de potasse et, enfin, un petit tube en U rempli de fragments de

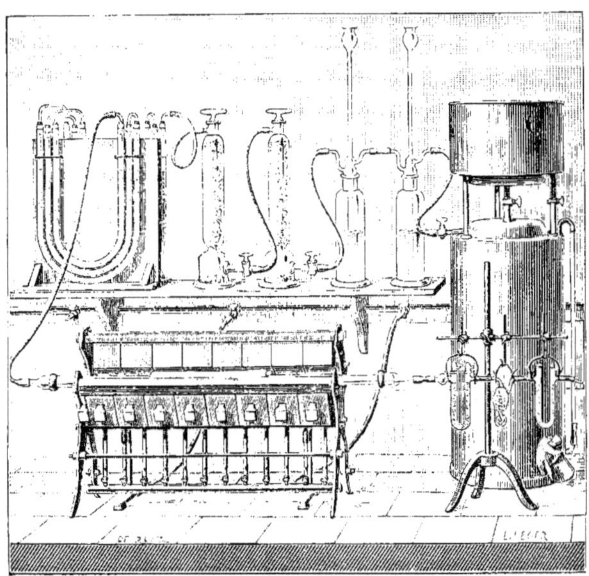

FIG. 41. — Appareil à combustion.

potasse fondue. A la suite de cet appareil, et pour empêcher la rentrée de l'humidité de l'air ambiant, se trouvait un tube à ponce sulfurique.

Nous avons commencé tout d'abord par faire des expériences à blanc, pour nous rendre compte de la limite d'erreur de cet appareil. Une nacelle de platine a été pesée au dixième de milligramme, puis, au moyen d'un long fil de platine, introduite au milieu du tube de porcelaine. Le fil de platine a été choisi d'une longueur telle qu'il reste à 0^m,01 de l'ouverture, de façon à être saisi avec facilité par des pinces. L'ajutage de verre est ensuite mastiqué sur le tube de porcelaine. On pèse les tubes au $\frac{1}{10}$ de milligramme, et l'on fait passer lentement le courant d'oxygène. On chauffe la grille et l'expérience dure deux heures. Lorsqu'elle est terminée, le tube à boules et les deux tubes en U sont pesés et l'on doit retomber sur le chiffre primitif. La cause d'erreur d'une expérience à blanc peut varier de 0^{gr},001 à 0^{gr},0015. Nous n'avons jamais trouvé davantage dans les six expériences comparatives qui ont été faites à différentes époques.

Combustion des diamants noirs de synthèse. — Pour réaliser cette combustion, nous avons préparé 6^{mm} de diamants noirs au moyen de culots d'argent refroidis rapidement dans l'eau ; le carbone a été placé dans la nacelle de platine, puis chauffé pendant deux heures dans un courant d'oxygène.

Tare de la nacelle avant la combustion.   3,3035
       »   après   »   3,3095
       »   vide.   3,3095

Avant l'expérience.

Tare du tube à acide sulfurique.   6,2675
       »   boules . . . . }
       »   potasse solide. . . . . } 1,0863

Après l'expérience.

Tare du tube à acide sulfurique.   6,2670
       »   boules. . . . . }
       »   potasse solide. . . . . } 1,0633

D'après ces chiffres :

Matière brûlée.   0,006
Acide carbonique recueilli.   0,023

Les $0^{gr},006$ de diamant noir que nous avons brûlés n'ont laissé qu'une trace de cendres, dont le poids était beaucoup trop faible pour être déterminé. Ils ont fourni $0^{gr},023$ d'acide carbonique et, théoriquement, ils auraient dû donner $0^{gr},022$.

Cette matière répond donc bien à la propriété fondamentale du carbone de donner, pour 1^{gr}, $3^{gr},666$ d'acide carbonique.

Combustion des diamants transparents. — Nous avons ensuite préparé des diamants transparents, au moyen des culots de fer brusquement refroidis dans l'eau et dans la limaille de fer. Il en a fallu 80, pour obtenir, par les traitements multiples dont il a été parlé au commencement de ce Travail, la faible quantité de $0^{gr},0155$, de petits fragments plus denses que l'iodure de méthylène.

Un dixième environ était formé de diamants noirs que nous n'avons pu séparer à cause de leur petitesse. Le reste consistait en diamants transparents, renfermant un assez grand nombre de diamants à crapauds, obtenus par le refroidissement brusque dans la limaille de fer.

Ainsi que nous l'avons fait remarquer précédemment, tous ces diamants tombent au fond de l'iodure de méthylène, rayent le rubis avec la plus grande énergie et certains sont très bien cristallisés.

La combustion en été faite avec tout le soin que méritait une matière recueillie avec tant de difficultés, et les poids de la nacelle et des tubes ont été pris au début, après une première expérience à blanc.

Tare de la nacelle avant la combustion.......... 3,2928
     »   après   »   3,3058
     »   vide...................... 3,3083

Avant l'expérience.

Tare du tube à acide sulfurique............... 6,2402
»   boules.........................
»   potasse solide................ } 2,8307

Après l'expérience.

Tare du tube à acide sulfurique............... 6,2398
»   boules.........................
»   potasse solide................ } 2,7811

D'après ces chiffres :

Matière brûlée............................. 0,0130
Acide carbonique recueilli.................... 0,0496

Le poids de la matière combustible dans l'oxygène a donc été de 0,013, et le poids de l'acide carbonique recueilli 0,0496. En prenant 12 pour poids atomique du carbone et 16 pour l'oxygène, on devrait, théoriquement, recueillir 0,0476 d'acide carbonique.

Le résidu de $0^{gr},0025$ qui restait dans la nacelle était particulièrement intéressant à étudier. Au microscope, on voyait de suite qu'il était formé de grains arrondis, brillants, qui avaient résisté à l'action de l'oxygène porté à 1000°.

Ces petits grains brillants furent recueillis et traités à nouveau par l'acide sulfurique bouillant, puis par le fluorhydrate de fluorure de potassium en fusion. Dans ces conditions, après les attaques renouvelées, ils disparurent presque en totalité. Une autre portion de la même matière traitée par le bisulfate de potassium en fusion fut attaquée avec facilité. Cette matière transparente non cristalline, qui a une densité supérieure à 3,5, qui raye le rubis, n'est donc pas du carbone. Peut-être est-ce une variété particulière de silicium ou d'un composé silicié, provenant d'une fonte riche en silicium, qui a été employée dans quelques-unes de nos expériences? La faible quantité des matière que j'avais à ma disposition ne m'a pas permis d'élucider cette question, mais nous avons toujours retrouvé les mêmes parcelles, lorsque nous nous servions d'électrodes riches en silice ou de fonte siliciées (1).

Après l'attaque du résidu de la combustion par le fluorhydrate de fluorure de potassium en fusion, il est resté deux ou trois parcelles de siliciure de carbone facilement reconnaissable à son aspect et à sa forme cristalline.

Enfin, à côté de ce résidu, nous avons vu au microscope, après la combustion, des traces de cendres légères, blanchâtres ou légèrement ferrugineuses qui avaient l'aspect des cendres de diamant. En soufflant dessus légèrement, elles ont disparu et le poids de la nacelle n'a pas varié.

Nous n'avons retrouvé dans les parcelles incombustibles aucun échantillon de fragments transparents, à points noirs, de diamants à crapauds. Tous ces derniers étaient brûlés.

Cette expérience nous démontre que les $0^{gr},013$ de matière combustible nous ont donné la quantité de gaz acide carbonique qui correspond au poids atomique du carbone.

Comme ces diamants nous avaient laissé une petite quantité de fragments incombustibles, nous avons tenu à répéter cette expérience.

De nouveaux diamants ont été préparés, en partie au moyen des cylindres remplis de charbon de sucre (p. 177), en partie au

---

(1) Dans quelques expériences, entreprises spécialement sur ce point, et qui avaient été faites au moyen du fer fondu, en présence d'alumine, nous avons rencontré quelques poussières transparentes, incombustibles, à surfaces toujours corrodées, amorphes, et qui nous ont donné la réaction de l'alumine, au microscope, par l'alun de cœsium. Ces fragments disparaissent toujours sous l'action de traitements réitérés, tandis que le diamant reste intact.

moyen des blocs métalliques de fer et de cuivre (1). Ils tombaient dans l'iodure de méthylène, rayaient le rubis avec facilité et ne contenaient pas de diamants noirs.

La combustion a été faite dans les conditions suivantes :

Tare de la nacelle avant la combustion. 2,1268
  »   après   »   2,1325
  »   vide. 2,1325

Avant l'expérience.

Tare du tube à acide sulfurique. 4,8670
  »   boules. . . . .)
  »   potasse solide. . . . .) 3,8310

Après l'expérience.

Tare du tube à acide sulfurique. 4,8665
  »   boules. . . . . /
  »   potasse solide. . . . . \ 3,8105

D'après ces chiffres :

Matière brûlée. 0,0057
Acide carbonique recueilli. 0,0205

0,0057 de diamants transparents ont fourni expérimentalement 0,0205 d'acide carbonique. La théorie exigerait 0,0209. Dans cette expérience, les cendres n'étaient pas appréciables à la balance.

Ces trois combustions établissent donc que les fragments noirs et transparents d'une densité de 3,5, obtenus dans nos expériences, sont formés de carbone pur.

Conclusions. — En résumé, dans les conditions différentes où

____
(1) Ces deux procédés fournissent les diamants les plus purs.

nous nous sommes placé, nous avons pu obtenir une variété de carbone dense, noir ou transparent. Certains échantillons présentaient une apparence cristalline très nette : ils possédaient une densité de 3,5 ; ils rayaient le rubis ; ils résistaient à douze attaques du mélange oxydant de chlorate de potassium sec et d'acide azotique fumant, à l'action de l'acide fluorhydrique et de l'acide sulfurique bouillant ; enfin, ils brûlaient dans l'oxygène à une température voisine de 900° en donnant, pour 1^{gr} de matière, 3^{gr},666 d'acide carbonique. Ce sont là les propriétés que possède seul le diamant naturel.

Nous avons démontré précédemment, par l'expérience, que le carbone peut être comparé à l'arsenic ; que, dans le vide, comme à la pression ordinaire, il passe de l'état solide à l'état gazeux sans prendre la forme liquide. Lorsque le carbone gazeux reprend l'état solide, il fournit toujours du graphite.

A la pression ordinaire, une variété quelconque de carbone amorphe, sous l'action d'une élévation de température suffisante, se polymérise et atteint un état stable, cristallin, dans lequel ses propriétés deviennent fixes. C'est le graphite. A la même température, sans passer par l'état liquide, le diamant est ramené, lui aussi, à la forme graphite.

Nous estimons cependant que le carbone peut être amené à l'état liquide, mais ce phénomène ne se produit que sous l'action de pressions très fortes. Dans le cas de grandes pressions, comme nos expériences précédentes l'ont établi, la densité du carbone augmente et l'on obtient le diamant. J'ai pu préparer, dans mes culots de fer refroidis dans le plomb, de petits diamants présentant l'apparence d'une goutte allongée, telle qu'on en rencontre parfois dans la nature. On sait, en effet, que l'on trouve au Cap, comme au Brésil, des diamants qui ne possèdent aucune trace de cristallisation apparente, et qui ont des formes arrondies comme celles que peut prendre un liquide maintenu au milieu d'une masse pâteuse.

S'il était besoin d'un nouvel exemple sur ce point, nous rappellerions la forme des diamants microscopiques que nous avons découverts dans la terre bleue du Cap (fig. 20, A et C).

Le carbone sous pression peut donc prendre l'état liquide ; il devient transparent, sa densité augmente et il peut alors se solidifier, soit en cristallisant, soit en prenant une forme arrondie et amorphe. Une impureté, une trace d'un corps du système cubique, peut amener facilement une cristallisation régulière ou un enchevêtrement de cristaux tourmentés. Si la pression est un peu plus faible, le diamant est souillé de parcelles de carbone qui conservent leur couleur noire ; on prépare ainsi le diamant à crapauds. Enfin, si cette pression est moins forte encore, on n'obtient plus que du diamant noir plus ou moins mal cristallisé, du carbon, dont la densité peut être plus faible que celle du diamant.

Toutes ces variétés différentes de diamant : octaèdres réguliers, cubes, fragments à cristallisation confuse, cristaux se brisant à la longue, gouttes, diamants à crapauds, carbon, ont été reproduites dans nos recherches ; elles viennent justifier les idées théoriques que nous émettons sur la liquéfaction du carbone.

CHAPITRE III

Préparation au four électrique de quelques corps simples.

GÉNÉRALITÉS

La haute température du four électrique m'a permis de généraliser certaines réactions que nous regardions jusqu'ici comme limitées, parce que l'échelle de température, dont nous pouvions disposer, était insuffisante. On sait par exemple quelles sont les lois de la décomposition complète ou incomplète du carbonate de chaux par la chaleur, lois qui ont été fixées d'une façon magistrale par Henri Debray. Si, jusqu'ici, le carbonate de baryte a été regardé comme indécomposable par la chaleur seule, cela tient à ce que la température de nos fourneaux était trop faible pour en effectuer même la dissociation.

Le carbonate de baryte, chauffé au four électrique, se décompose de même que le carbonate de chaux ; il perd son acide carbonique et laisse comme résidu la baryte caustique.

On sait aussi que certains oxydes étaient irréductibles par le charbon. Je citerai, par exemple, la silice, les oxydes alcalino-terreux, les oxydes d'uranium, de vanadium et de zirconium. Nous allons démontrer que ces différents composés peuvent être réduits dans le four électrique et donner des métaux ou des carbures le plus souvent cristallisés.

La métallurgie a utilisé, dans ces dernières années, les courants à haute tension pour produire des électrolyses. La nouvelle préparation de l'aluminium en est un exemple. Mais nous estimons que la chaleur fournie par l'arc électrique peut aussi être utilisée spécialement, lorsqu'il s'agit de réduire, par le charbon, certains oxydes regardés jusqu'ici comme irréductibles.

C'est ainsi que l'emploi du four électrique permet de préparer, avec rapidité, à l'état fondu, les métaux réfractaires que l'on avait anciennement beaucoup de peine à obtenir, ou qu'il était même impossible de préparer. La plupart de ces corps simples ont été étudiés jusqu'ici sous forme de poudre de couleur foncée, à composition assez variable et dont l'état physique ne présentait aucune garantie de pureté.

Pour obtenir ces corps réfractaires en fusion, il suffit de placer dans la cavité d'un four en chaux vive ou en pierre calcaire, une certaine quantité de magnésie qui est stable, aux températures les plus élevées de l'arc (1) et de disposer, par-dessus, un creuset de charbon contenant le mélange de carbone et d'oxyde à réduire.

Lorsque le métal est volatil, on opère dans le fourneau à tube, au milieu d'un courant d'hydrogène et les vapeurs métalliques sont condensées dans un récipient refroidi. On prépare ainsi le calcium, le baryum et le strontium. Seulement ces métaux sont obtenus sous forme de poudre ténue qu'il est impossible de réunir et de fondre en un lingot (2). Si le métal n'est pas sensiblement volatil, il reste au fond du creuset à l'état liquide et se solidifie aussitôt que l'on arrête l'arc. C'est le cas du chrome, du molybdène, du tungstène, du titane, de l'uranium et d'autres corps simples.

---

(1) Dans toutes nos expériences, la magnésie solide, liquide ou gazeuse, est restée à l'état d'oxyde au contact du charbon.

(2) Le mercure très divisé présente un phénomène analogue.

Certaines de ces préparations exigent un dispositif spécial dont nous parlerons plus loin.

Le plus souvent, les corps obtenus par cette méthode renferment des quantités variables de carbone ; il faut, dans une deuxième opération, les affiner, ce que l'on obtient au moyen de la chaux liquide ou d'un composé oxygéné du même corps simple (1).

Nous indiquerons pour chaque métal les précautions à prendre et les analyses des différents échantillons.

A. — Chrome.

Le chrome, dont nous devons l'importante découverte à Vauquelin (2), nous a fourni déjà de nombreuses applications. Ses oxydes et ses autres combinaisons sont entrés rapidement dans la pratique industrielle. Si le chrome a été peu utilisé comme métal jusqu'ici, cela tient à la difficulté de sa préparation. On n'est jamais arrivé à l'obtenir en notable quantité et, lorsque l'on a voulu utiliser ses merveilleuses qualités pour la fabrication des aciers chromés, il a fallu préparer, au haut fourneau, un alliage de fer et de chrome très riche en carbone, le ferro-chrome.

La présence du fer et du charbon dans ce dernier composé a empêché d'étendre cette étude, et l'on ne connaît pas les alliages que le chrome peut fournir avec les autres métaux.

(1) Un assez grand nombre de métaux n'ont jamais été préparés dans un état parfait de pureté. Certains renferment du carbone, du silicium ou des métaux alcalins ; on sait aujourd'hui qu'une très petite quantité de ces impuretés peut faire varier les propriétés physiques et même chimiques de ces corps simples. Il nous semble donc important de déterminer avec soin l'état de pureté des métaux obtenus au moyen du four électrique.

(2) Vauquelin. Sur une nouvelle substance métallique contenue dans le plomb rouge de Sibérie. *Ann. de Chim.*, t. XXV, p. 21, 1797.

Les recherches que nous publions aujourd'hui permettront vraisemblablement de combler cette lacune.

Préparation de la fonte de chrome. — Nous avons indiqué, en 1893, comment il était possible, au moyen de la haute température produite dans notre four électrique, de réduire avec facilité le sesquioxyde de chrome par le charbon, soit dans un appareil intermittent (1), soit dans un appareil continu (2). Dans ce dernier cas, nous avons employé un four électrique qui contenait un tube de charbon légèrement incliné, recevant à l'extrémité supérieure le mélange aggloméré de sesquioxyde et de carbone et laissant couler à l'extrémité inférieure le métal liquide. Ce tube de charbon était chauffé dans notre modèle de four électrique à réverbère et à électrodes mobiles, que nous avons décrit précédemment.

C'est au moyen de cet appareil qu'il nous a été facile de préparer les 20^{kg} de chrome métallique qui ont servi à nos études.

Dans nos premiers essais, suivant que l'oxyde ou le charbon dominait, on obtenait un carbure plus ou moins riche en carbone. Les différents échantillons préparés dans ces conditions nous ont donné les chiffres suivants :

	1.	2.	3.	4.
Chrome.........	87,37	86,25	90,30	91.70
Carbone.........	11,92	12,85	9,47	8,60

La fonte, ainsi obtenue, contenait donc des quantités assez grandes de charbon. Nous avons étudié les différentes conditions de formation de ce métal, et nous avons pu préparer deux composés définis et cristallisés du chrome et du carbone.

---

(1) HENRI MOISSAN. Préparation rapide du chrome et du manganèse à haute température. *Comptes rendus*, t. CXVI, p. 349, 20 février 1893.

(2) HENRI MOISSAN. Sur un nouveau modèle de four électrique à réverbère et à électrodes mobiles. *Comptes rendus*, t. CXVII, p. 679.

Carbure de formule C^2Cr^3. — Lorsque l'on chauffe dans le creuset du four électrique, pendant dix à quinze minutes, du chrome métallique en présence d'un grand excès de charbon (350 ampères et 70 volts), on obtient un culot friable, rempli de cristaux d'un carbure de chrome répondant à la formule C^2Cr^3. Ce carbure se présente en lamelles très brillantes, d'un aspect gras, inattaquables par l'acide chlorhydrique concentré, par l'acide nitrique fumant et hydraté, par l'eau régale, mais attaquables lentement par l'acide chlorhydrique étendu. La potasse en fusion a peu d'action sur lui, tandis que le nitrate de potassium fondu le détruit avec facilité. Sa densité est de 6,47. Il ne décompose l'eau ni à la température ordinaire ni à 100°. C'est le carbure stable à haute température.

Ce carbure nous a donné à l'analyse les chiffres suivants :

	1.	2.	THÉORIE.
Chrome................	86,50	86,72	86,66
Carbone...............	13,10	13,21	13,33

Carbure de formule CCr^4. — Dans les nombreuses préparations de fonte de chrome que nous avons faites, nous avons vu parfois la surface des lingots métalliques se recouvrir d'aiguilles à aspect mordoré, présentant souvent une longueur de 1^{cm} à 2^{cm}. Ces cristaux répondaient à la formule CCr^4. On les rencontre aussi sous la forme d'aiguilles brillantes dans les géodes qui se forment au milieu de la fonte de chrome. Leur densité est de 6,75.

Ce composé renfermait les proportions suivantes de carbone et de chrome :

	1.	2.	3.	4.
Chrome...........	94,22	94,02	»	94,55
Carbone..........	5,40	6,11	5,24	5,45

Chrome cristallisé. — Nous avons cherché à affiner la fonte de chrome, en la chauffant en présence d'un excès d'oxyde. Le carbure métallique, concassé en fragments grossiers, est placé dans un creuset de charbon brasqué avec soin à l'oxyde de chrome et recouvert du même oxyde. Ce mélange est soumis à nouveau à la température de l'arc électrique ; l'oxyde superficiel fond, puis le métal entre aussi en fusion et perd alors peu à peu tout le carbone qu'il renferme. Le chrome ainsi préparé, chauffé dans un courant de chlore, se transforme en chlorure volatil sans laisser trace de charbon. On arrive bien dans ce cas à enlever tout le carbone, mais le métal est saturé d'oxygène ; c'est, au point de vue métallurgique, un métal brûlé.

L'affinage de la fonte de chrome a été effectué alors en présence de chaux fondue, et nous avons pu, en opérant chaque fois sur une quantité de 500^{gr} à 1^{kg} de métal, retirer la majeure partie du carbone contenu dans le chrome. On sait, en effet, avec quelle facilité le carbone et la chaux se combinent pour donner un carbure de calcium (1).

C'est cette réaction que nous avons utilisée, et elle nous a fourni le plus souvent un métal à grain fin dont la teneur en carbone oscillait entre 1,5 et 1,9. Lorsque le chrome est ainsi purifié, bien qu'il renferme encore une petite quantité de carbone, il cristallise avec une grande facilité. Nous avons obtenu maintes fois de très belles trémies de chrome cristallisé, dans lesquelles les cristaux atteignaient une longueur de 3^{mm} à 4^{mm}. Ces cristaux ont, à première vue, l'apparence de cubes et d'octaèdres. Leur groupement rappelle celui des masses cristallines de bismuth.

Fremy avait déjà indiqué qu'il était possible d'obtenir le

(1) HENRI MOISSAN. Préparation au four électrique d'un carbure de calcium cristallisé ; propriétés de ce nouveau corps. *Comptes rendus*, t. CXVIII, p. 501.

chrome cristallisé par l'action du sodium sur le chlorure de chrome.

Chrome exempt de carbone. — La méthode d'affinage, par la chaux en fusion que nous venons d'indiquer, ne peut cependant pas nous donner le métal absolument décarburé. Nous avons remarqué, en effet, que, si le chrome était suffisamment pur, en présence de la chaux liquide et des gaz du four, il se produisait une réaction inverse. Tout le métal était ramené à l'état d'oxyde double de calcium et de chrome très bien cristallisé.

Nous avons pris alors cet oxyde double, qui se produisait si facilement dans nos fours électriques, nous en avons formé une brasque dans un four de chaux vive et, au milieu, nous avons refondu de la fonte de chrome. Dans ces nouvelles conditions, l'affinage se produit et l'on obtient un métal brillant pouvant se limer et se polir avec facilité. C'est le chrome pur qui, à l'analyse, ne donne plus trace de carbone.

Propriétés physiques. — La densité du chrome pur a été trouvée égale à 6,92 à la température de 20° (moyenne de trois expériences). Elle est donc un peu différente, comme on le voit, de celle indiquée jusqu'ici.

Au chalumeau à oxygène, à la pointe du dard bleu, la fonte de chrome fournit de brillantes étincelles, brûle en partie, mais ne paraît fondre superficiellement que grâce à l'excès de chaleur dégagée par cette combustion. La fusion n'est jamais totale, elle n'est que superficielle et la partie fondue est encore riche en carbone. Dans le four en chaux fermé, qui a servi à Deville et Debray à fondre le platine, nous n'avons pas pu liquéfier la fonte de chrome à 2 pour 100 de carbone, au chalumeau oxhydrique, après une marche de quarante-cinq minutes. Le fragment de fonte qui était frappé par l'extrémité du dard bleu était seul fondu, en partie, par suite du phénomène d'oxydation dont nous venons de parler.

Quand le chrome est bien exempt de carbone, il brûle rapidement et sa combustion au chalumeau est encore plus brillante que celle du fer. L'oxydation se complète avec rapidité, et il reste, après l'expérience, un fragment arrondi de sesquioxyde de chrome fondu.

Le chrome pur est plus infusible que la fonte de chrome; son point de fusion est notablement supérieur à celui du platine et ne peut pas être atteint au moyen du chalumeau à oxygène. Au contraire, au four électrique, le chrome en fusion se présente sous l'aspect d'un liquide brillant très fluide, possédant, dans le creuset, l'apparence et la mobilité du mercure. On peut même le sortir du four électrique et le verser dans une lingotière. En utilisant la chaleur fournie par un courant de 1000 ampères et 70 volts, nous avons pu, dans un four de dimensions suffisantes, préparer, en une fois, 10^{kg} de fonte de chrome affinée et la couler avec facilité.

Cette fonte avait la composition suivante :

Chrome	97,14
Carbone	1,69
Fer	0,60
Silicium	0,39
Calcium	traces

Le chrome pur bien exempt de fer ne nous a présenté aucune action magnétique sur l'aiguille aimantée.

Le carbure de chrome répondant à la formule C^2Cr^3 raye le quartz avec facilité et même la topaze, mais il n'a pas d'action sur le corindon. Le carbure CCr^4 raye profondément le verre et plus difficilement le quartz. Quant au chrome pur, il n'a aucune action sur le quartz et raye le verre avec beaucoup de difficulté. Certains fragments de chrome bien pur ne rayaient même plus le verre.

La fonte de chrome à grain fin, dont la teneur en carbone oscille entre 1,5 et 3, ne peut être travaillée et polie qu'avec des meules armées de diamants.

Au contraire, le chrome affiné, bien exempt de carbone, peut être limé avec facilité, prendre le poli du fer et présenter un beau brillant, un peu plus blanc que ce dernier métal.

Propriétés chimiques. — La fonte de chrome ne s'attaque pas à l'air sous l'action de l'acide carbonique et de l'humidité. Le chrome pur bien poli se ternit légèrement après quelques jours dans un air humide; mais cette légère oxydation n'est que superficielle et ne se continue pas.

Le chrome peut être regardé comme inaltérable à l'air.

Chauffé à 2000° dans l'oxygène, il brûle en fournissant de nombreuses étincelles plus brillantes que celles produites par le fer.

La limaille de chrome, chauffée vers 700° dans la vapeur de soufre, devient incandescente et se transforme en sulfure de chrome.

Le chrome pur, placé dans une brasque en charbon et chauffé à un violent feu de forge, fournit, sans fondre, le carbure cristallisé en aiguilles de formule CCr^4. Le chrome peut donc se cémenter comme le fer. A la température du four électrique, il donne le composé cristallisé C^2Cr^3.

Le silicium se combine au chrome avec facilité. En chauffant au four électrique un mélange de chrome et de silicium, on obtient un siliciure très bien cristallisé, d'une grande dureté, rayant facilement le rubis, inattaquable par les acides, par l'eau régale, par la potasse et par l'azotate de potassium en fusion.

Le bore se combine au chrome, dans le four électrique, dans

les mêmes conditions, et fournit un borure très bien cristallisé, difficilement attaquable par les acides et possédant aussi une grande dureté.

L'acide chlorhydrique gazeux réagit sur le chrome au rouge sombre et donne en abondance du protochlorure cristallisé.

La solution d'acide chlorhydrique attaque le chrome lentement à froid et plus vivement à chaud. L'acide dilué ne produit rien à la température ordinaire, mais à l'ébullition l'attaque devient assez vive. Sous l'action d'un courant électrique, le chrome étant placé au pôle positif, la dissolution se produit dans l'acide étendu.

L'acide sulfurique concentré, maintenu à l'ébullition, fournit, avec le chrome, un dégagement gazeux d'acide sulfureux et le liquide prend une teinte foncée. L'acide étendu l'attaque lentement à chaud, et lorsque cette action se produit à l'abri de l'air, elle détermine la formation du sulfate cristallisé de protoxyde de chrome de couleur bleue que nous avons anciennement décrit (1).

L'acide nitrique fumant et l'eau régale à froid ou à chaud n'ont aucune action sur le chrome. Avec l'acide nitrique étendu, l'attaque est très lente.

Une solution de bichlorure de mercure attaque très lentement le chrome en poudre.

A la température de 1200° le chrome, maintenu dans un courant d'hydrogène sulfuré, se transforme entièrement en un sulfure fondu d'apparence cristalline.

A la même température, l'acide carbonique attaque le chrome superficiellement, et le métal se recouvre d'une couche verte d'oxyde mélangé de charbon.

<hr>

(1) HENRI MOISSAN. Sur la préparation et les propriétés du protochlorure et du sulfate de protoxyde de chrome. *Comptes rendus*, t. XCII, p. 792.

L'oxyde de carbone est réduit vers 1200° par ce métal, avec formation à la surface d'un dépôt de sesquioxyde et carburation du chrome. Cette réaction fait comprendre les difficultés de l'affinage; elle explique pourquoi, même en opérant dans des creusets de chaux vive, il est impossible d'obtenir à la forge du chrome exempt de carbone.

Le nitrate de potassium fondu attaque le chrome au rouge sombre avec énergie. L'expérience devient beaucoup plus belle, quand on substitue au nitrate le chlorate de potassium en fusion : le chrome se meut sur ce liquide comme le potassium sur l'eau en produisant une très belle incandescence.

La potasse en fusion n'attaque pas sensiblement le chrome au rouge sombre.

AFFINAGE AU FOUR ÉLECTRIQUE D'UN FERROCHROME INDUSTRIEL. — L'emploi de la chaux en fusion, pour affiner une fonte riche en carbone, peut avoir quelques applications industrielles. Si nous partons, par exemple, d'un ferrochrome industriel à 60 p. 100 de chrome, ferrochrome préparé au cubilot, il est facile, par des fusions au four électrique, sous un bain de chaux liquide, de le dépouiller rapidement de son carbone.

Voici quelques analyses qui le démontrent très bien. Un ferrochrome de Saint-Chamond nous a donné, par combustion dans l'oxygène, une teneur en carbone total de 7,3. Après une première fusion sous une couche de chaux fondue, il n'en renfermait plus que 5 p. 100. Enfin, après une deuxième fusion, il ne contenait plus que 0,1 p. 100 de carbone; il pouvait, comme produit industriel, permettre de faire passer dans un acier une notable quantité de chrome sans élever le pourcentage en carbone.

Une deuxième série d'expériences a été faite sur un produit

similaire, cristallin, qui renfermait, d'après nos analyses :

Chrome... 61,81
Fer... 30,02
Carbone total....................................... 7,53
Scories... 0,33
                                                    ———
                                                    99,69

Ce ferrochrome, concassé en fragments et fondu sous un bain de chaux liquide, nous a laissé un culot métallique d'un bel aspect, à grain plus fin, qui ne contenait plus que

Carbone total............................ 4,2 p. 100

La même opération a été répétée une seconde fois, en ayant soin de ne pas faire durer l'affinage trop longtemps, et le métal ainsi obtenu nous a fourni les chiffres suivants :

Chrome... 64
Fer... 35,12
Carbone total....................................... 0,70
Scories... 0,22
                                                    ———
                                                    100,04

Dans ce cas bien déterminé, la chaux fondue, qui fournit avec une si grande facilité, en présence du charbon, du carbure de calcium, peut donc servir à affiner une fonte métallique, à lui enlever du carbone. Ces expériences vraisemblablement auront quelques applications industrielles.

TRAITEMENT AU FOUR ÉLECTRIQUE DU FER CHROMÉ NATUREL. — La réduction si facile de l'oxyde de chrome au four électrique nous permet de traiter de même certains minerais riches en chrome, tels que le fer chromé, que l'on rencontre dans la nature en masses parfois bien cristallisées et répondant à la formule FeO, Cr²O³.

Il suffit de réduire ce minerai en poudre grossière, de l'additionner d'une quantité voulue de charbon d'après sa teneur en oxygène, puis de chauffer le tout au four électrique. En opérant sur une masse de 2^{kgs}, avec un courant de 1000 ampères et 60 volts, nous avons obtenu en quelques minutes un culot parfaitement fondu d'un ferrochrome qui renfermait :

<pre>
Chrome.................................. 60,9
Fer..................................... 31,6
Carbone total...........................   6,1
Silicium................................   1,1
                                         ______
                                          99,7
</pre>

Cette préparation pourrait sans doute, comme nous l'avons indiqué dès février 1893, être appliquée à la préparation des chromates alcalins. Il suffirait de projeter l'alliage grossièrement pulvérisé dans un bain de nitrate de potassium ou de nitrate de sodium en fusion ; il se ferait du sesquioxyde de fer insoluble et du chromate alcalin soluble dans l'eau, que l'on peut séparer et purifier par cristallisation.

CONCLUSIONS. — En résumé, en utilisant la chaleur intense produite par l'arc électrique, il est possible de préparer la fonte de chrome en très grande quantité. Cette fonte, qui répond à peu près à la formule CCr⁴, peut s'affiner soit par la chaux fondue, soit par l'oxyde double de calcium et de chrome. Le métal obtenu est plus infusible que le platine, il peut se limer, prendre un beau poli et n'est pas attaquable par les agents atmosphériques. Très peu attaquable par les acides, il résiste à l'eau régale et aux alcalis en fusion.

Cette préparation du chrome permettra d'aborder efficacement l'étude des alliages de ce métal. Uni au cuivre, il donne en effet, avec ce métal, des résultats intéressants.

Le cuivre pur, allié à 0,5 de chrome, prend une résistance presque double, et cet alliage, susceptible d'un beau poli, s'altère moins que le cuivre au contact de l'air humide.

B. — Manganèse.

L'emploi du four électrique permet de transformer la réduction longue et difficile de l'oxyde de manganèse en une véritable préparation de cours (1).

Le protoxyde de manganèse pur est mélangé de charbon et chauffé dans l'arc. Lorsque l'on opère avec 300 ampères et 60 volts, la réduction est complète en cinq ou six minutes. Il reste, au fond du creuset, un culot de carbure de manganèse de 100^{gr} à 120^{gr}.

La réduction peut se faire d'une façon un peu plus lente avec un arc voltaïque mesurant 100 ampères et 50 volts. Elle exige dans ce cas dix à quinze minutes.

Lorsque l'on opère en présence d'un excès de charbon, le manganèse se sature de carbone et l'on obtient des fontes fournissant à l'analyse les chiffres suivants :

	1.	2.	3.	4.
Manganèse	85,00	85,82	90,60	94,06
Charbon	14,59	13,98	10,20	6,35

(1) Les oxydes de nickel et de cobalt sont aussi réduits avec rapidité par le charbon dans le four électrique. Nous avons obtenu dans ces conditions des fontes qui renfermaient :

	1.	2.	3.
Nickel	86,10	87,62	94,40
Carbone total	13,47	11,90	6,19

Un échantillon de cobalt préparé avec un excès d'oxyde nous a donné dans trois analyses successives :

Carbone (p. 100)	0,726	0,732	0,741

Si la réduction se produit en présence d'un excès d'oxyde, la quantité de carbone diminue beaucoup, et dans certains culots, on n'obtient plus que 4 à 5 pour 100 de charbon. Lorsque la fonte de manganèse ainsi préparée ne renferme que peu de carbone, le métal peut se conserver facilement dans des vases ouverts, mais aussitôt que la quantité de carbone augmente, l'humidité de l'air ne tarde pas à le décomposer. De petits fragments placés dans l'eau s'oxydent en vingt-quatre heures, en fournissant un mélange gazeux d'hydrogène et de carbure d'hydrogène.

La décomposition par l'humidité de l'air est d'autant plus active que la teneur en carbone se rapproche davantage du carbure de manganèse CMn^3 découvert par MM. Troost et Hautefeuille. Nous aurons l'occasion de revenir sur les propriétés de ce carbure de manganèse.

Lorsque l'on veut préparer une assez grande quantité de manganèse métallique, au moyen d'un arc plus puissant, la facile volatilisation du manganèse rend les rendements très faibles. On perd une notable quantité de métal à l'état de vapeurs.

Pour éviter une action calorifique trop intense, nous chauffons le mélange à réduire dans un creuset de charbon muni de son couvercle. Dans ces conditions nous avons obtenu des culots métalliques de 400 à 500ᵍʳ ayant la composition suivante :

Manganèse	95,20	96,12
Carbone	4,50	3,60

Cette fonte de manganèse, chauffée à la forge dans une brasque d'oxyde, peut s'affiner superficiellement et donner un métal très doux qui se lime avec facilité. Lorsque le manganèse ne contient pas de carbone, il ne raye pas le verre.

En partant du bioxyde de manganèse naturel aussi pur que possible (97,5 p. 100), mélangé de carbone et calciné préalablement au Perrot, nous avons obtenu, avec des courants de 500 ampères et 50 volts, en creuset fermé, une fonte qui nous a donné à l'analyse :

	1.	2.
Manganèse	89,78	91,13
Carbone total	7,59	6,41
Scories	2,06	1,78

Le rendement était de 96 p. 100 de l'oxyde mis en expérience. Je crois cette réaction facilement applicable à la préparation industrielle du manganèse métallique; comme l'affinage de ce métal liquide se fait très bien en présence d'un excès d'oxyde, on pourrait obtenir ainsi du manganèse exempt de carbone et de silicium.

C. — Molybdène.

Le molybdène s'obtient, à l'état pulvérulent, en réduisant au rouge sombre le bioxyde par l'hydrogène pur, puis en chauffant le métal obtenu dans un courant de gaz acide chlorhydrique.

Le molybdène a été regardé jusqu'ici comme infusible. Henri Debray (1) a pu fondre avec difficulté, au chalumeau oxhydrique, une fonte de molybdène renfermant de 4 à 5 p. 100 de carbone.

Préparation du molybdène. — Pour préparer le molybdène, nous sommes parti du molybdate d'ammoniaque pur, qui a été réduit en poudre et introduit dans un creuset en terre réfrac-

(1) DEBRAY. Recherches sur le molybdène. *Comptes rendus*, t. XLVI, p. 1098 ; 1858.

taire n° 12, qui peut en contenir 1^{kg}. Le creuset, muni de son couvercle, est chauffé au four Perrot pendant une heure et demie. Après refroidissement, l'oxyde se présente sous forme d'une poudre dense, d'un gris violacé, répondant à la formule MoO^2 (1). Une chauffe fournit de 760^{gr} à 770^{gr} d'oxyde.

Cet oxyde mélangé de charbon est chauffé dans le creuset de notre four électrique. Dans des essais préliminaires, exécutés avec un excès de carbone, nous avons obtenu, en chauffant sept à huit minutes, avec un courant de 350 ampères et 70 volts, des fontes qui renfermaient :

	1.	2.	3.
Carbone	9,77	9,88	9,90

Nous avons repris ensuite cette préparation dans les conditions suivantes. L'oxyde de molybdène, calciné ainsi que nous venons de l'indiquer, a été additionné de charbon de sucre en poudre fine, dans la proportion de :

Oxyde	300^{gr}
Charbon	30^{gr}

Dans ce mélange, le bioxyde se trouve en notable excès par rapport au carbone. La poudre est tassée avec soin dans un creuset de charbon et soumise à l'action calorifique d'un arc, produit par un courant de 800 ampères et 60 volts, pendant six minutes. On doit éviter de fondre complètement le métal afin de laisser une couche solide du mélange au contact du creuset, qui serait vivement attaqué par le molybdène liquide.

Dans ces conditions, on obtient un métal complètement exempt de carbone, et il est facile, en une heure, d'en obtenir plus de 2^{kgs}.

(1) Méthode de Bucholz pour la préparation du bioxyde.

Si cette préparation dure au delà de six minutes, le molybdène se liquéfie, ronge le creuset, se carbure, et l'on obtient une fonte de couleur grise, très dure et cassante.

Dans un autre essai, en employant un four électrique possédant une cavité de 5 à 6ˡⁱᵗ, nous avons produit, en une fois, 8ᵏᵍˢ de fonte de molybdène que l'on a pu couler avec facilité. La même expérience a été répétée et a donné un lingot de 10ᵏᵍ,200.

Enfin, depuis la publication de mes recherches aux *Comptes rendus de l'Académie des Sciences* (1), un de mes élèves, M. Guichard, a obtenu la fonte de molybdène en notable quantité, par réduction, au four électrique, de la molybdénite naturelle par le charbon (2). La fonte, ainsi préparée, ne renfermait pas de soufre.

Elle donnait à l'analyse :

Molybdène	91,80
Fer	2,10
Carbone total	6,64

Cette nouvelle réduction me paraît importante, car elle permettra d'obtenir le molybdène, plus ou moins carburé, par un simple traitement du minerai au four électrique.

Fonte de molybdène. — Cette fonte possède une densité de 8,6 à 8,9 suivant sa teneur en carbone. Quand elle est saturée de charbon, elle est beaucoup plus fusible que le molybdène. Riche en carbone, elle est grise et cassante ; à 2,50 p. 100 de charbon, elle devient blanche et ne peut que très difficilement être brisée sur l'enclume. Elle présente tous les caractères du molybdène étudié par Debray. Elle dissout rapidement le car-

---

(1) H. MOISSAN. Préparation au four électrique de quelques métaux réfractaires : tungstène, molybdène, vanadium. *Comptes rendus*, t. CXVI, p. 1225, 29 mai 1893; et préparation du molybdène pur fondu. *Comptes rendus*, t. CXX, p. 1320, 17 juin 1895.

(2) GUICHARD. *Comptes rendus*, t. CXXII, p. 1270.

bone et, lorsqu'elle se refroidit, elle abandonne ce dernier sous forme de graphite, exactement comme la fonte de fer ; cependant, lorsqu'elle est saturée de carbone, elle fournit un carbure cristallisé en fines aiguilles.

La fonte grise de molybdène est très dure ; elle raye l'acier et le quartz. En fusion, elle fournit un liquide très mobile qui peut se couler, tout en donnant à l'air de vives étincelles et d'abondantes fumées d'acide molybdique. Ces fontes nous ont donné, à l'analyse, les chiffres suivants :

| | FONTES BLANCHES | | | FONTES GRISES | |
	1.	2.	3.	4.	5.
Molybdène........	95,83	»	»	»	92,46
Carbone combiné..	3,04	3,19	2,53	4,90	5,50
Graphite.........	0,00	0,00	0,00	0,00	1,71
Scories	0,74	0,53	0,62	»	»

Carbure de molybdène. — On prépare ce composé en chauffant, au four électrique, le bioxyde de molybdène avec un excès de charbon. Les meilleures proportions à prendre sont : bioxyde 250^{gr}, charbon 50^{gr}. Durée de la chauffe : huit à dix minutes, avec un courant de 800 ampères et 50 volts. Lorsque l'on emploie un excès de charbon, on le retrouve dans la masse sous forme de graphite.

Le culot obtenu a une cassure cristalline d'un blanc brillant. Il se clive avec facilité. Il s'écrase rapidement sur l'enclume, et l'on peut en séparer de petits prismes allongés à cristallisation nette. Sa densité est de 8,9 et sa composition répond à la formule Mo^2C.

Analyse. — Dans les différents échantillons étudiés dans ce chapitre, le molybdène, après attaque par l'acide azotique, a été précipité sous forme de molybdate mercureux, et finalement dosé à l'état de bioxyde. Lorsque le carbure ne contenait pas de graphite, le carbone était séparé par le chlore pur et sec, puis dosé, par combustion dans l'oxygène, d'après le poids d'acide carbonique recueilli. Par cette méthode, les teneurs en carbone sont toujours un peu faibles.

Nous avons obtenu les chiffres suivants :

	6.	7.	8.	THÉORIE pour Mo^2C.
Molybdène	93,82	»	»	94,12
Carbone combiné	5,62	5,53	5,48	5,88
Graphite	»	»	»	»
Scories	0,17	»	»	»
	99,61			

Si le carbure renferme du graphite, son attaque est faite par l'acide azotique dans une fiole à fond plat traversée par un courant d'oxygène. Les gaz dégagés passent ensuite dans un tube rempli d'oxyde de cuivre ; la vapeur d'eau est retenue par un tube à ponce sulfurique et l'acide carbonique fixé sur la potasse. De l'augmentation de poids des tubes à potasse, on déduit l'acide carbonique et le carbone. Le liquide acide du matras fournit, après filtration et lavage, le graphite, et le molybdène est dosé ensuite par l'azotate mercureux.

Cette nouvelle méthode nous a donné comme résultats :

	9.	10.
Molybdène	92,60	91,90
Carbone combiné	5,15	5,43
Graphite	1,61	1,98

En tenant compte du graphite et en faisant le rapport du molybdène au carbone, on obtient les chiffres suivants :

	9.	10.	THÉORIE pour Mo^2C
Molybdène	94,45	94,10	94,12
Carbone combiné	5,55	5,90	5,88

Molybdène pur fondu. — Le molybdène pur a une densité de 9,01. C'est un métal aussi malléable que le fer. Il se lime et se polit avec facilité. Il se forge à chaud. Il ne raye ni le quartz, ni le verre. Bien exempt de carbone et de silicium, il ne s'oxyde guère à l'air au-dessous du rouge sombre. Il peut se conserver plusieurs jours sans altération dans l'eau ordinaire ou chargée d'acide carbonique. En présence de l'air, au-dessous du rouge sombre, il se recouvre d'une pellicule irisée comme le fait l'acier. Vers 600°, il commence à s'oxyder et donne de l'acide molybdique, qui se volatilise lentement.

Un fragment de molybdène, chauffé pendant quelques heures dans un tube de porcelaine incliné sur une grille à analyse, fournit, dans la partie supérieure du tube, un feutrage de cristaux d'acide molybdique. Le métal n'est recouvert d'aucun autre oxyde, et finit même par disparaître, en laissant une belle cristallisation d'acide molybdique. Chauffé au chalumeau à gaz, un fragment de molybdène émet des vapeurs d'acide molybdique en quantité notable. Chauffé au chalumeau oxhydrique, il brûle sans fondre en fournissant d'abondantes fumées d'acide molybdique et en oxyde bleu fusible. Enfin, chauffé dans un courant d'oxygène pur, il prend feu entre 500° et 600° et, si le courant d'oxygène est rapide, la combustion peut se continuer sans l'intervention d'une source de chaleur étrangère.

Cette combustion se produit avec une vive incandescence et peut fournir une belle expérience de cours.

Le chlorate de potassium en fusion attaque le molybdène avec violence. Il suffit de fondre le chlorate et de projeter à la surface un fragment de molybdène pour voir ce dernier devenir incandescent et tournoyer sur le liquide. La température de la réaction s'élève rapidement ; le molybdène brûle avec flamme, et il se dégage d'abondantes fumées blanches d'acide molybdique qui restent en suspension dans l'air sous forme de légers filaments blancs. Parfois, le fragment de molybdène est porté à une température assez élevée pour percer la paroi de la capsule, qui est fondue, au contact du métal.

L'azotate de potassium en fusion fournit dans les mêmes conditions une réaction identique, quoique moins violente, avec formation de molybdate alcalin.

Un mélange de molybdène et d'oxyde puce de plomb, chauffé dans un tube à essai, produit un très grand dégagement de chaleur et de lumière.

Le soufre n'agit pas à 440°, mais l'hydrogène sulfuré à 1200° transforme le molybdène en sulfure gris bleuté, amorphe, ayant les propriétés de la molybdénite et laissant, par le frottement, une trace noire sur le papier.

Le fluor n'attaque pas à froid le molybdène en fragments ; mais, lorsque ce métal est grossièrement pulvérisé, il se fait un fluorure volatil sans incandescence.

Le chlore attaque le molybdène au rouge sombre sans incandescence apparente. Avec le brome, l'action se produit au rouge cerise et sans grande intensité.

L'iode est sans action au point de ramollissement du verre.

Les fluorures d'argent, de zinc et de plomb sont décomposés, mais sans formation de fluorures volatils.

Le perchlorure de phosphore légèrement chauffé attaque le molybdène en fournissant un chlorure volatil qui s'altère facilement en présence de l'humidité de l'air, en prenant une belle coloration bleue.

Cette réaction se produit avec la plupart des composés du molybdène : métal, oxydes, sulfure, acide molybdique et molybdates ; elle peut servir à déceler rapidement le molybdène métallique et ses composés.

Elle se fait de la façon suivante : Dans un tube à essai, l'on place un fragment de la substance à essayer, on l'additionne d'un peu de perchlorure de phosphore et l'on chauffe lentement. Il se forme des fumées rougeâtres de chlorure et d'oxychlorure de molybdène, qui se condensent en un anneau brun plus ou moins foncé. Lorsque la quantité de molybdène est très faible, l'anneau peut être à peine visible. Il suffira de l'abandonner quelques minutes à l'humidité pour le voir prendre une teinte bleue intense due à la formation du chlorure hydraté.

L'action des hydracides sur le molybdène pur est à peu près comparable à celle qu'ils exercent sur la fonte de molybdène. Ces expériences ont été décrites, d'ailleurs, par différents observateurs : Bucholz, Berzélius, Debray. Nous rappellerons seulement que si l'acide fluorhydrique n'attaque pas le molybdène, il suffit d'ajouter une goutte d'acide nitrique pour que l'attaque commence et se continue ensuite avec énergie. En présence d'un mélange à parties égales des deux acides, la dissolution est complète ; il reste un liquide teinté de rose qui ne donne, avec le ferrocyanure, qu'une coloration rouge brun intense, mais pas de précipité. La masse, quelques heures après, se prend en gelée.

Dans un courant d'azote, à la température de 1200°, le molybdène, en fragments ou en poudre, ne donne pas d'azoture.

Le phosphore, chauffé au point de fusion du verre, ne s'y combine pas.

Le bore s'unit au molybdène, à la température du four électrique, en donnant un culot fondu de couleur gris fer, renfermant des géodes tapissées d'aiguilles prismatiques.

Dans les mêmes conditions, le silicium fournit un siliciure cristallisé, infusible au chalumeau oxhydrique.

L'action du carbone mérite de nous arrêter quelque instants. Nous avons indiqué plus haut quelle était l'action de ce carbone sur le molybdène liquide, nous n'y reviendrons pas.

Le molybdène pur, tel qu'il a été décrit précédemment, est un métal assez tendre, qui se lime très bien et qui ne raye même pas le verre. Si l'on vient à chauffer un fragment de molybdène, pendant plusieurs heures, à une température voisine de 1500°, au milieu d'une masse de charbon en poudre, il se cémente, prend une petite quantité de carbone, et sa dureté augmente.

Le molybdène pur, chauffé dans un courant d'oxygène, ne trouble pas l'eau de baryte. Lorsque ce métal a été cémenté, il donne au rouge, dans un courant de gaz oxygène, un dépôt blanc de carbonate de baryum.

Il peut alors rayer le verre. En le chauffant vers 300° et en le plongeant brusquement dans l'eau froide, il se trempe, devient cassant et prend une dureté telle qu'il raye le cristal de roche.

Inversement, si nous prenons de la fonte de molybdène à 4 p. 100 de carbone, fonte très dure et cassante, et que nous en chauffions un fragment, pendant plusieurs heures, dans une brasque de bioxyde de molybdène, cette fonte s'affine et sa surface peut dès lors être limée et polie.

J'attribue cette décarburation de la fonte solide, à une température très éloignée de son point de fusion, à la facile diffusion des vapeurs d'acide molybdique au travers du métal.

J'estime que ces propriétés pourront trouver quelques applications dans la métallurgie.

Lorsque, dans un métal saturé d'oxygène, tel que celui qui s'obtient dans la première période du convertisseur Bessemer, on veut enlever cet oxygène, on ajoute du manganèse qui s'oxyde plus facilement que le fer, puis passe dans la scorie (Troost et Hautefeuille). On a proposé aussi d'employer l'aluminium qui a donné de bons résultats parce qu'il est très combustible, c'est-à-dire parce qu'il fixe l'oxygène ; mais ce métal a l'inconvénient de produire de l'alumine solide. Je pense que le molybdène pourrait être utilisé dans les mêmes conditions, il aurait l'avantage :

1° De fournir un oxyde volatil, l'acide molybdique, qui se

dégagerait immédiatement à l'état gazeux, en brassant toute la masse ;

2° Employé en léger excès, il laisserait dans le bain un métal aussi malléable que le fer, et pouvant se tremper comme lui.

La poudre de molybdène, que l'on a cherché à utiliser jusqu'ici dans l'industrie, ne peut rendre les mêmes services, parce qu'elle brûle rapidement sur le bain, au contact de l'air, avant d'avoir produit aucune action utile.

Analyse du molybdène pur.

	11.	12.	13.	14.
Molybdène	99,98	99,37	99,89	99,78
Carbone	0,00	0,01	0,00	0,00
Scories	0,13	0,28	0,08	0,17

CONCLUSIONS. — Le molybdène peut être obtenu pur et fondu, au four électrique. Ce métal, à l'état de pureté, a une densité de 9,01. Il est aussi malléable que le fer ; à froid il peut se limer, et à chaud, se forger. Chauffé dans une brasque de charbon, il se cémente et, par la trempe, fournit un acier beaucoup plus dur que le molybdène pur. Inversement, la fonte de molybdène, chauffée dans une masse d'oxyde, perd son carbone, s'affine et prend les propriétés du molybdène.

En présence d'un excès de charbon, le molybdène fournit, au four électrique, un carbure défini, cristallisé et stable, de formule CMo^2.

D. — **Tungstène**.

Nous avons indiqué, le 29 mai 1893 (1), qu'il était facile de préparer au four électrique en grande quantité la fonte de tungs-

(1) H. MOISSAN. Préparation, au four électrique, de quelques métaux réfractaires : tungstène, molybdène, vanadium. *Comptes rendus*, t. CVI, p. 1225 ; 29 mai 1893.

tène, et que l'on pouvait affiner ensuite cette fonte en refondant le métal en présence d'un excès d'acide tungstique.

Préparation de la fonte de tungstène. — Le mélange d'acide tungstique et de charbon est placé dans le creuset de mon four électrique et, en dix minutes environ, avec un courant de 350 ampères et 70 volts, on obtient un culot métallique d'environ 120^{gr}. Le métal brillant, très dur, ainsi préparé, possède une couleur blanche et un grain très fin s'il n'y a pas excès de carbone. Au contraire, les échantillons 3 et 4 présentent un aspect micacé et renferment des lamelles de graphite. Quatre échantillons nous ont donné :

	1.	2.	3.	4.
Carbone total	0,64	2,74	4,56	6,33

Préparation du métal pur. — On peut obtenir le tungstène à l'état de pureté en chauffant directement, au four électrique, un mélange d'acide tungstique et de charbon de sucre. Les proportions employées sont les suivantes : acide tungstique pur, 800^{gr}; charbon de sucre pulvérisé, 80^{gr}. Ce mélange renferme un excès d'acide tungstique.

Le tungstène étant un métal difficilement fusible, on doit chauffer pendant dix minutes avec un courant de 900 ampères et 50 volts. On obtient un culot présentant des parties superficielles bien fondues, mais dont la partie intérieure est poreuse et ne touche au creuset de charbon que par quelques points. En évitant, dans ces conditions, la fusion complète du métal, le carbone du creuset n'intervient pas et l'excès d'acide tungstique est volatilisé.

Propriétés physiques. — Le tungstène, préparé au four électrique comme nous venons de l'indiquer, peut être absolument exempt de carbone. M. Deslandres, qui a bien voulu l'examiner au spectroscope, a reconnu que ce métal était d'une grande pureté (1).

Lorsqu'il est à l'état poreux, il présente, comme le fer, la propriété de se souder à lui-même, par le martelage, bien avant son point de fusion. Il peut se limer avec facilité et, lorsqu'il est exempt de carbone, il ne raye pas le verre.

On a chauffé un morceau de ce tungstène malléable, dans une brasque de charbon de bois à la température de la forge, pendant une heure et demie. Le creuset contenant le métal était entouré d'une brasque titanifère pour éviter l'action de l'azote. Après refroidissement, la partie extérieure du fragment métallique renfermait du carbone, et sa dureté était assez grande pour rayer le rubis. Le tungstène pur se cémente donc avec facilité et cela nous explique les différents résultats obtenus jusqu'ici lorsque l'on a essayé de fondre ce métal.

On sait que M. Riche a pu fondre le tungstène en le carburant, dans un arc fourni par 200 éléments Bunsen (2). De même, Siemens et Hutington (3) ont fondu, en très petite quantité, la fonte de tungstène à 1,8 pour 100 de carbone dans leur four électrique. Le tungstène pur est plus infusible que le chrome et le molybdène.

La densité du tungstène pur a été trouvée de 18,7.

Ce métal n'exerce pas d'action sur l'aiguille aimantée.

Propriétés chimiques. — Le fluor attaque le tungstène à la température ordinaire avec incandescence et fournit un fluorure volatil. L'action des hydracides a été étudiée avec détails par

---

(1) Ce tungstène n'a fourni au spectroscope que quelques raies très faibles du calcium.

(2) RICHE. Recherches sur le tungstène et ses composés. *Ann. de Chim. et de Phys.*, 3ᵉ série, t. L, p. 5 ; 1857.

(3) SIEMENS et HUTINGTON. Sur le fourneau électrique. *Association britannique.* Southampton, 1883, et *Ann. de Chim. et de Phys.*, 5ᵉ série, t. XXX, p. 465 ; 1883.

M. Riche et reprise en 1872 par M. Roscoë (1) ; nous n'avons pas à nous y arrêter.

L'azote et le phosphore au rouge ne se combinent pas au tungstène.

Chauffé au four électrique avec le silicium et le bore, le tungstène donne des combinaisons d'aspect métallique d'apparence cristalline et qui rayent le rubis avec facilité. A la température de 1200°, l'acide carbonique est réduit par le tungstène, avec formation d'oxyde bleu et sans dépôt de charbon.

Le tungstène fondu ne s'oxyde pas sensiblement à l'air humide, mais il est attaqué à la longue par l'eau chargée d'acide carbonique. L'acide sulfurique et l'acide chlorhydrique ne l'attaquent que très difficilement ; il en est de même de l'acide fluorhydrique, tandis qu'un mélange d'acide fluorhydrique et d'acide azotique le dissout avec rapidité.

Quelques oxydants, tels que le bioxyde de plomb, le chlorate de potassium en fusion, attaquent le métal pulvérisé, avec incandescence.

Le carbonate de sodium fondu le dissout lentement, mais le mélange de carbonate et de nitrate produit une transformation assez rapide.

Analyse. — Le métal a été attaqué par le mélange d'azotate et de carbonate alcalin et le tungstène a été séparé sous forme de tungstate mercureux.

On a obtenu ainsi, pour les échantillons qui se limaient avec facilité et qui n'attaquaient pas le verre :

	1.	2.	3.
Tungstène..............	99,76	99,82	99,87
Carbone	00,0	0,00	0,00
Scories	0,18	0,09	»

(1) ROSCOË. *Manchester Lit. Phil. Soc. Proc.,* t. XI, p. 79 ; 1872.

Carbure de tungstène. — Lorsque, dans la préparation du tungstène, on prolonge la chauffe, le métal fond complètement, mouille le creuset de charbon et se carbure aussitôt en donnant une fonte. Nous avons indiqué précédemment quelles étaient les teneurs en carbone de ces métaux.

En présence d'un excès de charbon, le tungstène fournit un carbure défini de formule CTu^2. Ce carbure est d'un gris de fer, très dur, rayant très profondément le corindon. Sa densité à $+ 18°$ est de 16,06. Il fournit à peu près les mêmes réactions que le métal, bien que plus facilement attaquable que ce dernier. Il prend feu dans le fluor à froid, il brûle vers 500° dans l'oxygène en produisant de l'acide tungstique et de l'acide carbonique et, à l'état liquide, il dissout avec facilité du carbone, qu'il abandonne ensuite par refroidissement, sous forme de graphite.

Les acides ne l'attaquent que très lentement, de même que le métal, sauf cependant l'acide nitrique qui, à l'ébullition, le dissout avec facilité.

Le chlorate de potassium fondu, ou le mélange de carbonate et de nitrate, l'oxydent en produisant une vive incandescence.

Au rouge, il brûle aussi dans le protoxyde et dans le bioxyde d'azote.

Analyse.— Le carbone total a été dosé par le chlore, et le graphite, séparé du carbone amorphe par l'acide nitrique fumant, a été pesé sur un filtre taré. Enfin, le tungstène a été séparé sous forme de tungstate mercureux.

	1.	2.	3.	THÉORIE pour $C\,Tu^2$.
Carbone combiné....	3,22	3.05	3,09	3,16
Tungstène.........	96,60	96,78	96,95	96,84

CONCLUSIONS. — Le tungstène se prépare facilement au four électrique par réduction de l'acide tungstique par le charbon. Si l'on n'atteint pas le point de fusion du métal, ce dernier peut être obtenu dans un grand état de pureté.

En opérant en présence d'un excès de carbone ou en fondant le métal dans le creuset de charbon, on obtient un carbure défini de formule CTu^2 qui dissout du carbone et ce dernier corps est abandonné ensuite sous forme de graphite.

Le tungstène pur peut se limer et se forger ; il se cémente avec facilité, n'agit pas sur l'aiguille aimantée et son point de fusion est supérieur à ceux du chrome et du molybdène.

E. — Uranium.

L'uranium métallique a été obtenu, pour la première fois, par Péligot (1), en réduisant le chlorure d'uranium par le potassium dans un creuset de platine.

Dans cette préparation, on recueille une poudre grise au milieu de laquelle se rencontrent quelques petits globules métalliques.

Différents auteurs ont légèrement modifié cette réaction, et, en 1886, Zimmermann (2) a repris l'étude des propriétés de l'uranium en obtenant le métal par réduction du chlorure d'uranium par le sodium.

Les globules métalliques, isolés dans cette préparation, étaient en petit nombre. Leur fusion était due à la chaleur intense développée par l'action du métal alcalin sur le chlorure.

Nous avons répété toutes ces expériences. Lorsque l'on opère dans un creuset de platine, l'uranium est toujours souillé par ce métal. Dans la préparation de Zimmermann, l'uranium

(1) PÉLIGOT. Recherches sur l'uranium. *Annales de Ch. et de Ph.*, 3ᵉ sér., t. V, p. 5 ; 1842.
(2) ZIMMERMANN. *Liebig's Ann. Chem.*, t. CCXIII, p. 290, et CCXVI, p. 1.

renferme environ 2 pour 100 de fer et une petite quantité de sodium.

De plus, quelle que soit la méthode employée, tous ces uraniums en poudre renferment de l'azote et souvent de l'oxygène.

Ainsi que nous le démontrerons plus loin, l'uranium métallique possède une affinité très grande et qui n'était pas connue jusqu'ici, pour le gaz azote.

Nous avons pensé que cette action des métaux alcalins pouvait être reprise dans de meilleures conditions, au moyen d'un composé double de sodium et d'uranium.

Préparation du chlorure d'uranium et de sodium, UCl^4 $2\ NaCl$. — Lorsque l'on fait arriver au rouge sombre un courant de vapeurs de chlorure d'uranium sur du chlorure de sodium, on obtient un chlorure double, qui, par refroidissement, se prend en une masse cristalline, de couleur vert pomme, fondant vers $390°$, soluble dans l'eau froide et dissociable par l'alcool.

Cette préparation se fait avec facilité, dans un tube de verre de Bohême, en produisant à une extrémité le chlorure d'uranium par l'action du chlore sur le carbure d'uranium, et en faisant arriver ce chlorure sur des fragments de chlorure de sodium chauffés au rouge sombre, placés à l'autre extrémité. Le chlorure alcalin solide commence par se colorer en arrêtant toute la vapeur de chlorure d'uranium, puis la masse fond rapidement.

On sait que le chlorure d'uranium UCl^4 est un corps avide d'eau, fumant à l'air et difficilement maniable. Au contraire, le chlorure double cristallisé est beaucoup moins hygrométrique et altérable. Fondu, il fournit un liquide très stable, n'émettant pas sensiblement de vapeurs.

Réduction de ce chlorure double par les métaux alcalins. — La réduction a été produite dans un cylindre de fer épais, fermé par un bouchon à vis. On a disposé par couches alternatives 300^{gr} de chlorure double et 100^{gr} de sodium fraîchement coupé.

L'appareil étant fermé, on le porte dans un feu de bois très vif, où il est chauffé ving-cinq minutes. La chaleur dégagée par la réaction est assez intense pour porter le bloc au rouge blanc en quelques instants. Après refroidissement, le cylindre a été ouvert, et la matière pulvérulente qu'il contenait a d'abord été traitée par l'alcool à 96°, pour enlever l'excès de sodium, puis lavée rapidement à l'eau bouillie froide, enfin épuisée par l'alcool et ensuite par l'éther.

Préparation de l'uranium au four électrique. — Aux températures les plus élevées de nos fourneaux ordinaires, les différents oxydes d'uranium sont irréductibles par le charbon. Il n'en est plus de même, aux hautes températures dont on peut disposer dans le four électrique.

Pour obtenir ce métal, on calcine, dans une capsule de porcelaine, l'azotate d'uranium que l'on peut préparer dans un grand état de pureté (1). Il reste un oxyde vert répondant sensiblement à la formule U^3O^8. On additionne cet oxyde, de charbon de sucre et le tout est fortement comprimé dans un creuset de charbon. En soumettant alors ce mélange dans le four électrique, à l'action de l'arc, produit par un courant de 450 ampères et 60 volts, la réduction se fait en quelques instants. Après refroidissement, on retire, du creuset, un lingot métallique à cassure brillante.

Le rendement en uranium de cette préparation est assez grand. Une expérience de douze minutes fournit un culot de 200 à 220^{gr}. On obtient ainsi une véritable fonte, dont la teneur en carbone varie avec la prédominance soit de l'oxyde, soit du charbon dans le mélange.

(1) Voir plus loin la préparation du carbure d'uranium.

L'analyse qualitative de ces premiers échantillons nous a démontré que nous n'avions que de l'uranium, du carbone et une petite quantité d'azote. Différents dosages nous ont donné les chiffres ci-dessous :

	1.	2.	3.	4.	5.
Uranium.......	86,25	89,46	89,10	95,70	97,60
Carbone........	13,50	11,03	10,24	5,02	2,06

Dans une nouvelle série d'expériences, nous avons opéré avec le mélange suivant :

Oxyde d'uranium............................. 500^{gr}
Charbon de sucre............................. 40^{gr}

On place, dans un creuset de charbon, environ 500^{gr} de ce mélange et l'on chauffe dans notre four électrique sept à huit minutes avec un courant de 800 ampères et 45 volts. On obtient un lingot fondu de 350^{gr}. Le métal, préparé dans ces conditions, si la chauffe a été bien conduite, ne renferme que très peu de carbone et même n'en contient plus du tout. Par contre, on peut y rencontrer une petite quantité d'oxyde qui fournit alors un métal brûlé, dont les propriétés physiques sont notablement modifiées. Si la durée de la chauffe est trop longue, le métal se carbure avec facilité et l'on obtient une fonte, puis le carbure cristallisé $C^3 Ur^2$.

Pour éviter l'action de l'azote, il est mieux de faire ces expériences dans un tube de charbon fermé à une extrémité en prenant le dispositif que j'ai indiqué précédemment.

Affinage de la fonte d'uranium à la forge. — Lorsque l'on a préparé un uranium contenant de 0,1 à 0,5 de carbone par le procédé précédent, on peut affiner la surface extérieure des fragments, en les chauffant à la forge pendant plusieurs heures, dans une brasque d'oxyde vert d'uranium.

Pour réaliser cette expérience, il faut avoir soin de disposer le creuset qui contient l'oxyde d'uranium et le métal, au milieu d'un autre creuset rempli d'une brasque titanifère, finement pulvérisée. L'oubli de cette précaution produirait un métal de couleur jaune recouvert d'azoture.

Préparation de l'uranium métallique par électrolyse. — Le chlorure double d'uranium et de sodium que nous avons décrit précédemment s'électrolyse avec la plus grande facilité. Il fournit au pôle négatif une éponge d'uranium renfermant souvent de petits cristaux de ce métal. Il suffit, pour avoir une marche régulière, d'une différence de potentiel aux bornes de 8 à 10 volts. Nous avons utilisé généralement un courant d'une intensité de 50 ampères. Le bain est maintenu en fusion par l'action calorifique du courant lui-même.

L'électrolyse était faite au moyen d'électrodes en charbon pur et le chlorure était placé dans un vase cylindrique en porcelaine. Ce vase était clos au moyen d'une plaque de porcelaine rodée, qui donnait passage aux deux électrodes et à un tube de verre recourbé à angle droit. Ce dernier permettait d'amener un courant d'hydrogène bien sec et bien privé d'azote au-dessus du sel fondu.

Après complet refroidissement, le contenu du creuset est repris par l'eau glacée ; on le lave ensuite rapidement à l'alcool, car l'uranium très divisé décompose l'eau à la température ordinaire.

Cet uranium est cristallisé ; certaines parties voisines de l'électrode se présentent même en cristaux assez nets, pouvant atteindre 1^{mm} de côté.

Lorsque l'on emploie une électrode de fer, on peut obtenir par ce procédé des alliages d'uranium et de fer d'un blanc d'argent qui peuvent se limer avec facilité et qui possèdent un grain très fin.

Propriétés physiques. — Lorsque l'uranium est bien pur, sa couleur est absolument blanche, moins bleutée que celle du fer, dont il peut prendre le poli. Si ce métal est coloré en jaune on peut toujours y déceler la présence de l'azote.

L'uranium pur se lime avec facilité ; il ne raye pas le verre ; il peut se carburer alors légèrement lorsqu'on le chauffe dans une brasque de charbon et prendre la trempe.

Il n'est pas magnétique, lorsqu'il est bien exempt de fer ; nous avons déjà appelé l'attention sur ce point. On peut distiller l'uranium au four électrique et obtenir par condensation de la vapeur, de petites sphères métalliques exemptes de carbone, et n'agissant pas sur l'aiguille aimantée.

Propriétés chimiques. — L'uranium en poudre fine préparé par électrolyse, prend feu dans le fluor, y brûle avec éclat et produit un fluorure volatil de couleur verte. Le chlore l'attaque à la température de 180° ; le brome à 210°, l'un et l'autre avec incandescence. La même réaction se produit dans la vapeur d'iode vers 260° avec formation d'un iodure d'uranium. Toutes ces réactions sont complètes.

Le métal obtenu par Zimmermann n'était pas attaqué par la vapeur d'iode et il fournissait, dans un courant de chlore, une réaction limitée, laissant dans la nacelle un abondant résidu.

Le gaz acide chlorhydrique attaque l'uranium avec incandescence au rouge sombre, en donnant un chlorure stable qui, avec l'eau, produit une solution verte. L'acide iodhydrique l'attaque vers le rouge.

L'uranium en poudre fine brûle dans l'oxygène pur, dès la température de 170°, en produisant un oxyde vert très foncé.

Lorsque l'on projette la fonte d'uranium sur la porcelaine, ou lorsqu'on agite ses fragments dans un flacon de verre, elle fournit de brillantes étincelles par suite de la combustion d'une petite quantité de métal. Il se produit, dans ce cas, mais avec un éclat beaucoup plus grand, un phénomène analogue à la combustion des parcelles de fer qui prennent feu par simple frottement dans l'air. On pourrait employer, avec facilité, cette fonte d'uranium pour fabriquer des briquets ou des amorces, cependant, lorsqu'elle donne de belles étincelles, elle est très carburée et dès lors assez friable. Je crois qu'il vaudrait mieux substituer à cette fonte, un alliage de fer et d'uranium renfermant une petite quantité de carbone.

L'uranium réagit sur le soufre vers 500° en fournissant un sulfure noir qui s'attaque lentement par l'acide chlorhydrique et donne de l'hydrogène sulfuré. Il se combine au sélénium avec incandescence.

Ainsi que nous l'avons fait remarquer précédemment, l'uranium s'unit à l'azote avec la plus grande facilité. Des fragments de métal, chauffés dans un courant d'azote à 1000°, se recouvrent d'une couche jaune d'azoture.

L'uranium en poudre réagit sur le gaz ammoniac au-dessus du rouge sombre, sans incandescence, en produisant un dégagement de gaz hydrogène et en laissant une poudre noire cristalline dont nous poursuivons l'étude.

L'uranium pur en poudre très ténue décompose l'eau lentement à la température ordinaire et plus rapidement à 100°. Cette propriété le rapproche bien du fer. MM. Troost et Hautefeuille ont démontré que le fer réduit décomposait l'eau à sa température d'ébullition.

L'uranium fondu se recouvre d'une couche d'oxyde au contact de l'eau, et l'attaque est notablement accélérée par la présence de l'acide carbonique.

Analyse. — Dans toutes ces recherches, l'uranium a été séparé et dosé sous forme d'oxyde $U^3 O^8$ et le carbone pesé à l'état d'acide carbonique.

Le chlorure double d'uranium et de sodium nous a fourni à l'analyse les chiffres suivants :

	1.	2.	3.	THÉORIE
Uranium.............	47,9	47,7	48,20	48,08
Sodium.............	»	»	10,10	9,21
Chlore......	42.3	42,4	42,01	42,68

L'uranium métallique, préparé par le sodium, nous a donné :

	1.	2.
Uranium.......................	99,40	99,28

Les échantillons renfermaient toujours des traces de métal alcalin.
Le métal préparé au four électrique contenait :

	1.	2.	3.	4.
Uranium..	99,121	99,106	98,021	99,520
Carbone....	0,168	0,601	1,356	0,005
Scories...........	0,187	0,204	0,303	0,421

Enfin l'uranium préparé par électrolyse.

	1.	2.
Uranium.......................	99,27	99,48
Insoluble dans l'acide azotique......	0,52	0.27

Conclusions. — En résumé, le métal uranium peut s'obtenir avec facilité, soit en décomposant par le sodium le chlorure double d'uranium et de sodium, soit par l'électrolyse de ce même composé, ou mieux par la réduction au four électrique de l'oxyde d'uranium par le charbon. Ces trois méthodes fournissent de bons rendements, et nous avons eu l'occasion, pour ces recherches, de préparer plus de 15^{kg} d'uranium métallique.

L'uranium peut être obtenu cristallisé ; le métal pur a des propriétés qui le rapprochent beaucoup du fer ; il se lime, se carbure, se trempe et s'oxyde comme lui. Sa facilité de combinaison, avec l'oxygène, est plus grande que celle du fer ; en poudre fine, il décompose l'eau lentement à froid. De même l'action qu'il exerce sur les hydracides est plus énergique.

Il possède une affinité puissante pour l'azote, et si, dans sa préparation, l'on ne prend pas de grandes précautions, pour éviter l'action de ce métalloïde, il en renferme toujours une certaine quantité.

Ce métal, bien exempt de fer, n'exerce pas d'action sur l'aiguille aimantée et il est notablement plus volatil que le fer au four électrique.

F. — **Vanadium** (1).

Les importantes recherches de M. Roscoë ont démontré combien la préparation de ce corps simple était difficile. Ce savant a établi en effet, que, par réduction de l'acide vanadique par le charbon, on n'avait jamais obtenu qu'un siliciure à peine fusible à la température du fourneau à vent. Enfin M. Roscoë a pu surmonter les nombreuses difficultés que présentait cette préparation, et, en réduisant le bichlorure de vanadium par l'hydrogène pur et sec, il a obtenu le vanadium métallique. Ce savant fait remarquer toutefois que le métal en poudre ainsi obtenu, contient encore une très faible portion d'oxygène et 1,8 p. 100 d'hydrogène.

La préparation de la fonte de vanadium est une de celles qui nous ont présenté le plus de difficultés au four électrique. Nous sommes parti du métavanadate d'ammoniaque pur qui, par calcination, nous a fourni un oxyde vanadique d'un brun jaune assez facilement fusible. Cet oxyde était ensuite mélangé de charbon

(1) *Comptes rendus*, t. CXVI, p. 1225, 29 mai 1893, et t. CXXII, p. 1297, 8 juin 1896.

de sucre, et, lorsqu'on le plaçait à quelques centimètres de l'arc produit par un courant de 350 ampères et 70 volts, la réduction ne se produisait pas. Il a fallu faire jaillir l'arc au contact de cette poudre et faire durer la chauffe jusqu'à 20 minutes pour obtenir, seulement à la surface du mélange, de petits granules métalliques de la dimension d'une lentille.

Nous avons dû opérer alors avec des tensions beaucoup plus fortes. En employant un arc fourni par une machine de 150 chevaux, mesurant 1000 ampères et 70 volts, nous avons pu obtenir la réduction complète de l'oxyde et la fusion du carbure en quelques instants.

Voici la teneur en carbone total des fontes renfermant du graphite préparées dans ces conditions.

	1.	2.	3.
Carbone	25,47	25,68	17,56

Grâce à l'obligeance de M. Heeren, qui a bien voulu mettre à notre disposition une notable quantité de cendres provenant d'une houille vanadifère (1), j'ai pu continuer et étendre ces recherches.

Traitement des cendres vanadifères. — Les cendres mélangées de fragments de houille, qui m'ont été remises, renfermaient

(1) M. MOURLOT a donné précédemment, pour l'analyse de cette houille, les chiffres suivants. *Comptes rendus*, t. CXVII, p. 546.

Partie soluble dans les acides :		*Partie insoluble dans les acides :*	
A. vanadique	38,5	Silice	13,6
A. sulfurique	12,1	Alumine	5,5
A. phosphorique	0,8	Sesquioxyde de fer	9,4
Sesquioxyde de fer	4,1	Magnésie	0,9
Alumine	4,		29,4
Chaux	8,14		
Oxyde de potassium	1,8		
	69,74		

8 à 10 p. 100 d'acide vanadique. Elles ont été grillées au moufle de façon à détruire toutes les parties charbonneuses. Leur teneur s'est élevée à 38 p. 100 d'acide vanadique.

500^{gr} de cendres sont placés dans un matras de deux litres, sur un bain de sable et attaqués par l'acide nitrique, auquel on ajoute de loin en loin une petite quantité d'acide chlorhydrique. On reprend ensuite par l'eau et on lave le résidu insoluble. Après filtration sur une toile, tous les liquides sont réunis, puis évaporés à sec ; le résidu est repris par l'ammoniaque au dixième et il fournit une première solution de vanadate ammoniacal, que l'on concentre, puis que l'on précipite par l'acide nitrique pour obtenir de l'acide vanadique brut.

Le résidu insoluble est épuisé par l'ammoniaque au dixième ; il fournit une nouvelle quantité de vanadate que l'on traite de même par l'acide azotique.

L'acide brut, ainsi obtenu, a été purifié par la méthode de M. L'Hôte (1). Le vanadium est transformé en chlorure de vanadyle, et ce dernier est décomposé par l'eau.

Le chlorure de vanadyle a été obtenu à 250°, et la rectification a été faite par fraction de 150^{gr} au moyen d'un appareil à boules. Le chlorure de vanadyle distillait à + 126°,5, chiffre indiqué par M. L'Hôte.

En le décomposant par l'eau, on obtient l'acide vanadique pur, qui est ensuite séché avec soin.

Préparation de la fonte de vanadium. — L'anhydride vanadique a été mélangé avec du charbon de sucre finement pulvérisé dans les proportions suivantes :

Anhydride vanadique.......................... 182 gr.
Charbon de sucre............................. 60 —

(1) L'Hôte. *Annales de Chimie et de Physique*, 6ᵉ série, t. XXII, p. 407, 1891.

3oo gr. de ce mélange ont été chauffés au four électrique avec un courant de 9oo ampères et 5o volts. La durée de l'expérience est de 5 minutes. On a obtenu ainsi un vanadium très carburé qui, à l'analyse, nous a donné les chiffres suivants :

	1.	2.	3.	5.	4.
Carbone................	10,5	13,8	11,6	16,2	15,9

Dans une autre série d'essais, nous avons employé : anhydride vanadique, 100 ; charbon, 20, et nous avons obtenu des fontes qui contenaient :

Carbone, pour cent : 9,9 ; 9,2 ; 9,83.

Tous ces essais ont été faits dans des tubes en charbon. Il faut, dans cette préparation, employer un courant intense et de très courte durée, parce que l'anhydride fond avec facilité et mouille complètement le charbon du tube. Dans ce cas la carburation est très rapide.

Lorsque nous avons essayé d'affiner la fonte du vanadium, tous nos essais ont été infructueux, à cause de cette facile liquéfaction de l'acide vanadique. Les belles recherches de M. Roscoë ont démontré d'ailleurs que la préparation du vanadium est une des plus difficiles de la chimie minérale.

L'affinité puissante du vanadium pour l'azote vient encore augmenter ces difficultés. Il est utile d'atteindre de suite une température très élevée pour arriver à la destruction de l'azoture.

En chauffant pendant deux minutes seulement de l'acide vanadique pur dans un tube de charbon avec un courant de 1000 ampères et 6o volts, et en ayant soin de faire arriver constamment de l'hydrogène dans le tube de charbon, nous avons pu obtenir une fonte de vanadium qui ne renfermait plus que 5,3 à 4,4 de carbone.

Un autre échantillon, chauffé trois minutes, nous a donné 7,42 de carbone.

Propriétés de la fonte de vanadium. — La fonte de vanadium à 5 p. 100 de carbone a une couleur blanche, une cassure brillante, métallique, inoxydable à l'air et une densité de 5,8 à + 20°.

M. Roscoë a trouvé 5,5 pour le vanadium, renfermant des traces d'oxygène et 1,3 p. 100 d'hydrogène.

Cette fonte brûle avec incandescence au rouge dans l'oxygène. Le chlore l'attaque au rouge sombre sans incandescence. L'azote s'y combine avec facilité; et, d'une façon générale, cette fonte est attaquée plus facilement par les acides que le carbure défini dont nous parlerons plus loin. L'acide chlorhydrique ne l'attaque ni à froid ni à chaud, tandis que l'acide sulfurique concentré et bouillant l'attaque très lentement. Ses autres propriétés sont comparables à celles du vanadium de M. Roscoë. Nous ne nous y arrêterons pas.

Préparation du carbure de vanadium. — Lorsque l'on chauffe au four électrique l'anhydride vanadique, mélangé de charbon de sucre dans un tube de charbon, pendant neuf ou dix minutes (900 ampères et 50 volts), on obtient un culot métallique formé par un carbure défini de vanadium qui a abandonné une petite quantité de graphite au moment de sa solidification (1).

Propriétés du carbure de vanadium. — Ce carbure de vanadium CVa est volatil, lorsqu'il est fortement chauffé au four électrique. Son point de fusion est un peu supérieur à celui du

____

(1) Dans une expérience faite au creuset, un fragment de chaux provenant de la voûte du four étant tombé dans le creuset, il s'est formé un mélange de carbure de vanadium et de carbure de calcium. Ce dernier s'est délité à l'air et a fourni du carbure de vanadium en cristaux isolés et très nets. L'excès de chaux a été enlevé par l'acide acétique et le mélange séché a été traité par l'iodure de méthylène, qui a permis d'enlever, par différence de densité, quelques cristaux de graphite.

molybdène. A l'état liquide, il a l'apparence métallique. Sa densité est de 5,36, il raye le quartz avec facilité. Il se présente en beaux cristaux bien nets.

Le chlore l'attaque avec incandescence au-dessus de 500° en fournissant un chlorure liquide facilement volatil. Il brûle dans l'oxygène au rouge sombre avec une vive incandescence. Il ne se combine pas au soufre au point de fusion du verre. L'azote et l'ammoniaque l'attaquent au rouge avec formation d'azoture. Il ne réagit pas, au rouge sombre, sur l'acide chlorhydrique gazeux, la vapeur d'eau et l'hydrogène sulfuré.

Les acides chlorhydrique et sulfurique ne l'attaquent pas, tandis qu'il réagit sur l'acide azotique à froid.

Les oxydants, nitrate et chlorate de potassium en fusion, le décomposent au rouge sombre. Avec le chlorate il se produit une vive incandescence.

Analyse. — Le carbure de vanadium nous a donné à l'analyse les chiffres suivants :

	1.	2.	THÉORIE pour CVa.
Carbone	18,39	18,42	18,98
Vanadium	81,26	80,79	81,01

Alliages de vanadium. — Le vanadium, malgré son point de fusion élevé, donne avec facilité des alliages. Nous en avons étudié quelques-uns.

Lorsque l'on chauffe au four électrique pendant trois minutes un mélange d'oxyde de fer, d'anhydride vanadique et de charbon de sucre, de façon à préparer un alliage de 20 p. 100 de vanadium (900 ampères et 50 volts), on obtient un culot homogène d'un blanc gris à cassure cristalline. Cette fonte est aigre, mais peut encore se limer, elle contient :

Fer.................................... 72,96
Vanadium.............................. 18,16
Carbone............................... 8,35

Un mélange d'anhydride vanadique, d'oxyde de cuivre et de charbon, mélange calculé pour obtenir un alliage à 5 p. 100 de vanadium, nous a fourni au four électrique dans les mêmes conditions, un culot bien fondu de couleur bronze, très malléable, se limant avec facilité et plus dur que le cuivre. Il renfermait : cuivre 96,52 ; vanadium 3,38.

On peut préparer un alliage d'aluminium et de vanadium en maintenant, au fond d'un creuset de terre, de l'aluminium fondu et en projetant à sa surface un mélange d'acide vanadique et de limaille d'aluminium. Ce dernier métal agit comme réducteur ; il se produit une vive incandescence, et, en agitant toute la masse, on obtient un alliage aluminium-vanadium très malléable, de peu de dureté, et qui se lime en empâtant l'outil. Cet alliage renfermait 2,5 pour cent de vanadium.

Dans une autre expérience, nous avons chauffé au four électrique, un mélange d'argent réduit avec les quantités d'anhydride vanadique et de charbon déterminées pour l'alliage, à 10 p. 100. Durée de la chauffe, trois minutes (900 ampères et 50 volts). On a obtenu ainsi un lingot métallique formé de deux parties superposées : d'une part le vanadium sans trace d'argent, et en-dessous, l'argent avec sa belle couleur blanche ne donnant après dissolution aucune réaction de vanadium.

Ces deux corps sont donc sans action l'un sur l'autre.

Conclusions. — En réduisant l'acide vanadique par le charbon au four électrique, on peut obtenir, en abondance et avec facilité, une fonte de vanadium titrant 4 à 5 pour 100 de carbone. Si la chauffe est plus longue, on obtient toujours un nouveau carbure, défini et cristallisé, de formule CVa. Ce composé n'agit pas sur l'eau à la température ordinaire et est plus stable en présence des acides que la fonte de vanadium.

Le vanadium peut s'unir à la température du four électrique, au fer, au cuivre à l'aluminium, tandis qu'il ne forme pas d'alliage avec l'argent.

Par l'ensemble de ses propriétés, le vanadium est plus voisin des métalloïdes que des métaux ; son carbure se rapproche des carbures de titane et de zirconium, qui ont même formule.

G. — Zirconium.

La zircone en fusion est réduite facilement par le charbon au four électrique. Si l'on place une notable quantité de zircone dans un creuset de charbon, après l'action de l'arc on retrouve en dessous de la zircone fondue, un culot métallique de zirconium ne contenant ni carbone ni azote, mais renfermant des quantités variables d'oxyde.

Au contraire, en mélangeant la zircone avec un exès de charbon, on obtient un corps d'aspect métallique, à cassure brillante, ne renfermant pas d'azote, et qui, à l'analyse, nous a donné les chiffres suivants :

	1.	2.	3.
Carbone	4,22	4.60	5,10

Il suffit de fondre à nouveau ce carbure en présence d'un excès de zircone liquide pour l'affiner et obtenir le zirconium métallique. C'est un corps très dur rayant avec facilité le verre et le rubis. Sa densité a été trouvée égale à 4,25. Elle est donc très voisine de celle du zirconium de M. Troost, qui avait indiqué, comme densité de ce corps simple, 4,15. Les propriétés de ce métal ont été, du reste, très bien étudiées par ce savant, et nous n'avons rien à ajouter à l'important Mémoire qu'il a publié sur ce sujet (1).

Carbure de zirconium. — Nous avons étudié en collaboration avec M. Lengfeld un composé défini et cristallisé du zirconium et du carbone.

Préparation de la zircone. — Les différentes méthodes décrites jusqu'ici pour obtenir la zircone pure, présentent de grandes difficultés, lorsque l'on veut opérer sur une masse importante de zircon (silicate de zircone). Nous avons modifié cette préparation de la façon suivante. Le zircon trié est réduit en poudre, mélangé de charbon de sucre et chauffé au four électrique dans un creuset de charbon avec un courant de 1000 ampères et 40 volts pendant dix minutes. Le silicium étant beaucoup plus volatil que le zirconium, ainsi que nous l'avons établi précédemment, se dégage tout d'abord et il reste une masse d'apparence métallique, bien fondue, formée surtout de carbure de zirconium ne renfermant plus qu'une petite quantité de silicium.

Ce carbure de zirconium impur est attaqué, au rouge sombre, par un courant de chlore. Il se produit un mélange de chlorures de zirconium, de fer et de silicium. La quantité de chlorure de silicium est assez faible pour que l'on ne remarque aucune condensation de corps liquide. On reprend ces chlorures par l'acide chlorhydrique concentré bouillant; le chlorure de zirconium se sépare à peu près pur. On le recueille, puis on le lave à l'acide chlorhydrique concentré; il est mis ensuite en solution dans l'eau, traité par l'acide chlorhydrique, puis évaporé à siccité. Il faut avoir soin de ne pas trop élever la température. Le résidu est repris par l'eau distillée et enfin précipité par l'ammoniaque.

(1) TROOST. Recherches sur le zirconium. *Comptes rendus*, t. LXI, p. 109, 1865.

On obtient ainsi un hydrate tout à fait blanc, bien exempt de fer et de silicium, qui est ensuite calciné au four Perrot.

L'oxyde de zirconium anhydre est mélangé avec du charbon de sucre et de l'huile, puis comprimé en cylindres, et enfin légèrement calciné.

Ce mélange est placé dans un tube de charbon fermé à l'une de ses extrémités et chauffé au four électrique pendant dix minutes avec un courant de 1000 ampères et 50 volts. Une partie de la zircone se volatilise et entre en fusion. Ainsi qu'on le voit, la chauffe doit être très énergique, et ce n'est que dans la partie la plus chauffée, c'est-à-dire au fond du tube, que l'on rencontre soit un culot de petite dimension, soit des globules métalliques.

Il arrive souvent que les tubes de charbon ne peuvent résister à cette température élevée ; ils se percent ou se fendent, et le carbure de zirconium, obtenu dans ces conditions, renferme du carbure de calcium provenant de l'intérieur du four ; il se délite à l'air.

Cette réduction a été essayée avec des quantités variables de carbone et a toujours donné le même produit. Lorsque l'on chauffe ce mélange avec un courant moins intense, le carbure obtenu contient de l'azote.

Propriétés. — Ce nouveau carbure de zirconium possède une couleur grise, un aspect métallique et ne se délite pas dans l'air sec ou humide, même à la température de 100° ; il raye le verre et le quartz avec facilité, mais n'a aucune action sur le rubis.

Les hydracides attaquent ce carbure avec facilité : le fluor à froid, le chlore à 250° avec une belle incandescence, le brome à 300° et l'iode à 400°.

Au rouge sombre, il brûle dans l'oxygène avec un vif éclat. Chauffé avec du soufre, ce dernier se volatilise avant qu'aucune combinaison puisse se produire. Au rouge sombre, dans la vapeur de soufre, il donne une petite quantité de sulfure.

Le carbure de zirconium, maintenu liquide dans le four électrique, dissout du carbone, qu'il abandonne par refroidissement sous forme de graphite.

L'eau et l'ammoniaque sont sans action sur lui, à la température ordinaire et au rouge sombre.

L'acide chlorhydrique, étendu ou concentré, n'a pas d'action même à sa température d'ébullition.

L'acide azotique dilué l'attaque peu, mais l'acide concentré réagit de suite et avec violence, si la température s'élève. L'acide sulfurique concentré et l'eau régale le décomposent lentement à froid, et plus vivement à chaud.

Les oxydants, tels que l'azotate, le permanganate et le chlorure de potassium, l'attaquent avec énergie; le chlorate fournit même une réaction explosive.

A son point de fusion, le cyanure de potassium est sans action, tandis que la potasse fondue le dissout assez facilement.

Analyse. — Dosage du zirconium. — Le zirconium a été dosé par les procédés suivants :

1º Le carbure a été attaqué par un mélange de nitrate et d'hydrate de potassium en fusion. On reprend par l'eau, on additionne d'acide chlorhydrique et l'oxyde est précipité par l'ammoniaque, calciné et pesé.

2º Le carbure est brûlé dans un courant d'oxygène et l'oxyde de zirconium pesé directement.

Dosage du carbone. — Le carbure est chauffé au rouge dans un courant de chlore, le résidu est pesé, ce qui fournit le carbone amorphe. Le résidu non attaqué était formé de graphite pur, et la différence entre son poids et celui du carbone nous permettait de déduire le carbone combiné (1).

(1) Nous avons essayé de doser le carbure combiné en attaquant le carbure par l'acide azotique fumant et en faisant passer les gaz dégagés sur une colonne de cuivre

Les chiffres obtenus sont les suivants :

	1.	2.	3.
Zirconium	83,00	82,8	86,1
Carbone combiné	10,70	10,3	»
Graphite	6,00	8,76	»

En tenant compte du graphite, les rapports de zirconium et de carbone combinés deviennent :

	1.	2.	CALCULÉ pour ZrC
Zirconium	88,6	88,7	88,3
Carbone combiné	11,14	11,3	11,7

CONCLUSIONS. — La zircone pure et le charbon fournissent, lorsqu'ils sont chauffés au four électrique en dehors de l'arc, un carbure de zirconium de formule CZr (1), bien cristallisé et non décomposable par l'eau de 0° à 100°.

Ce fait est assez curieux, car le zirconium, qui, dans la classification de Mendéléeff, se rapproche du thorium, présente avec lui quelques différences, puisque son carbure possède une grande stabilité, tandis que le carbure de thorium décompose l'eau froide avec production d'acétylène, d'éthylène, de méthane et d'hydrogène.

H. — **Titane**.

Le titane est plus connu jusqu'ici à l'état de combinaison qu'à l'état de liberté. On ne l'a obtenu que sous forme de poudre

chauffée au rouge ; l'acide carbonique était recueilli dans un tube de potasse et pesé. Les chiffres ainsi obtenus ne sont pas concordants parce qu'il se forme toujours des composés organiques qui ne sont détruits que lentement par l'acide azotique fumant.

(1) Nous avons présenté nos premières recherches sur le zirconium à l'Académie des sciences, le 29 mai 1893 (*Comptes rendus*, t. CXVI, p. 1222). A la même séance, M. Troost a publié une étude sur le même sujet et indiqué l'existence d'un carbure C^2Zr obtenu avec un courant de faible intensité (35 ampères, 70 volts), mais en opérant au milieu même de l'arc.

amorphe, dont l'aspect et les propriétés ont varié avec chaque préparation.

Dans le premier procédé, inventé par Berzélius, ce savant faisait réagir le potassium sur un fluotitanate alcalin. On recueillait, dans ces conditions, une poudre de couleur rougeâtre, que l'on a démontrée ensuite n'être qu'un azoture.

Wöhler (1) et plus tard Wöhler et Deville (2), en faisant réagir le sodium sur le fluotitanate de potassium dans un courant d'hydrogène, ont préparé une autre poudre de couleur grise, qu'ils regardaient comme le titane, et qui décomposait l'eau à la température de 100°.

Enfin, plus récemment, M. Kern (3), en entraînant au rouge la vapeur de chlorure de titane par un courant d'hydrogène, sur du sodium placé dans une nacelle, a obtenu une autre poudre qui ne décomposait plus l'eau qu'à 500°. Du reste, aucun des auteurs de ces travaux n'a produit d'analyse du titane, qui, en somme, était toujours fourni par la réduction d'un composé titané par un métal alcalin. L'affinité si puissante du titane pour l'azote, et la grande difficulté d'avoir un courant continu d'hydrogène absolument privé d'azote, compliquaient singulièrement cette préparation. Les échantillons obtenus jusqu'ici renferment tous du potassium ou du sodium, du silicium, de l'oxygène, de l'azote et de l'hydrogène.

A la suite de nos réductions par le charbon, au four électrique, de l'oxyde d'uranium, de la silice et de l'acide vanadique, nous avons repris l'étude du titane.

Lorsque l'on chauffe, dans notre four électrique, avec un courant de 100 ampères et 50 volts (machine de 8 chevaux),

(1) WÖHLER. *Annales de Chimie et Physique*, 3e série, t. XXIX, p. 166.
(2) WÖHLER et DEVILLE. *Annales de Chimie et de Physique*, 3e série, t. LII, p. 92.
(3) KERN. *Chemical News*, t. XXXIII, p. 57, 1876, et *Bulletin de la Société chimique*, t. XXVI, p. 265, 1876.

de l'acide titanique placé dans un creuset ou dans une nacelle de charbon, on obtient d'une façon constante un oxyde de titane fondu ou cristallisé d'un bleu indigo. Si l'on répète cette opération avec un courant de 300 à 350 ampères et de 70 volts (40 chevaux), on obtient une masse jaune de couleur bronze parfaitement fondue. C'est l'azoture de titane $Ti^2 Az^2$ de Friedel et Guérin.

Pour préparer le titane, la température doit être beaucoup plus élevée. Avec une machine de 45 chevaux, en variant la forme de l'expérience, nous n'avons jamais obtenu que l'azoture. La préparation ne devient possible que si l'on produit une chaleur assez grande pour dépasser la température de décomposition de cet azoture de titane.

Lorsque l'on chauffe, dans une nacelle de charbon, un mélange d'acide titanique et de carbone, sous l'action d'un arc de 1200 ampères et 70 volts (au moyen du four électrique à tube que nous avons décrit), on obtient une masse fondue qui, après refroidissement, a un aspect cristallin très net et est formée par un carbure de titane de formule TiC absolument exempt d'azote.

Enfin, lorsque l'on chauffe sous l'action du même arc, mais cette fois dans un creuset, un mélange d'acide titanique et de charbon, sans qu'il y ait excès de ce dernier, on obtient, après refroidissement, un culot dont la partie supérieure, sur une profondeur de 2^{cm} à 3^{cm}, est fondue et qui est formé par une fonte de titane à cassure brillante et à teneur variable de carbone.

Dans ces conditions, l'azoture de titane ne peut plus exister, et le titane plus ou moins carburé subsiste seul.

Ces actions successives d'un arc de plus en plus puissant, sur le mélange d'acide titanique et de charbon, me paraissent apporter une preuve décisive de l'augmentation de la température de l'arc électrique en fonction du courant. Cette étude, en démontrant que la puissance calorifique de l'arc croît avec l'intensité électrique, augmente considérablement le nombre des expériences à entreprendre dans cette nouvelle voie.

Préparation du titane. — On peut employer, comme acide titanique, le rutile de Limoges bien cristallisé et choisi avec soin. Il ne renferme qu'une très petite quantité de silice et de fer. Dans ce cas, le titane obtenu ne sera pas pur. Il contiendra de 1 à 2 pour 100 de fer et un peu de silicium.

Il vaut mieux substituer, au produit naturel, de l'acide titanique préparé au laboratoire. Ce composé est intimement mélangé à du carbone, puis comprimé et séché avec soin. On tasse fortement ce mélange dans un creuset cylindrique de charbon, de 8^{cm} de diamètre, et l'on dispose le tout au milieu du four électrique. On opère ainsi sur une quantité de 300^{gr} à 400^{gr}. On fait jaillir l'arc provenant d'un courant de 1000 ampères et 60 volts pendant dix à douze minutes; on arrête le courant, on laisse l'appareil se refroidir, puis on ouvre le four. Le creuset renferme une masse homogène qui n'a été liquéfiée que sur une profondeur de quelques centimètres. Cette matière est recouverte d'un vernis jaunâtre d'acide titanique fondu.

Si l'on opère avec un courant de 2200 ampères et 60 volts, la quantité de titane obtenue est plus grande, mais la fusion de tout le mélange contenu dans le creuset n'est pas complète. Chaque expérience fournit environ 200^{gr} de titane.

En dessous du titane fondu, on trouve une couche d'azoture jaune plus ou moins cristallisé, et, tout au fond du creuset une autre couche bleu d'oxyde de titane, hérissée de petits cristaux. Ces différentes tranches, de composés variables, sont une preuve de l'abaissement rapide de la température de la surface jusqu'au fond du creuset.

La fonte de titane, que l'on obtient dans ces conditions, sera plus ou moins riche en carbone, selon les proportions d'acide titanique et de charbon. Nous avons obtenu ainsi les chiffres suivants :

	AMPÈRES	VOLTS	DURÉE de la CHAUFFE	CARBONE	CENDRES
Rutile + charbon. . . .	1000	70	15'	15,3	3,3
» »	1200	70	12'	11,2	2,0
» »	1000	60	12'	8,2	2,4
Acide titanique + charbon.	1100	70	10'	7,7	4,5
Carbure de titane + Acide titanique.	2000	60	9'	4,8	2,1

Cette fonte de titane peut être mélangée avec de l'acide titanique, puis chauffée à nouveau au four électrique, sous l'action d'un courant aussi intense que précédemment. Dans ces conditions, surtout si l'on a soin d'opérer rapidement pour éviter l'action carburante de l'arc, on obtient un titane ne renfermant pas d'azote et de silicium, et ne contenant plus, comme impureté, que 2 pour 100 environ de carbone. Jusqu'ici nous n'avons pu descendre au-dessous de cette teneur.

Propriétés. — Le titane, préparé dans ces conditions, se présente sous la forme d'une masse fondue, à cassures d'un blanc brillant, assez dure pour rayer avec facilité le cristal de roche et l'acier, friable néanmoins et pouvant se réduire facilement en poudre au mortier d'Abich, puis au mortier d'agate. Sa densité est de 4,87.

Le chlore attaque le titane à + 350°, avec incandescence, en produisant le chlorure de titane liquide $TiCl^4$. Le brome à 360°, donne un bromure de couleur foncée. L'iode réagit à une température encore plus élevée, sans incandescence sensible, et fournit l'iodure de titane solide, préparé à l'état de pureté par M. Hautefeuille.

Dans l'oxygène, le titane brûle à 610° avec incandescence en laissant un résidu d'acide titanique amorphe. Le soufre attaque lentement le titane au point de ramollissement du verre. Il se produit un corps de couleur foncée inattaquable à froid par l'acide chlorhydrique et dégageant de l'hydrogène sulfuré avec l'acide concentré et bouillant.

Dans un courant d'azote, le titane en poudre se transforme en azoture à une température de 800°. Cette combinaison se fait avec un dégagement de chaleur, et la nacelle est portée à une température supérieure à celle du tube. C'est le premier exemple bien net d'une combustion d'un corps simple dans l'azote.

La vapeur de phosphore réagit vers 1000° en donnant un phosphure de couleur foncée, mais l'attaque n'est que superficielle.

Le carbone se dissout dans le titane fondu et s'y combine pour former un carbure défini. L'excès de carbone, entré en solution, cristallise ensuite sous forme de graphite.

Au four électrique, le silicium et le bore s'unissent au titane pour donner des borures et des siliciures fondus ou cristallisés, qui possèdent une dureté aussi grande que celle du diamant.

Le titane se dissout avec facilité dans le fer en fusion, et l'alliage, ainsi obtenu, peut se limer avec facilité. Il se dissout aussi dans le plomb. Avec le cuivre, l'étain et le chrome, il donne des alliages dont nous poursuivons l'étude.

L'acide chlorhydrique, concentré et bouillant, attaque lentement le titane en dégageant de l'hydrogène; il se produit une solution violette. Avec l'acide nitrique à chaud, l'attaque est assez lente et fournit de l'acide titanique. Avec l'eau régale, la dissolution est beaucoup plus rapide, mais l'acide titanique qui se produit ne tarde pas à ralentir la réaction.

L'acide sulfurique étendu dissout le titane avec plus de facilité, même à froid; mais, pour avoir une attaque continue, il est pourtant nécessaire d'élever la température. Il se dégage de l'hydrogène et la solution prend une teinte violette. Avec l'acide sulfurique, concentré et bouillant, il se produit de l'acide sulfureux.

Dans un mélange d'acide azotique et d'acide fluorhydrique, le titane se dissout en produisant une violente effervescence. L'attaque est aussi rapide que celle du silicium.

Les oxydants agissent sur le titane avec une certaine énergie. L'azotate de potassium en fusion l'attaque sans dégagement de chaleur apparent; mais si l'on projette du titane en poudre dans du chlorate de potassium, chauffé à sa température de décomposition, il se produit une vive incandescence.

Les carbonates alcalins en fusion l'attaquent aussi avec incandescence; il en est de même d'un mélange de nitrate et de carbonate de potassium.

Le titane porphyrisé, chauffé dans un courant de vapeur d'eau, ne commence à décomposer ce gaz qu'à une température voisine de 700°, et ce n'est guère qu'à 800° que la décomposition se produit d'une façon continue. Il se fait de l'acide titanique et l'on recueille de l'hydrogène.

Le fluorure d'argent est réduit à la température de 320° par le titane en poudre avec incandescence.

Analyse. — Le titane, réduit en poudre, est attaqué par un mélange en fusion de carbonate (2 parties) et d'azotate de potassium (8 parties). La masse blanche obtenue est reprise par l'eau froide; le résidu de titanate insoluble est dissout dans l'acide chlorhydrique froid et réuni à la première solution. L'acide titanique est ensuite précipité par l'ammoniaque, en suivant les précautions indiquées pour cette analyse.

Pour doser le carbone, on enlève le titane au rouge sombre, au moyen d'un courant de chlore pur et sec, et par combustion du résidu noir dans l'oxygène, on obtient par pesées l'acide carbonique et les cendres.

Ces analyses nous ont fourni les chiffres suivants :

	1.	2.	3.
Titane	94,80	96,11	96,69
Carbone	3,81	2,82	1,91
Cendres	0,60	0,92	0,41

Carbure de titane, TiC. — Lorsque l'on chauffe, sous l'action d'un arc électrique de 1000 ampères et 70 volts, un mélange d'acide titanique (160 parties), et carbone (70 parties), on obtient, après dix minutes, un carbure défini d'après l'équation

$$\text{Ti O}^2 + 3\,\text{C} = \text{Ti C} + 2\,\text{CO}.$$

Ce carbure de titane se présente en culots bien fondus, à cassure cristalline ou en amas de cristaux ; il renferme un léger excès de carbone qui a cristallisé sous forme de graphite.

Ce graphite retient énergiquement du titane et abandonne, par la combustion dans l'oxygène, des cendres d'un blanc jaunâtre, dans lesquelles on caractérise facilement l'acide titanique.

Le carbure de titane a une densité de 4,25. Il n'est pas attaquable par l'acide chlorhydrique, ce qui permet, dans certains cas, de le séparer avec facilité du titane en excès. L'eau régale l'attaque avec lenteur. A 700°, la vapeur d'eau n'exerce aucune action sur lui. Les autres réactions sont voisines de celles du titane. Cependant, il brûle beaucoup mieux que ce corps dans l'oxygène. Au rouge naissant, il prend feu dans ce gaz, et le dégagement de chaleur est assez grand pour porter la matière au rouge blanc. Réduit en poudre et projeté dans la flamme d'un brûleur, il fournit des étincelles très belles, beaucoup plus brillantes que celles données par le titane.

Analyse :

	1.	2.	3.	THÉORIE pour TiC.
Carbone	20,06	19,40	19,18	19,36
Titane	»	79,94	80,41	80,64

Azoture de titane. — L'azoture obtenu en chauffant l'acide titanique soit additionné de charbon, soit seul, sous l'action d'un arc de 300 ampères et 70 volts, se présente sous forme de masses fondues de couleur bronze, difficilement friables, très dures, rayant le rubis, taillant lentement le diamant et dont la densité est de 5,18.

Il nous a donné à l'analyse 78,3 et 78,7 de titane. Ce composé, exempt de carbone, répond donc bien à l'azoture décrit par MM. Friedel et Guérin, dont la densité était de 5,28, et la teneur en titane, 78,1 pour 100.

Oxyde de titane. — L'oxyde bleu obtenu sous l'action de l'arc électrique sur l'acide titanique, lorsque cet arc est de faible intensité, se rapproche beaucoup comme aspect du protoxyde de titane dont l'existence est encore douteuse, et qui a été mentionné par Laugier et Karsten.

L'oxyde que nous avons obtenu se présente sous l'aspect d'une masse d'un bleu indigo foncé, recouverte et formée d'un amas de cristaux.

CONCLUSIONS. — Lorsque l'on fait agir la chaleur produite par un arc électrique, dont l'intensité est variable, sur un mélange d'acide titanique et de charbon, on obtient :

1° Le protoxyde bleu de titane ;

2° L'azoture de titane fondu $Ti^2 Az^2$;

3° Le titane fondu ou un carbure cristallisé de titane $Ti\,C$.

Le titane fondu est le corps le plus réfractaire que nous ayons obtenu jusqu'ici au four électrique ; il est plus infusible que le vanadium, et laisse bien loin derrière lui les métaux tels que le chrome pur, le tungstène, le molybdène, le zirconium. Il n'a pu être préparé au four électrique qu'à une température supérieure à celle de la décomposition de son azoture et au moyen de l'arc produit par une machine de 100 chevaux. Le titane fondu possède vis-à-vis de l'azote une affinité moins grande que les poudres obtenues par l'action des métaux alcalins sur les fluotitanates ; cependant ce titane réduit en poudre brûle dans l'azote à une température de 800°.

L'ensemble des propriétés du titane le rapproche nettement des métalloïdes et en particulier du silicium.

I. — Silicium.

Nous avons indiqué précédemment que, dans le four électrique, la silice était volatilisée avec facilité. En utilisant un courant de 1000 ampères et 50 volts, la formation de la vapeur de silice est très abondante. En quelques instants on est entouré de filaments très légers de silice qui voltigent dans l'air et restent longtemps en suspension. Si l'on examine au microscope ces filaments, on voit qu'ils sont formés de sphérules très petites de silice qui, au milieu de l'eau, possèdent un mouvement brownien très accusé.

Lorsque l'on ne termine pas l'expérience par la volatilisation complète de la silice, le culot que l'on retire du creuset présente parfois à la partie inférieure, des cristaux de silicium absolument caractéristiques, tels que ceux décrits par de Senarmont.

Cette première expérience nous démontre que la silice à haute température est réductible par le charbon.

En chauffant au four électrique, dans un cylindre de charbon fermé à l'une de ses extrémités, un mélange de cristal de roche et de carbone en poudre, le phénomène est beaucoup plus net.

L'orifice du tube est tapissé de silice floconneuse; en dessous, on trouve des cristaux très nets et à peine colorés de siliciure de carbone et, un peu plus bas, tout un anneau de cristaux noirs, brillants, parsemés ça et là de globules fondus (1); ces cristaux noirs ne sont attaquables que par le mélange d'acide azotique et d'acide fluorhydrique. Ils prennent feu à froid dans le fluor et brûlent avec vivacité en fournissant du fluorure de silicium. Quelques-uns présentent l'aspect très net des cristaux superposés obtenus par dissolution dans le zinc en fusion. Ils sont toujours mélangés de siliciure de carbone, mais la poussière cristalline, recueillie dans tout le tube, renfermait de 28 à 30 p. 100 de silicium cristallisé.

Cette expérience que nous avons répétée plusieurs fois, établit donc que, sous l'action de l'arc électrique, la silice est réduite par le charbon et fournit du silicium.

Lorsque la température n'est pas très élevée, une partie du silicium échappe à l'action du carbone et peut se retrouver sous forme de cristaux ou de globules fondus.

En refroidissant la vapeur de silicium au moment de sa production, ce procédé pourrait être appliqué à la préparation du silicium.

M. Vigouroux, en se servant de notre four électrique, a démontré que la silice liquide pouvait être réduite avec facilité

---

(1) Certains de ces globules de silicium renferment de petits cristaux de siliciure de carbone bien transparents, possédant une belle teinte jaune.

par l'aluminium et donner ainsi un bon rendement en silicium cristallisé.

J. — Aluminium.

L'alumine était regardée jusqu'ici comme un oxyde irréductible; il n'en est rien.

Si l'on place des cristaux de corindon parfaitement transparents dans une nacelle disposée au milieu du tube de charbon de notre four électrique et que l'on chauffe l'appareil au moyen d'un courant de 1200 ampères et 80 volts, l'alumine est volatilisée en quelques minutes. La nacelle complètement convertie en graphite ne renferme pas traces de cendres, et, de chaque côté du tube on peut isoler un feutrage cristallin de graphite et d'alumine, au delà duquel se rencontrent des sphères de 2^{mm} à 3^{mm} de diamètre d'aluminium métallique facile à caractériser.

On peut donner à cette expérience une autre forme, en utilisant un tube de charbon fermé à l'une de ses extrémités, que l'on place dans le four électrique de façon à ce que la partie fermée soit portée au maximum de température. Ce tube mesure $0^{m},40$ de long et 40^{mm} de diamètre intérieur. On dispose au fond de cet appareil une centaine de grammes d'alumine et l'on chauffe le tout quinze minutes, avec un courant de 300 ampères et de 65 volts. A la fin de l'expérience, il se dégage d'abondantes vapeurs à l'extrémité du tube, et ces vapeurs condensées sur un corps froid fournissent un dépôt blanc d'alumine.

Cette substance, traitée à froid par l'acide acétique étendu, qui enlève des traces de fer et de chaux, puis lavée à l'eau distillée et séchée, présente au milieu de masses irrégulières des sphères très petites d'alumine fondue.

Après refroidissement, on trouve dans le tube, à la partie

supérieure, un dépôt blanc d'alumine et, à la partie inférieure, un lingot d'alumine fondue qui présente un aspect différent suivant que l'oxyde se trouvait dans les parties plus ou moins chaudes.

La portion qui a été portée à la température la plus élevée est recouverte d'une pellicule de graphite qui provient de la condensation de la vapeur de carbone qui remplissait le tube. Sur la paroi on remarque de petits globules blancs ou légèrement jaunâtres qui sont formés par un mélange d'aluminium et de carbure de ce métal.

La réaction devient beaucoup plus concluante si l'on chauffe dans les mêmes conditions, un mélange intime d'alumine et d'amidon qui, par la décomposition de ce dernier corps, fournit le carbone nécessaire à la réduction.

Dans une chauffe qui a duré dix-huit minutes (300 ampères et 65 volts) on a obtenu une certaine quantité d'aluminium renfermant de belles lamelles de ce carbure C^3Al^4, que nous décrirons plus loin.

L'expérience a été répétée quatre fois et les résultats ont toujours été identiques; et chaque fois aussi le mélange refroidi était recouvert de graphite provenant de la condensation de la vapeur de carbone.

Une autre série de recherches, exécutée dans des creusets, à une température moins élevée, nous a démontré que l'alumine seule peut être fondue et maintenue à l'état liquide dans un creuset de charbon sans qu'il y ait réduction.

Dans une préparation faite avec un tube fermé à une extrémité, il nous est arrivé que l'autre extrémité du cylindre a été obstruée par un tampon d'alumine et de charbon. Cette expérience qui n'avait pas été prolongée autant que les précédentes, par suite de la formation d'un court circuit, nous a présenté, dans la partie chauffée, un feutrage de graphite et de cristaux très minces hexagonaux, présentant des phénomènes d'irisation et entièrement formés d'alumine. Le tube ne renfermait pas trace d'aluminium métallique. La production de ce mélange de corindon et de graphite cristallisé nous a démontré que la vapeur d'alumine, qui se produit si facilement, et la vapeur de charbon peuvent se trouver en contact sans produire d'aluminium.

Une température beaucoup plus élevée est nécessaire pour que la vapeur de carbone puisse réduire la vapeur d'alumine.

En résumé, dans le four électrique l'alumine n'est pas réduite par le charbon, mais la réduction se produit lorsque les vapeurs de ces deux corps sont portées à une température très élevée. Dans ce cas l'alumine perd son oxygène et fournit l'aluminium métallique qui se carbure partiellement.

IMPURETÉS DE L'ALUMINIUM (1). — Les recherches précédentes ainsi que la découverte du carbure d'aluminium cristallisé que nous décrirons plus loin nous ont amené à reprendre l'étude analytique de l'aluminium préparé par électrolyse.

L'industrie de l'aluminium, fondée en France par Henri Sainte-Claire Deville en 1854, se transforme actuellement avec une très grande rapidité. Depuis que ce métal a pu être obtenu par la décomposition de l'alumine au moyen de courants intenses, sa préparation est devenue assez pratique pour que le prix du métal soit descendu à 4 francs le kilogramme. De plus, le progrès si rapide de cette industrie permet d'espérer que le prix actuel pourra encore être diminué.

Il est probable que les qualités de ce métal si léger se prêteront dès lors à de nombreuses applications.

(1) *Comptes rendus*, 2 juillet 1894, t. CXIX, p. 12.

Les points secondaires qui demandent de nouvelles recherches, tels que l'affinage de l'aluminium ou la préparation à bon marché de l'alumine pure en partant de la bauxite ou du kaolin, ne tarderont pas sans doute à être résolus.

L'aluminium industriel a déjà quelques débouchés ; outre son emploi dans l'affinage des aciers et des fontes (1), quelques-uns de ses alliages présentent des propriétés très curieuses.

Les différents expérimentateurs qui se sont occupés des propriétés de l'aluminium ont trouvé souvent des résultats contradictoires. Il en a été de même, lorsque, grâce à sa légèreté, quelques pays ont essayé de l'employer pour la fabrication des objets de petit équipement, tels que gamelles, bidons et marmites, destinés à alléger le poids du sac du fantassin. Tantôt le métal s'est bien conduit et a présenté des qualités qui en ont fait préconiser l'emploi, tantôt au contraire il n'a produit que des déceptions.

Ces difficultés tiennent surtout à la différence de composition de l'aluminium industriel.

Nous ajouterons que l'aluminium produit par les différents procédés électrolytiques n'est jamais pur et que sa composition est assez variable ; tous les métallurgistes savent combien les propriétés chimiques et physiques d'un métal varient avec des traces de corps étrangers. Il y aurait donc tout intérêt pour l'industrie de chercher à obtenir un aluminium aussi pur que possible, dont les propriétés deviendraient constantes et fourniraient toujours les mêmes résultats.

Les impuretés de l'aluminium industriel signalées jusqu'ici sont au nombre de deux : le fer et le silicium.

Le fer provient du minerai, des électrodes et des creusets. La

____

(1) Cet affinage de l'acier a été étudié en Angleterre par M. Hadfield et en France par M. Le Verrier.

pureté de l'alumine et la fabrication soignée des électrodes et des creusets semblent devoir l'écarter. M. Minet a publié d'intéressantes expériences sur ce sujet et a bien établi quelle pouvait être l'influence fâcheuse exercée par une petite quantité de fer.

Le silicium provient aussi en partie des électrodes et des creusets, mais surtout de l'alumine employée. La présence de ce métalloïde semble plus difficile à éviter. Bien que, dans certains cas, ce corps simple ne présente aucune action nuisible, nous avons pu en diminuer facilement la teneur par une simple fusion du métal sous une couche de fluorure alcalin (1).

Mais, en dehors du silicium et du fer, il existe couramment dans l'aluminium industriel deux autres impuretés qui n'ont pas été signalées jusqu'ici. Nous voulons parler de l'azote et du carbone.

Lorsque l'on traite un fragment d'aluminium industriel par une solution de potasse à 10 pour 100, le métal est rapidement attaqué, et l'hydrogène qui se dégage en abondance entraîne une très petite quantité de vapeurs ammoniacales. On peut en démontrer l'existence en faisant passer bulle à bulle, l'hydrogène dans le réactif de Nessler.

Il ne tarde pas à se produire une coloration, enfin un précipité plus ou moins abondant. Il est très important dans cette réaction d'employer de la potasse absolument pure.

---

(1) L'échantillon d'aluminium que nous avons utilisé dans cette étude présentait la composition suivante :

Aluminium	98.02
Fer	0,90
Silicium	0,81
Carbone	0,08
Azote	traces
	99.81

Après une fusion sous une couche de fluorures alcalins, il ne contenait plus que 0,57 de silicium pour 100.

Lorsqu'on fait passer un courant d'azote dans de l'aluminium en fusion, on le sature de ce gaz et le métal ainsi obtenu a présenté une petite diminution dans sa charge à la rupture et dans son allongement. La présence de l'azote fait donc varier les propriétés physiques de l'aluminium (1).

M. Mallet, professeur à l'Université de Virginie, avait indiqué, dès 1876, l'existence d'un azoture d'aluminium ; c'est à ce corps légèrement soluble dans l'aluminium que doivent être attribués ces changements de propriétés (2).

Nous avons rencontré le carbone dans les aluminiums industriels d'une façon constante, et en plus grande quantité que l'azote. Lorsque l'on traite une centaine de grammes d'aluminium par un courant d'acide chlorhydrique ou d'acide iodhydrique bien exempt d'oxygène, il reste un résidu gris. Cette matière, reprise par l'acide chlorhydrique étendu donne un carbone amorphe très léger, de couleur marron qui brûle entièrement dans l'oxygène en donnant de l'acide carbonique ; ce carbone ne contient pas trace de graphite. On peut doser ce carbone en attaquant une dizaine de grammes d'aluminium par une solution concentrée de potasse. On reprend le résidu par l'eau, puis on le sèche et enfin on le brûle dans un courant d'oxygène. Du poids d'acide carbonique recueilli il est facile de déduire le poids de carbone. Nous avons trouvé ainsi les chiffres suivants : carbone pour 100 : 0,104, 0,108 et 0,080.

L'action exercée par ce métalloïde sur les propriétés physiques de l'aluminium nous semble bien caractéristique.

	LIMITE D'ÉLASTICITÉ	CHARGE DE RUPTURE	ALLONGEMENT
(1) Aluminium fondu..............	$7^{kg}{,}500$	$11^{kg}{,}102$	9^{mm},
Aluminium saturé d'azote..........	$6^{kg}{,}500$	$9^{kg}{,}600$	6^{mm},

(2) J. **Mallet**. Sur un azoture d'aluminium. *Journ. of the chem. Society*, t. **XXX**, p. 349, 1876.

Pour la mettre en évidence nous avons fait fondre au creuset un aluminium de bonne qualité ; nous en avons coulé une partie dans une lingotière ; puis, dans la masse restante encore liquide, nous avons fait dissoudre du carbure d'aluminium cristallisé, préparé au four électrique. Quelques instants plus tard, on coulait un nouvel échantillon du métal, et l'on avait ainsi deux échantillons, l'un d'aluminium fondu, l'autre d'aluminium carburé.

On a découpé dans ces lingots des éprouvettes, et, tandis que l'aluminium fondu présentait, par millimètre carré, une charge de rupture de $11^{kg},100$, et un allongement pour 100 de 9^{mm}, l'aluminium carburé ne présentait plus qu'une charge de rupture qui a oscillé entre $8^{kg},600$ et $6^{kg},500$ et un allongement pour 100 de 3^{mm} à 5^{mm} (1).

Ayant eu l'occasion de faire des analyses d'aluminium provenant des trois grandes fabriques établies actuellement à La Praz (France), Neuhausen (Suisse), Pittsburg (États-Unis), nous avons rencontré une autre impureté, qui nous paraît avoir une importance très grande au point de la conservation du métal. Nous voulons parler de la présence du sodium dans l'aluminium industriel.

On peut démontrer l'existence du sodium dans quelques aluminiums de la façon suivante : on prend 250^{gr} de limaille, préparée avec soin, que l'on place dans une bouteille d'aluminium en présence de 300^{cc} d'eau distillée obtenue dans un alambic métallique. On abandonne le mélange à lui-même pendant deux

---

(1) Ces expériences ont été faites sur le métal tel qu'il a été fondu, sans laminage ni recuit.

Après un premier laminage sans recuit on a obtenu les chiffres suivants :

	LIMITE D'ÉLASTICITÉ	CHARGE DE RUPTURE	ALLONGEMENT
Aluminium carburé.................	20^{kg}	$20^{kg},783$	$2^{mm},5$
après laminage et recuit............	$7^{kg},700$	$13^{kg},800$	$26^{mm},5$

semaines, en ayant soin tous les jours de le porter à l'ébullition. On le jette ensuite sur un filtre (1), on lave à l'eau bouillante et le liquide recueilli, qui présente une légère alcalinité, est évaporé à siccité dans une capsule de platine. On chauffe au rouge sombre; la masse brunit; on ajoute de l'acide chlorhydrique pur étendu d'eau, et il se produit un dégagement bien net d'acide carbonique. On évapore à sec à nouveau, on chauffe vers 3oo° pour chasser l'excès d'acide chlorhydrique et l'on obtient un résidu qui présente tous les caractères du chlorure de sodium. On reprend par l'eau et l'on dose le chlore sous forme de chlorure d'argent; du poids de ce dernier composé, on déduit la quantité de sodium enlevée par l'eau à la limaille d'aluminium.

En faisant l'analyse complète du métal, nous avons trouvé du sodium dans un certain nombre d'échantillons d'aluminium. La teneur variait entre o,1 et o,3 pour 1oo. Un aluminium préparé anciennement par la maison Bernard en renfermait o,42 pour 1oo (2).

Lorsqu'un aluminium contient une petite quantité de sodium, il s'attaque par l'eau froide d'abord lentement, puis l'attaque se continue en augmentant d'intensité. En effet, si un petit volume d'eau non renouvelée se trouve en présence d'une lame d'un semblable aluminium, on voit tout d'abord une petite couche d'alumine se former sur le métal. Plusieurs jours après, le liquide fournit une réaction alcaline au papier de tournesol sensible. A partir de ce moment, la décomposition devient plus

(1) Dans cette expérience on obtient souvent une petite quantité d'alumine soluble analogue sans doute à l'alumine colloïdale qui passe au travers du filtre et qui se précipite ensuite.

(2) La présence du sodium dans l'aluminium industriel indique que l'électrolyse du mélange de cryolite et d'alumine donne naissance à un certain nombre de réactions secondaires dans lesquelles le sodium peut jouer un rôle variable suivant la composition du bain et l'intensité du courant.

rapide. Sur tous les points où l'aluminium contient du sodium, il s'est produit un peu d'alcali qui réagit sur le métal pour donner un aluminate. Cet aluminate de sodium est ensuite dissocié par l'eau avec dépôt d'alumine et formation de soude ; et, lorsque le liquide est légèrement alcalin, on comprend que la décomposition devienne beaucoup plus active.

Les alliages que l'on pourra préparer avec un aluminium auront donc des propriétés toutes différentes, suivant qu'ils contiendront ou ne contiendront pas une petite quantité de sodium (1).

C'est ainsi que dans une étude sur les alliages d'aluminium et d'étain, M. Riche a indiqué que ces alliages décomposaient l'eau à la température ordinaire (2). J'ai pu faire préparer un semblable alliage à 6 pour 100 d'étain avec de l'aluminium bien exempt de sodium, et dans ces conditions, après un séjour de deux mois dans l'eau ordinaire, le métal s'est piqué en plusieurs endroits, a fourni de petites efflorescences d'alumine, mais il n'a produit aucun dégagement gazeux. Voici comment cette expérience a été faite : de l'aluminium exempt de sodium a été allié à 6 pour 100 d'étain en évitant l'action de l'azote et des gaz du foyer, car M. Franck a démontré que l'aluminium décompose au rouge l'acide carbonique et même l'oxyde de carbone. On a obtenu ainsi un alliage qui, laminé sous une forte pression, a donné :

	RECUIT		ÉCROUI
Résistance.	17,6	Résistance.	28,43
Élasticité	8,20	Élasticité	22,90
Allongement.	20, »	Allongement.	6,

Une feuille de ce métal a été divisée en deux parties : la pre-

(1) Il est donc indispensable dans tous les essais à entreprendre sur ce sujet, d'établir d'abord la composition exacte de l'aluminium destiné aux expériences.

(2) RICHE. Recherches sur les alliages de l'aluminium. *Journal de pharmacie et de chimie,* 6ᵉ série, t. I, p. 5, 1895.

mière a été placée dans l'eau de Seine qui tous les jours était aérée par agitation ; la deuxième a été disposée dans un verre de Bohême en présence d'eau de Seine sur laquelle se trouvait une couche d'huile de plusieurs centimètres. La température moyenne du laboratoire était voisine de 20°. L'expérience, commencée le 30 septembre a duré deux mois. Pendant ce temps l'aluminium s'est recouvert d'efflorescences blanches ; il s'est piqué sur presque toute sa surface, mais dans les deux cas il n'a dégagé aucune bulle d'hydrogène. Celui qui a séjourné dans l'eau agitée journellement s'est attaqué avec plus de rapidité.

Cette expérience n'a été faite qu'avec un alliage à faible teneur d'étain. M. Riche a démontré que pour les teneurs élevées la décomposition de l'eau devenait très active et il a établi ainsi la raison qui doit faire rejeter tout essai de soudure de l'aluminium avec un alliage à base d'étain.

L'aluminium du reste est un métal qui, recuit avec soin, se travaille très bien par l'estampage et par le laminage. Il ne faut donc lui demander que ce qu'il peut donner.

M. Riche, à qui j'ai communiqué ces expériences avant de les publier, a reconnu aussi la présence du sodium dans quelques échantillons d'aluminium.

M. Moissonnier, pharmacien principal à l'hôpital militaire Saint-Martin, qui a entrepris de longues recherches sur ce sujet, a rencontré de même un échantillon d'aluminium à 0,4 pour cent de sodium.

Il est un autre point important sur lequel nous croyons devoir insister à propos des alliages d'aluminium et, en particulier, de ceux de cuivre. Tout alliage non homogène est d'une conservation très difficile.

Dans son mémoire sur l'équivalent de l'aluminium, Dumas,

a insisté déjà sur la non homogénéité de l'aluminium préparé par le procédé de Deville (1).

Nous avons eu souvent l'occasion de constater, sur des objets en aluminium estampés, la mauvaise influence de ce manque d'homogénéité. Lorsqu'on abandonne de l'eau distillée dans un semblable vase, on voit après une quinzaine de jours se produire de petites piqûres blanches d'alumine hydratée ; la tache s'entoure d'une auréole brillante et elle continue de grandir. Si, après avoir découpé cette partie attaquée, on enlève l'alumine hydratée, on voit au microscope qu'il y a là, le plus souvent, une petite particule de carbone ou d'autre substance qui a formé un élément de pile et qui a désagrégé le métal sur une surface plus ou moins grande. Si, au lieu de laisser séjourner, de l'eau sur cet aluminium non homogène, on y laisse séjourner une solution saturée de chlorure de sodium, le phénomène s'exagère et chaque particule de carbone produit une attaque de la feuille d'aluminium suffisante pour la percer.

Cette formation de petits éléments de pile sur la surface de l'aluminium est la cause de l'altération de ce métal.

Au contraire, avec un métal bien homogène, ne contenant ni azote, ni carbone, ni sodium, aucun point d'attaque ne se produit et l'eau, qui a séjourné sur le métal, a conservé toute sa limpidité et ne renferme pas d'alumine.

Le même phénomène se présente avec de l'alcool étendu d'eau, avec du rhum par exemple et, dans le cas de l'aluminium de mauvaise qualité, il explique l'attaque de certains bidons, attaque qui peut se produire parfois avec une assez grande énergie (2).

---

(1) DUMAS. « Mais je reconnus ensuite que dans l'aluminium impur, la distribution du fer et du silicium n'est pas uniforme. » Mémoires sur les équivalents des corps simples. *Annales de Chimie et de Physique*, 3ᵉ série, t. LV. p. 153.

(2) MM. le Dʳ PLAGE et LEBIN. dans les essais qui ont été entrepris au labora-

Je ferai remarquer aussi, en terminant, que l'aluminium qui a une grande tendance à former un couple électrique avec tout autre métal, ne devra jamais être employé que seul.

Une partie de fer ou de laiton au contact de l'aluminium produira toujours, en peu de temps, l'oxydation du métal et sa transformation en alumine. Tous les industriels qui ont eu à mettre en œuvre de grandes surfaces d'aluminium ont reconnu par expérience et à leurs dépens la généralité de cette décomposition.

En résumé, l'aluminium industriel, outre le fer et le silicium, contient une petite quantité de carbone, des traces d'azote (1) et parfois du sodium. Ces différents corps modifient notablement les propriétés de l'aluminium, mais il est à espérer que l'électrométallurgie pourra produire bientôt un métal plus pur et de composition constante.

Nous n'avons pas à insister dans ce travail, fait au point de vue chimique, sur l'importance du recuit dans le laminage et l'estampage de l'aluminium. On sait que sans cette précaution le métal actuel se crique avec facilité et devient impropre à toute application.

Nouvelle méthode de préparation des alliages d'aluminium (2). — La méthode de préparation que nous avons indiquée précédemment pour l'alliage d'aluminium-vanadium en partant

toire Frédéric-Guillaume, de l'Institut de Berlin, attribuaient à l'action du tannin cette attaque de certaines surfaces d'aluminium. *Sur les bidons et marmites en aluminium*, Berlin. 1893.

(1) Nous ajouterons aussi que l'aluminium industriel renferme souvent une petite quantité d'alumine ne présentant aucune forme cristalline. Enfin, dans certains échantillons, nous avons pu reconnaître au microscope, dans le résidu provenant de l'attaque par l'acide chlorhydrique, de petits cristaux très nets de borure de carbone. Le bore de ce composé provenait de l'acide borique qui avait servi à agglomérer le charbon des électrodes.

(2) *Comptes rendus*, n° 23, du 8 juin 1896, t. CXXII, p. 1302.

de l'acide vanadique peut être appliquée à un certain nombre d'oxydes. Elle est fondée sur l'affinité puissante de l'aluminium pour l'oxygène. Les travaux de Winckler et d'autres savants ont établi déjà combien était facile la réduction de certains composés oxygénés par le magnésium. L'aluminium peut aussi être employé dans quelques cas. En utilisant cette propriété, j'ai pu obtenir avec la plupart des métaux réfractaires des alliages d'aluminium que j'ai isolés par réduction, au moyen du four électrique.

La préparation de ces alliages est facile. Elle consiste à projeter sur un bain d'aluminium liquide un mélange de l'oxyde à réduire et de limaille d'aluminium.

La combustion d'une partie de l'aluminium par l'air atmosphérique, à la surface du bain, dégage une quantité de chaleur tellement grande, que les oxydes les plus réfractaires sont réduits. Le métal passe alors d'une façon continue dans le bain d'aluminium et vient élever le point de fusion de l'alliage.

Cette préparation se fait par voie sèche et sans addition d'aucun fondant.

J'ai pu obtenir ainsi des alliages d'aluminium avec le nickel, le molybdène, le tungstène, l'uranium et le titane. Il arrive souvent que la chaleur dégagée par la réaction est tellement grande que l'œil ne peut en supporter l'éclat. Nous avons préparé plusieurs fois des alliages à 75 p. 100 de tungstène qui n'ont été maintenus liquides que grâce à ce grand dégagement de chaleur. Les alliages à 10 p. 100 s'obtiennent avec facilité. On ne doit pas oublier que la réaction est parfois explosive.

Ces différents alliages nous ont paru présenter quelque intérêt. Ils permettent, en effet, de faire passer ces métaux réfractaires, dont le point de fusion est plus élevé que celui de nos fourneaux ordinaires, dans un métal quelconque, même à point de fusion peu élevé.

Lorsque l'on met, par exemple, du chrome métallique en présence du cuivre fondu, ce dernier n'en dissout qu'une très petite quantité, environ un demi pour cent, et il est impossible d'aller au delà.

Prenons un alliage d'aluminium-chrome, il se dissoudra en toutes proportions dans le cuivre fondu et fournira un alliage mixte : cuivre-chrome-aluminium.

Dans cet alliage mixte, il est facile d'éliminer l'aluminium en recouvrant le bain fondu d'une petite couche d'oxyde de cuivre. Ce dernier, comme on le sait, se dissout avec facilité dans le cuivre et brûle l'aluminium, qui vient nager à la surface du bain sous forme d'alumine.

Ce procédé pourrait servir de même, pour faire passer le tungstène ou le titane dans un bain d'acier maintenu liquide au four Martin-Siemens. L'excès d'aluminium serait rapidement brûlé et viendrait dans la scorie. On pourrait aussi le détruire par une addition d'oxyde de fer.

Nous estimons que cette méthode est générale et permettra d'obtenir un grand nombre d'alliages nouveaux.

ANALYSE DE L'ALUMINIUM ET DE SES ALLIAGES (1). — Les impuretés que nous rencontrons dans l'aluminium industriel, modifiant profondément ses propriétés, il est important d'en faire l'analyse d'une façon aussi exacte que possible. Les procédés employés jusqu'ici dans l'industrie laissent, le plus souvent, beaucoup à désirer, soit que l'on regarde comme du silicium le résidu ferrugineux que l'aluminium abandonne par son attaque à l'acide chlorhydrique étendu, soit que l'on dose l'aluminium par différence.

Essais préliminaires. — On doit tout d'abord rechercher si

(1) *Comptes rendus* du 9 décembre 1895, t. CXXI, p. 851.

l'aluminium contient du cuivre. On fait dissoudre une petite quantité d'aluminium, environ 2^{gr}, dans l'acide chlorhydrique étendu d'eau, et cette solution est traitée par un courant d'hydrogène sulfuré. Dans le cas où la teneur en cuivre est très faible, il est utile de chauffer légèrement la solution et de la maintenir tiède pendant quelques heures, après le passage de l'hydrogène sulfuré. On filtre et le cuivre est recherché qualitativement dans le résidu.

L'analyse qualitative est conduite ensuite de façon à constater la présence du silicium, du fer, du carbone, de l'azote, du titane et du soufre (1).

1° ALUMINIUM SANS CUIVRE. — *Dosage du silicium.* — On pèse 3^{gr} environ de métal qui sont attaqués par l'acide chlorhydrique pur étendu au 1/10. Quand il existe un résidu de couleur grise (contenant du silicium, du fer, de l'aluminium et du charbon), on sépare cette poudre et on l'attaque, par une petite quantité de carbonate de soude en fusion, dans un creuset de platine. Le contenu du creuset est repris par de l'acide chlorhydrique étendu, et cette solution est réunie à la première. Le liquide est placé dans une capsule de porcelaine et maintenu au bain-marie jusqu'à dessiccation. La capsule est ensuite portée dans une étuve à air chaud dont la température est de 125°. Le résidu doit être alors absolument blanc, pulvérulent et ne doit plus s'attacher à l'agitateur. Pour obtenir ce résultat, il est bon de gratter les parois de la capsule avec une spatule et d'écraser les grumeaux qui se sont produits avec un pilon en agate. On retire la capsule après douze heures de séjour à l'étuve à air chaud, quand on a constaté qu'un agitateur mouillé d'ammo-

(1) Nous avons indiqué précédemment comment on pouvait reconnaître la présence de l'azote dans l'aluminium. Impuretés de l'aluminium industriel. *Comptes rendus,* t. CXIX, p. 12, 1894.

niaque, placé au-dessus du résidu, ne donne plus de fumées blanches, ce qui indique que tout dégagement d'acide chlorhydrique a cessé.

La dessiccation étant terminée, on reprend par de l'eau distillée tiède dans laquelle on ajoute le moins possible d'acide chlorhydrique. On porte le liquide à l'ébullition pendant quelques minutes, la silice reste insoluble, puis on jette le résidu sur un filtre. Après lavage et dessiccation, on calcine et l'on pèse (1).

Dosage de l'aluminium et du fer. — La solution primitive de l'aluminium dans l'acide chlorhydrique au 1/10, après séparation de la silice, a été étendue d'eau de façon à former un volume de 500^{cc}. On prend 25^{cc} de cette solution correspondant à 0,150 d'aluminium, on neutralise à froid par l'ammoniaque et l'on précipite les deux oxydes par du sulfure d'ammonium récemment préparé. On laisse le mélange en digestion pendant une heure. Le précipité est ensuite jeté sur un filtre, lavé, séché, calciné et pesé.

Nous n'avons pas employé l'ammoniaque pour cette précipitation, car pour qu'elle soit complète, la solution ne doit pas être trop étendue et doit renfermer une assez grande quantité de sels ammoniacaux et très peu d'ammoniaque libre. On peut, il est vrai, se débarrasser de l'excès d'ammoniaque par l'ébullition; mais, dans ce cas, on doit s'arrêter dès que la liqueur n'est plus que légèrement alcaline; si l'on dépasse ce point, l'alumine réagit lentement sur le sel ammoniacal et le liquide prend une réaction acide. À cause de ces petites difficultés, nous avons préféré la précipitation par le sulfure d'ammonium.

L'alumine précipitée est, comme on le sait, très difficile à laver.

(1) Pour s'assurer que cette silice ne renferme pas d'alumine ou d'oxyde de fer, on verse de l'acide fluorhydrique pur dans le creuset de platine qui a servi à la dernière calcination. Après évaporation à sec au bain de sable, il ne doit rester aucun résidu.

Il est indispensable que le lavage se fasse par décantation dans un verre de Bohême, de forme cylindrique et avec de l'eau bouillante. Le lavage est terminé lorsque l'eau surnageante ne contient plus de chlorure. Le précipité est jeté sur un filtre, séché, calciné et pesé. On obtient ainsi le poids d'alumine et de sesquioxyde de fer contenu dans l'aluminium. Le fer, d'abord précipité à l'état de sulfure hydraté, s'oxyde rapidement par le lavage et la calcination.

Il est important aussi de dessécher avec soin cette alumine avant de la porter au rouge. De plus, la calcination doit être opérée avec lenteur, parce que l'alumine desséchée décrépite parfois quand on la chauffe fortement. Enfin la calcination doit être poussée assez loin, car l'alumine ne perd complètement l'eau qu'elle renferme que sous l'action d'une température élevée.

Dosage du fer. — Pour doser le fer, on prend 250^{cc} de la liqueur primitive après séparation de la silice. Cette solution est réduite par l'évaporation à un volume d'environ 100^{cc}. On ajoute de la potasse caustique bien exempte de silice (1) qui précipite d'abord le fer et l'alumine, et lorsque cette potasse est en excès l'alumine disparaît.

On maintient le mélange pendant dix minutes à une température voisine de l'ébullition. Le précipité est lavé cinq ou six fois à l'eau bouillante, par décantation, puis jeté sur un filtre. Ce précipité est repris par l'acide chlorhydrique étendu et l'on recommence une nouvelle précipitation par un excès de potasse. Après lavage et filtration, on reprend encore par l'acide chlorhydrique et cette fois on précipite le fer par l'ammoniaque.

Le précipité est jeté sur un filtre, lavé, calciné et pesé. Il fournit

____

(1) Il est important de s'assurer que la potasse ne renferme pas de silice.

ainsi le poids du sesquioxyde de fer. Proportionnellement, on retranche du poids des deux oxydes, obtenu dans les opérations précédentes, le poids du sesquioxyde ferrique et la différence fournit le poids de l'alumine.

Dosage du sodium. — Cette méthode de dosage est basée sur ce que l'azotate d'aluminium se détruit par la chaleur, en fournissant de l'alumine, à une température inférieure à celle de la décomposition de l'azotate de sodium.

On prend 5ᵍʳ d'aluminium (renfermant ou non du cuivre) en limaille ou en lames ; on les attaque dans un vase conique de verre par l'acide azotique (1), étendu de son volume d'eau et à une douce température. L'attaque ne se fait pas à froid, mais il faut élever la température avec précaution, car la chaleur dégagée par la réaction peut être assez grande pour occasionner un dégagement gazeux très violent.

La solution est concentrée dans une capsule de platine, au bain-marie, puis évaporée à sec au bain de sable ou à feu nu ; le résidu est amené à l'état pulvérulent au moyen d'un pilon d'agate.

On chauffe ensuite à une température qui est inférieure au point de fusion de l'azotate de sodium et jusqu'à ce que tout dégagement de vapeur nitreuse ait cessé. On reprend ce résidu par l'eau bouillante, on décante le liquide et on recommence trois ou quatre fois le lavage de l'alumine (2).

La capsule et le pilon sont ensuite lavés, et toutes les eaux de lavage, additionnées de quelques gouttes d'acide azotique sont évaporées à sec. On reprend trois fois par l'eau bouillante de

---

(1) Dans cette attaque, il est bon de placer un petit entonnoir sur l'ouverture du vase conique, de façon à retenir le liquide pulvérisé entraîné par le dégagement de gaz et de vapeurs.

(2) La première solution filtrée abandonne souvent, après refroidissement, une quantité variable d'alumine qui se prend en gelée.

façon à éliminer chaque fois une nouvelle quantité d'alumine qui se trouvait mélangée à l'azotate alcalin. Finalement on traite par l'eau bouillante ; après évaporation dans une capsule de porcelaine, on filtre, on additionne le liquide d'un léger excès d'acide chlorhydrique pur et l'on évapore à siccité. On ajoute une nouvelle quantité d'acide chlorhydrique et, après évaporation, on chauffe à 300° pour chasser tout excès d'acide ; le chlorure de sodium restant est dosé sous forme de chlorure d'argent. De la pesée de ce dernier, on déduit la quantité de chlore et l'on prend le poids de sodium qui lui correspond (1).

Dosage du carbone. — On prend deux grammes du métal sous forme de copeaux ou de limaille et on les triture au mortier avec 10^{gr} à 15^{gr} de bichlorure de mercure en poudre, additionné d'une petite quantité d'eau. Le mélange est évaporé au bain-marie, dans une capsule, puis placé dans une nacelle de porcelaine qui sera ensuite chauffée dans un courant d'hydrogène pur. Cette nacelle est disposée dans un tube de verre de Bohême traversé par un courant d'oxygène bien exempt d'acide carbonique et chauffé au rouge. Le courant gazeux traverse un tube de Liebig contenant une solution de potasse et deux petits tubes en U remplis de fragments de potasse fondue. L'augmentation de poids de ces différents tubes donne en acide carbonique, la quantité de carbone contenu dans l'aluminium.

2° ANALYSE DES ALLIAGES DE CUIVRE ET D'ALUMINIUM. — *Dosage du cuivre.* — Lorsque l'alliage renferme jusqu'à 6 pour 100 de cuivre, on dissout $0^{gr},500$ de métal par l'acide nitrique bien exempt de chlore, on étend cette solution de façon à occuper un volume de 50^{cc} et le dosage se fait par la méthode

____

(1) Il est indispensable, pendant tout le dosage, de se mettre à l'abri des poussières de verre qui peuvent se rencontrer dans l'atmosphère des laboratoires.

électrolytique due à M. Lecoq de Boisbaudran, en prenant le dispositif de M. Riche. L'intensité du courant employé est de 0,1 ampère; l'opération dure six heures, si elle est maintenue à 60°, vingt-quatre heures si elle est faite à froid. Lorsque l'électrolyse est terminée, le cuivre, après avoir été lavé et séché, est pesé à l'état métallique.

Dosage du silicium, de l'aluminium et du fer. — Le cuivre étant éliminé à l'état de sulfure par l'hydrogène sulfuré, on dose l'alumine, le fer et le silicium ainsi qu'il a été indiqué précédemment.

CONCLUSIONS. — Nous donnerons comme exemple l'analyse d'un échantillon d'aluminium provenant de Pittsburg.

Aluminium	98,82
Fer	0,27
Silicium	0,15
Cuivre	0,35
Sodium	0,10
Carbone	0,41
Azote	traces
Titane	traces
Soufre	néant
	100,10

L'industrie de l'aluminium a fait, dans ces dernières années, de grands progrès au point de vue de la pureté du métal. L'analyse précédente en est un très bon exemple puisqu'elle ne nous fournit que 0,27 de fer et 0,15 de silicium. Il y a trois ans un bidon fabriqué à Karlsruhe, avec un aluminium de Neuhausen, nous avait donné, en effet, les chiffres suivants :

Aluminium   96,12
Fer.   1,08
Silicium.   1,94
Carbone.   0,30
                                                  ——————
                                                     99,44

La comparaison de ces deux analyses établit qu'actuellement l'industrie peut fournir un métal beaucoup plus pur. Si l'aluminium, obtenu par électrolyse, pouvait ne plus contenir ni sodium ni carbone, nous estimons que sa conservation serait beaucoup plus facile.

Nous devons faire remarquer, en terminant, que les données, fournies par l'analyse, sont insuffisantes pour établir seules la valeur du métal ; il est de toute utilité d'y joindre les propriétés mécaniques : allongement, limite d'élasticité et charge de rupture.

CHAPITRE IV

Étude des carbures, siliciures et borures.

Carbures métalliques.

L'étude des carbures métalliques était peu avancée jusqu'ici. On savait depuis longtemps que certains métaux en fusion peuvent dissoudre des quantités variables de carbone, mais la classe des carbures ne renfermait guère, avant mes recherches, que des composés formés le plus souvent par dissolution du carbone dans un grand excès de métal.

Cette préparation directe des carbures cristallisés n'est pas possible dans nos fourneaux de laboratoire, car la chaleur que ces appareils peuvent fournir est tout à fait insuffisante.

Le four électrique, permettant d'atteindre avec facilité des températures voisines de 3500° et même de les dépasser, nous mettait à même d'aborder cette étude, dans de meilleures conditions.

Les résultats fournis par ces recherches, sont aussi curieux par les applications que l'industrie pourra en tirer qu'au point de vue de la classification des différents corps simples. Les carbures, en effet, qui autrefois étaient regardés comme des composés mal définis, possèdent des propriétés nouvelles, si tranchées, qu'elles apporteront un puissant appui à la classification des éléments par groupes naturels, et que, dès aujourd'hui, les chimistes se verront forcés d'en tenir compte.

La propriété de décomposer l'eau à froid, en fournissant du gaz acétylène absolument pur, caractérise en effet les carbures de métaux voisins comme le calcium, le baryum et le strontium. Les carbures d'aluminium et de glucinium, dans les mêmes conditions, produiront du méthane pur. Ce sont là des réactions nouvelles nettes et importantes.

Nous avions remarqué, dès le début de nos recherches sur le four électrique, que si les électrodes étaient au contact de la chaux en fusion, il se formait un composé de couleur foncée, à cassure cristalline, qui était une combinaison de carbone et de calcium. Ce nouveau corps dégageait avec rapidité, au contact de l'eau, un gaz à odeur particulière rappelant celle de l'acétylène.

Après nos premières publications sur la reproduction du diamant et sur la préparation de quelques métaux réfractaires, nous avons repris cette étude et les résultats obtenus ont été insérés tout d'abord dans les Comptes rendus de l'Académie des sciences. Nous les réunissons dans ce chapitre.

Nous n'avons préparé jusqu'ici que des carbures simples, mais il doit exister vraisemblablement des carbures doubles dont l'étude mériterait de nouvelles recherches.

A. — **Carbure de lithium**.

Préparation. — Pour obtenir le carbure de lithium, on chauffe, dans notre four électrique, un mélange de charbon et de carbonate de lithine, dans les proportions indiquées par la formule :

$$CO^3Li^2 + 4\,C = C^2Li^2 + 3\,CO.$$

Cette préparation se fait dans un tube de charbon fermé à l'une de ses extrémités.

Au début de l'expérience, il ne se dégage que très peu de vapeurs métalliques, puis la réaction devient tumultueuse, pour s'arrêter ensuite à peu près complètement.

Si l'on termine la préparation, au moment où commence à se produire le dégagement abondant de vapeurs métalliques, on trouve au fond du tube une matière blanche, à cassure cristalline, qui est un carbure de lithium.

Si, au contraire, on continue à chauffer jusqu'à ce que toute réaction ait cessé, on rencontre dans la partie supérieure du tube des gouttelettes fondues de carbure, et la partie fortement chauffée ne renferme plus que du graphite. Le carbure de lithium est volatil ou décomposable en ses éléments, par une température plus élevée. La durée de l'expérience présente donc une grande importance au point de vue du rendement en carbure.

Avec un courant de 35o ampères et 5o volts, il faut chauffer dix à douze minutes. Au contraire, avec un courant de 95o ampères et 5o volts, les vapeurs métalliques apparaissent en abondance dès la quatrième minute, et il faut arrêter de suite l'opération pour retrouver le carbure fondu dans la partie la plus chauffée du tube.

On peut aussi obtenir le carbure de lithium, mélangé d'une petite quantité de charbon, en chauffant le lithium dans un courant d'acétylène à la température d'un bon feu de coke.

Propriétés. — Le carbure de lithium se présente sous forme d'une masse cristalline, aussi transparente qu'un fluorure ou qu'un chlorure alcalin; quand on examine au microscope, on y rencontre des cristaux brillants, très altérables sous l'action de l'humidité de l'air. Sa densité est de 1,65 à 18°; il se brise assez facilement et ne raye pas le verre.

C'est un réducteur d'une très grande énergie; c'est aussi le carbure cristallisé le plus riche en carbone que nous ayons préparé dans ces recherches, puisqu'il en renferme 69 pour 100 de son poids.

Il prend feu à froid dans le fluor et dans le chlore ; il y brûle avec éclat, en fournissant du fluorure ou du chlorure de lithium. Pour produire l'incandescence dans la vapeur de brome ou dans la vapeur d'iode, il suffit de chauffer légèrement.

Au-dessous du rouge sombre, il prend feu et brûle avec vivacité dans l'oxygène, dans la vapeur de soufre et de sélénium.

Il brûle avec énergie dans la vapeur de phosphore, en donnant un phosphure décomposable par l'eau froide, avec dégagement d'hydrogène phosphoré. L'arsenic s'y combine au rouge.

Le chlorate et l'azotate de potassium l'oxydent au point de fusion de ces composés avec une belle incandescence.

La potasse en fusion l'attaque, avec un grand dégagement de chaleur. Les acides concentrés ne le détruisent que très lentement.

Le carbure de lithium décompose l'eau à froid, en produisant du gaz acétylène pur. Cette réaction, rapide à la température ordinaire, devient violente vers 100°. Elle est en tous points, comparable à celle des carbures de calcium, de baryum et de strontium cristallisés.

Un kilogramme de carbure de lithium fournit, par sa décomposition en présence de l'eau, 587$^{\text{lit.}}$ de gaz acétylène.

Analyse. — L'analyse du carbure de lithium a été faite en décomposant par l'eau dans un tube gradué, sur la cuve à mercure, un poids déterminé de ce corps. On mesure le volume d'acétylène recueilli en tenant compte de la solubilité de ce gaz dans l'eau qui a servi à la réaction. Par un simple titrage alcalimétrique fait sur ce dernier liquide, on déduit la lithine et le poids de lithium correspondant.

Nous avons obtenu les chiffres suivants :

	1.	2.	3.	THÉORIE pour C^2Li^2
Carbone.	62,85	62,92	62,97	63,15
Lithium	36,31	36,29	36,40	36,84

Carbures alcalino-terreux.

HISTORIQUE. — En 1862, M. Berthelot (1), dans une étude magistrale, indiqua les propriétés du gaz acétylène, dégagé de l'acétylure de cuivre par l'acide chlorhydrique.

A la fin de la même année, Wœhler (2) a démontré que, par l'action du carbone sur un alliage de zinc et de calcium, on obtenait une masse pulvérulente noire, renfermant un excès de charbon, qui, au contact de l'eau froide, dégageait un mélange de différents gaz. Parmi ceux-ci, Wœhler a caractérisé qualitativement l'acétylène. L'analyse complète du mélange gazeux n'a pas été faite.

Nous rappellerons aussi, dans un autre ordre d'idées, que Winkler (3) avait indiqué la réduction au rouge des carbonates alcalino-terreux par le magnésium.

M. Maquenne (4) reprenant en 1892 et étudiant plus complètement cette réaction, a préparé un carbure de baryum en poudre, amorphe et impur, qui, au contact de l'eau, produisait de l'acétylène ne renfermant que de 3 à 7 o/o d'hydrogène. Cette poudre noire dégageait environ 50 litres de gaz par kilogramme. Il a été impossible à M. Maquenne, ainsi qu'il le fait

(1) BERTHELOT. Recherches sur l'acétylène. *Annales de chimie et de physique*, 3e sér., t. LXVII. p. 52. 1863.

(2) WŒHLER. Préparation de l'acétylène par le carbure de calcium. *Annalen der Chimie und Pharmacie*, t. CXXIV, p. 220.

(3) WINKLER. *Berichte*, t. XXIII, p. 120, et t. XXIV, p. 1966.

(4) MAQUENNE. Sur une nouvelle préparation de l'acétylène. *Annales de chimie et de physique*, 6e sér., t. XXVIII, p 257.

remarquer, de préparer le carbure de calcium par ce procédé (1).

L'année suivante, M. Travers, à Londres (6 février 1893), en chauffant au four Perrot un mélange de chlorure de calcium, de charbon en poudre et de sodium, obtint une masse grise contenant environ 16 o/o de carbure de calcium décomposable par l'eau (2). Il utilisa cette formation de gaz acétylène, à la préparation des acétylures de mercure (3).

La question en était à ce point, lorsque dans une note parue aux Comptes rendus de l'Académie des sciences, le 12 décembre 1892, je publiai, le premier, la formation au four électrique, d'un carbure de calcium fusible à haute température. Voici ce que j'écrivais à ce sujet : « Si la température atteint 3000°, la « matière même du four, la chaux vive fond et coule comme « de l'eau. A cette température, le charbon réduit avec rapi« dité l'oxyde de calcium, et le métal se dégage en abondance; « il s'unit avec facilité au charbon des électrodes pour « former un carbure de calcium, liquide au rouge, qu'il est « facile de recueillir. »

Poursuivant cette étude, je présentai à l'Académie des Sciences une nouvelle note sur le carbure de calcium le 5 mars 1894 et une autre note sur les carbures de baryum et de strontium le 19 mars 1894. Dans ce travail, je démontrais, qu'à la haute température du four électrique, il ne pouvait exister qu'un

---

(1) « Je ferai remarquer, en terminant, que le carbonate de baryum est le seul des composés alcalino-terreux qui puisse se transformer en carbure sous l'action du magnésium ; les autres et surtout le carbonate de calcium, ne sont qu'incomplètement attaqués et donnent alors, quand on les traite par l'eau, un mélange d'hydrogène et d'acétylène peu riche. » (Maquenne.)

(2) MORRIS W. TRAVERS. A method for the preparation of acetylene. *Proceedings of the chemical Society*, 6 février 1893.

(3) R. T. PLIMPTON AND W. TRAVERS. Metallic derivatives of acetylene ; mercuric acetylide. *Journal of the chemical Society*, 1894, vol. 65, p. 264.

seul composé du carbone et du calcium, que ce composé était cristallisé ; j'établissais sa formule par des analyses et, dans l'étude de ses propriétés, je faisais voir que ce corps décomposait l'eau froide en dégageant du gaz acétylène absolument pur, point de départ de l'industrie de l'acétylène.

A ce propos, je crois devoir dire un mot des recherches industrielles d'un ingénieur américain, M. Wilson.

A la fin d'un brevet n° 492,377, pris aux États-Unis, sur la préparation des bronzes d'aluminium, brevet rendu public le 12 février 1893, M. Thomas Wilson fait une courte allusion à un carbure de calcium indéterminé, ainsi qu'à un grand nombre d'autres corps simples ou composés.

Mais cette citation n'a aucune valeur scientifique, car M. Wilson ne donne pas l'analyse du produit obtenu ; il ne fait même pas remarquer que ce produit décompose l'eau froide avec un dégagement gazeux quelconque. Du reste, la publication du brevet Wilson est postérieure à notre première note sur le four électrique, dans laquelle nous indiquons la formation de ce carbure de calcium fondu (1) le long des électrodes.

M. Wilson, qui évitait avec le plus grand soin « *tout bain de fusion* », cherchait vraisemblablement le calcium métallique ; s'il n'a pas eu l'heureuse chance de découvrir le carbure de calcium cristallisé, c'est à lui, en grande partie, que ce nouveau composé a dû sa notoriété dans l'Amérique du Nord.

B. — PRÉPARATION DU CARBURE DE CALCIUM. — On fait un mélange intime de 120^{gr} de chaux de marbre et de 70^{gr} de charbon de sucre ; on place une partie de ce mélange dans le creuset du four électrique, et l'on chauffe pendant 15 minutes, avec un courant de 350 ampères et 70 volts.

(1) MOISSAN. *Comptes rendus de l'Académie des sciences de Paris*, 12 décembre 1892.

On obtient, dans ces conditions, un carbure ou acétylure répondant à la formule C^2 Ca d'après l'équation suivante :

$$Ca\ O + 3\ C = C^2\ Ca + C\ O.$$

On laisse à dessein la chaux en léger excès, puisque le creuset fournit la quantité de charbon nécessaire à un carbure défini. Le rendement est de 120^{gr} à 150^{gr} environ.

Le carbonate de chaux peut être substitué à la chaux dans ce mélange, mais ce procédé est moins avantageux à cause du grand volume des substances employées.

La formule suivante indique, dans ce cas, les proportions de carbonate de calcium et de charbon.

$$CO^3\ Ca + 4\ C = C^2\ Ca + 3\ C\ O$$

Le produit, obtenu dans les deux expériences, présente le même aspect. C'est une masse noire, homogène, qui a été fondue et qui a pris exactement la forme du creuset.

Dans cette préparation, il est important que le mélange de chaux et de charbon soit bien intime. Il faut éviter aussi d'employer un excès de charbon en poudre, sans quoi, la chaux liquide ne peut plus réagir convenablement sur le carbone, et il ne se produit que très peu de carbure. Si l'on n'obtient pas un bain liquide, la préparation est mauvaise et la poudre que l'on recueille ne donne, avec l'eau, qu'un très faible dégagement gazeux. Parfois même, elle n'en fournit aucun.

En utilisant des courants plus intenses, 1000 ampères et 60 volts, nous avons répété cette expérience sur un kilogramme du mélange de chaux et de charbon.

Si l'on emploie un excès de chaux, il se fait surtout du calcium métallique, l'expérience suivante le démontre : Dans la cavité de mon four électrique en chaux vive, on a placé un mélange d'oxyde de calcium et de charbon dans les proportions indiquées par l'équation suivante :

$$Ca\,O + C = CO + Ca.$$

Le four présentait, au milieu d'une face latérale, une ouverture circulaire de 2 cm. de diamètre à laquelle était ajusté un tube de fer. Ce dernier était recouvert extérieurement d'un serpentin de plomb traversé par un courant d'eau froide.

Le four a été mis en marche (350 ampères et 50 volts) et après sept à huit minutes de chauffe, il s'est produit un abondant dégagement de vapeurs, tandis que des flammes blanches, très éclatantes, sortent du four le long des électrodes. Les vapeurs, traversant le tube de fer refroidi, ont abandonné un dépôt gris, qui, au contact de l'eau, a fourni une grande quantité d'hydrogène renfermant des traces d'acétylène. Cette eau était devenue laiteuse et contenait de l'hydrate de chaux.

Ainsi que nous l'avons fait remarquer précédemment, il nous a été impossible de réunir ce calcium très divisé et d'en former un lingot.

Dans nos premières expériences nous avons employé de la chaux de marbre bien pure. Si la chaux contient des sulfates, des phosphates ou de la silice, les résultats seront un peu différents. Une certaine quantité de ces impuretés peut se retrouver dans le gaz acétylène. Le soufre paraît même s'y rencontrer sous forme de produit organique sulfuré.

Pour nous rendre compte de l'influence de ces composés, nous avons chauffé, au moyen de l'arc, un mélange de charbon de sucre et de sulfate de chaux. Ce mélange répondait à la formule $SO^4\,Ca + 4\,C$. Après dessiccation complète au Perrot, on l'a porté au four électrique, dans un tube de charbon fermé à l'une

de ses extrémités. Durée de la chauffe, cinq minutes (900 ampères, 60 volts).

Le produit, recueilli au fond du tube, est bien fondu ; il possède une cassure cristalline, mais il ne se décompose par l'eau
que lentement et ne fournit qu'un très faible rendement. Le gaz
analysé renferme 99,2 d'acétylène pour cent.

Ce mélange, traité par l'acide chlorhydrique étendu, nous a
donné un rapide dégagement de gaz, qui, après absorption par
la potasse, puis traitement par le sous-chlorure de cuivre ammoniacal, nous a fourni les chiffres suivants :

	1.	2.
Hydrogène sulfuré	56,20	57,00
Acétylène	43,30	42,60

La même expérience, répétée avec du sulfate de baryum et
du charbon, dans les mêmes proportions, nous a donné une
masse cristalline bien fondue, qui ne dégageait que très peu
d'acétylène par son contact avec l'eau. Au contraire, avec l'acide
chlorhydrique dilué, attaque très vive et dégagement d'un
mélange gazeux qui renfermait, d'après l'analyse :

	1.	2.
Hydrogène sulfuré	88,20	86,90
Acétylène	11,40	12,80

Enfin, le phosphate de baryum, mélangé d'une quantité de
charbon de sucre suffisante pour produire sa réduction complète, a été chauffé trois minutes dans un tube de charbon avec
un courant de 950 ampères et 70 volts. Il a produit, de même,
une masse bien fondue, cristalline et de couleur brun foncé.

Cette matière était décomposable par l'eau froide et donnait
un abondant dégagement d'un gaz à odeur alliacée. Pour séparer l'hydrogène phosphoré qu'il renfermait, on l'a traité par
une solution de sulfate de cuivre. Dans le gaz restant,

L'acétylène a été dosé au moyen du sous-chlorure de cuivre ammoniacal. Nous avons obtenu les chiffres suivants :

	1.	2.
Acétylène	89,00	88,50
Hydrogène phosphoré (PH^3)	10,90	11,30

La même expérience a été répétée avec les trois sulfates et phosphates alcalino-terreux ; les résultats ont été similaires bien que le volume du gaz dégagé au contact de l'eau ait été variable. Mais si l'on chauffe ces mélanges au four électrique pendant un temps plus long, ou bien au moyen d'un arc plus puissant, on peut chasser tout le soufre ou le phosphore sous forme volatile et n'obtenir que le carbure alcalino-terreux, seul composé stable à une température très élevée (1).

Ces expériences établissent que, dans la préparation industrielle du carbure de calcium, on doit éviter surtout les chaux qui renferment des phosphates. Ces derniers sont facilement réduits par le charbon et fournissent un phosphure décomposable par l'eau, avec production d'hydrogène phosphoré.

Enfin nous ajouterons une dernière remarque sur ce point. Une chaux mélangée de magnésie ne donne que difficilement du carbure de calcium. Le fait nous semble très simple puisque dans notre four électrique, la magnésie ne fournit pas de carbure de magnésium. Elle agit donc comme une matière inerte et empêche la fusion de la masse.

Propriétés physiques. — Le carbure de calcium se clive avec une assez grande facilité, et présente une cassure nettement cristalline. Les cristaux, qui peuvent être détachés, ont un aspect mordoré, sont opaques, brillants. Les lamelles minces, exami-

---

(1) Nous avons fait de même quelques essais sur les arséniates de calcium et de baryum et pour des températures de plus en plus élevées, nous avons recueilli d'abord un mélange de carbure et d'arséniure et finalement un carbure exempt d'arsenic.

nées au microscope, sont transparentes et ont une couleur rouge foncée. Ces cristaux n'appartiennent point au système cubique. Leur densité, prise dans la benzine à la température de 18°, est de 2,22 ; ce carbure est insoluble dans tous les réactifs, dans le sulfure de carbone, dans le pétrole et dans la benzine.

Propriétés chimiques. — L'hydrogène n'agit pas à chaud ou à froid sur le carbure de calcium.

Ce composé, à la température ordinaire, prend feu dans le gaz fluor, avec formation de fluorure de calcium et de fluorure de carbone.

Le chlore sec est sans action à froid. A la température de 245°, le carbure devient incandescent dans une atmosphère de chlore ; il se produit du chlorure de calcium et il reste du charbon, mais le poids de ce corps simple est inférieur au poids du carbone de l'acétylure.

Le brome réagit à 350°, et la vapeur d'iode décompose aussi ce carbure avec incandescence à 305°.

Le carbure de calcium brûle, dans l'oxygène, au rouge sombre en fournissant du carbonate de calcium. Dans la vapeur de soufre, l'incandescence se produit vers 500° avec formation de sulfure de calcium et de sulfure de carbone.

L'azote pur et sec ne réagit pas, même à 1200°. La vapeur de phospore au rouge transforme le carbure de calcium en phosphure sans incandescence. La vapeur d'arsenic, au contraire, réagit, avec un grand dégagement de chaleur, en produisant de l'arséniure de calcium.

Au rouge blanc, le silicium et le bore sont sans action sur ce composé.

Le carbure de calcium, en fusion, dissout du carbone qu'il abandonne ensuite sous forme de graphite.

Le carbure de calcium ne réagit pas sur la plupart des

métaux. Il n'est pas décomposable par le sodium et le magnésium à la température de ramollissement du verre. Avec le fer, il n'y a pas d'action au rouge sombre, mais à haute température, il se forme un alliage carburé de fer et de calcium.

L'étain ne paraît pas avoir d'action au rouge, tandis que l'antimoine fournit, à la même température, un alliage cristallin renfermant du calcium.

L'action la plus curieuse, présentée par ce carbure de calcium, est celle qu'il fournit avec l'eau. Dans un éprouvette remplie de mercure, on fait passer un fragment de ce carbure, puis on ajoute quelques centimètres cubes d'eau ; il se produit aussitôt un violent dégagement de gaz qui ne s'arrête que lorsque tout le carbure est décomposé ; enfin, il reste dans le liquide, de la chaux hydratée en suspension. Le corps gazeux est de l'acétylène pur, entièrement absorbable par le sous-chlorure de cuivre ammoniacal, en ne laissant dans le haut du tube qu'un onglet d'impureté presque imperceptible. Cette décomposition par l'eau, se produit avec un dégagement de chaleur, mais sans aller jamais jusqu'à l'incandescence.

Elle est cependant aussi vive que celle produite par le sodium au contact de l'eau.

D'après le poids de carbure mis en expérience et d'après le volume gazeux, cette réaction est représentée par la formule suivante :

$$\text{C}^2\,\text{Ca} + \text{H}^2\,\text{O} = \text{C}^2\,\text{H}^2 + \text{Ca O.}$$

Cette décomposition interviendra dans nos recherches, aussitôt que le carbure se trouvera au contact d'un liquide renfermant de l'eau.

Ce carbure ou acétylure de calcium, nous fournit donc un moyen facile de préparation de l'acétylène pur, qui vient s'ajouter aux procédés déjà indiqués par M. Berthelot, dans la belle étude qu'il a publiée sur ce composé.

Le gaz obtenu est bien de l'acétylène pur, car l'analyse eudiométrique nous a donné les chiffres suivants :

Gaz analysé	1,28
Oxygène	15,15
Gaz total	16,43
Ap. étincelle	14,50
Ap. potasse	11,98
Contraction	1,93
CO^2 par différence	2,52

Si le gaz était de l'acétylène $C^2 H^2$, nous aurions théoriquement 1,95 comme contraction, et 2,56 comme volume de l'acide carbonique.

Une autre analyse eudiométrique a donné un résultat identique. Cette preuve était bien suffisante pour établir la pureté du gaz obtenu ; nous avons tenu cependant à déterminer la densité de ce carbure gazeux.

Deux expériences nous ont fourni les chiffres 0,907 et 0,912. M. Berthelot a indiqué comme densité de l'acétylène 0,92 et la densité théorique est 0,90.

Si l'on fait réagir la vapeur d'eau, au rouge sombre, sur le carbure de calcium, la réaction se produit avec une énergie beaucoup plus faible. Le carbure ne tarde pas à se recouvrir, en effet, d'une couche de charbon et de carbonate qui limite l'action de la vapeur d'eau, et le dégagement, formé en grande partie d'hydrogène et d'acétylène, est beaucoup moins rapide.

Les acides réagissent sur ce carbure, surtout lorsqu'ils sont étendus. Avec l'acide sulfurique fumant, il se produit un dégagement assez lent et le gaz paraît s'absorber en grande partie.

L'acide ordinaire produit une décomposition plus vive, et prend une odeur aldéhydique marquée.

Avec l'acide nitrique fumant, il n'y a pas de réaction à froid, et l'attaque est à peine sensible à l'ébullition. L'acide azotique très étendu fournit de l'acétylène.

Une solution étendue d'acide iodhydrique fournit aussi un dégagement d'acétylène pur. Il en est de même avec une solution d'acide chlorhydrique. Chauffé au contraire avec le gaz acide chlorhydrique sec, il se produit au rouge vif une incandescence marquée, et il se dégage un mélange gazeux très riche en hydrogène.

Certains oxydants agissent avec une grande énergie sur ce composé. L'acide chromique fondu devient incandescent, au contact du carbure de calcium, en dégageant de l'acide carbonique. La solution aqueuse d'acide chromique ne dégage du carbure que de l'acétylène. Le chlorate de potassium et l'azotate de potassium en fusion n'attaquent pas sensiblement le carbure de calcium. Il faut les porter au rouge pour que la décomposition se produise avec incandescence et formation de carbonate de calcium. Le bioxyde de plomb, l'oxyde avec incandescence, au-dessus du rouge sombre, et le plomb provenant de la réduction renferme du calcium.

Broyé avec du fluorure de plomb, à la température ordinaire, le carbure de calcium devient incandescent.

Chauffé en tube scellé avec l'alcool anhydre à 180°, le carbure de calcium fournit de l'acétylène et de l'éthylate de calcium.

$$2 \, (C^2 \, H^5 \, O \, H) + C^2 \, Ca = C^2 \, H^2 + (C^2 \, H^5 \, O) \, Ca.$$

Le gaz acétylène obtenu dans cette réaction est complètement absorbable par le sous-chlorure de cuivre ammoniacal, mais il fournit un acétylure noir qui semble indiquer l'existence de carbures acétyléniques.

L'action violente exercée par l'acétylène sur le chlore, démontrée par M. Berthelot (1), peut être mise en évidence de la façon suivante :

Dans un flacon contenant de l'eau froide bien saturée de chlore, on laisse tomber quelques fragments de carbure de calcium. Il se dégage aussitôt des bulles d'acétylène qui prennent feu, au contact du chlore, en même temps qu'on perçoit nettement l'odeur des chlorures de carbone.

Cette forme de décomposition peut fournir une belle expérience de cours.

Analyse. — Le dosage du calcium a été fait avec facilité, après décomposition par l'eau du carbure, et en tenant compte, pour les numéros 3 et 4, d'une petite quantité de graphite insoluble qui restait après l'action de l'eau. Le carbone a été dosé par différence, grâce à la perte de poids de l'acétylène gazeux, dans un petit appareil identique à celui dont on se sert pour analyser les carbonates. Il a été facile de doser aussi le carbone en recueillant, sur la cuve à mercure, le gaz dégagé par un poids donné d'acétylure placé dans un tube gradué et additionné ensuite d'une petite quantité d'eau. Ce deuxième procédé nous a donné les chiffres suivants :

1° $0^{gr}1895$ de carbure ont dégagé 64^{cc} de gaz en présence de 4^{cc} d'eau. Le liquide dissolvant son volume d'acétylène, il s'est produit 68^{cc} de gaz. Théoriquement à $15°$ et à 760^{mm}, 0,1895 du carbure C^2 Ca devrait donner 68^{cc}.

2° 0,285 de carbure ont donné $96^{cc}5$ en présence de 4^{cc} d'eau, soit au total $96,5 + 4 = 100.5$. Théoriquement on devrait en recueillir 102^{cc}.

Les dosages du carbone et du calcium, dans le composé cristallisé que nous venons de décrire, nous ont fourni les chiffres suivants :

(1) BERTHELOT. Recherches sur l'acétylène. *Annales de chimie et de physique.* 3ᵉ sér., t. LXVII, p. 52.

	1.	2.	3.	4.	THÉORIE
Calcium......	62,7	62,1	61,7	62,0	62,5
Carbone......	37,3	37,8	»	»	37,5

En résumé, aussitôt que la température est assez élevée, le calcium métallique ou ses composés forment avec facilité, au contact du carbone, un carbure ou acétylure de formule $C^2 Ca$.

Cette réaction présentera peut-être quelqu'intérêt en géologie.

Il est vraisemblable que, dans les premières périodes géologiques, le carbone du règne végétal et du règne animal a existé sous forme de carbures. La grande quantité de calcium répandue à la surface du sol, sa diffusion dans tous les terrains de formation récente ou ancienne, la facilité de décomposition de son carbure par l'eau, peuvent laisser croire qu'il a joué un rôle dans cette immobilisation du carbone sous forme de corps métallique.

D'ailleurs M. Berthelot (1) a déjà insisté sur ce point que l'action de la vapeur d'eau sur les acétylures alcalins ou alcalino-terreux pouvait expliquer très simplement la génération des carbures et des différentes matières charbonneuses.

Nous ajouterons que l'action de l'air sur ce carbure de calcium, produisant au rouge de l'acide carbonique, permettrait d'expliquer le passage du carbone d'un carbure solide à la forme gazeuse de l'acide carbonique. Ce dernier peut, dès lors, être assimilé par le règne végétal.

Les deux autres métaux alcalino-terreux, le baryum et le strontium fournissent, avec facilité, des carbures ou acétylures cristallisés dont les propriétés sont similaires.

Nous les résumons rapidement.

(1) BERTHELOT. Sur l'origine des carbures et des combustibles minéraux. *Annales de chimie et de physique* (4e sér.), t. IX, p. 481.

C. — Préparation du carbure de baryum. — On emplit le creuset de charbon du four électrique, d'un mélange intime formé de baryte anhydre 50^{gr}, charbon de sucre 30^{gr}. On chauffe pendant quinze à vingt minutes avec un courant de 350 ampères et 70 volts. Après refroidissement, on obtient une masse noire, fondue, ayant pris la forme du creuset et qui se brise avec facilité, en présentant, suivant la cassure, de grands cristaux lamellaires.

On peut substituer le carbonate de baryum à l'oxyde, lorsque l'on veut éviter la préparation de ce dernier composé à l'état de pureté. Dans ce cas, on ajoute à 150^{gr} de carbonate de baryum pur, 25^{gr} de charbon de sucre ; on mélange le tout avec soin et l'on chauffe comme précédemment. Le rendement est un peu plus faible dans cette dernière préparation, mais le produit obtenu est identique et répond à la formule C^2 Ba.

Nous avons déjà rappelé, à propos de l'acétylure de calcium, que M. Maquenne, en faisant réagir le magnésium sur le carbonate de baryte, avait préparé de l'acétylure de baryum impur, capable de fournir avec l'eau de l'acétylène ne renfermant plus que 3 à 7 pour 100 d'hydrogène.

D. — Préparation du carbure de strontium. — On obtiendra le carbure de strontium, dans les mêmes conditions et avec la même facilité, en chauffant au four électrique le mélange de 120 gr. de strontiane et de 30 gr. de charbon de sucre ou de 150 gr. de carbonate de strontium et 50 gr. de charbon de sucre.

Le carbure de strontium C^2 Sr se présente aussi sous forme d'une masse noire à cassure mordorée. Comme les autres acétylures alcalino-terreux, il s'effrite à l'air humide en se décomposant.

Propriétés. — Le carbure de baryum est le plus fusible des carbures alcalino-terreux ; il a pour densité 3,75. Le carbure de strontium possède une densité de 3,19.

Ces carbures sont attaqués par le fluor avec incandescence et fusion du fluorure produit.

Ils se décomposent immédiatement au contact de l'eau, comme le carbure de calcium, en donnant de l'oxyde hydraté et du gaz acétylène pur.

Les acides, soit concentrés, soit étendus, ont une action identique à celle que nous avons décrite précédemment à propos du carbure de calcium.

L'action des hydracides est assez énergique. En présence de l'hydracide gazeux, lorsque la température est suffisamment élevée, la réaction se fait avec incandescence. Nous ne pouvons mieux faire, pour comparer ces différents résultats, que de donner les températures, prises à la pince thermo-électrique et au thermomètre, au moment où l'incandescence se produit.

	TEMPÉRATURE D'INCANDESCENCE DANS		
	le chlore sec.	les vapeurs de brome.	les vapeurs d'iode.
C^2 Ca	245°	350°	305°
C^2 Sr	197°	174°	182°
C^2 Ba	140°	130°	122°

Cette action des hydracides est assez curieuse puisque l'acétylure de baryum, tout en se combinant avec facilité au chlore, au brome et à l'iode, s'unit avec ce dernier corps simple à une température plus basse que celle de l'attaque par le brome ou le chlore. C'est l'inverse qui a lieu pour le carbure de calcium.

L'action de l'oxygène est aussi très énergique, mais à une température beaucoup plus élevée. Il faut atteindre le point de ramollissement du verre, et avec le carbure de baryum, l'expérience est très belle. Il se produit une vive incandescence en même temps qu'il se forme de la baryte fondue.

Le carbure de baryum est décomposé avec incandescence par le soufre, à une température un peu supérieure au point de fusion de ce dernier corps. Il se produit du sulfure de baryum et du sulfure de carbone. La réaction est identique pour le carbure de strontium vers 500°.

Le sélénium réagit de même avec une vive incandescence, en produisant du séléniure de carbone et un séléniure alcalino-terreux.

L'azote ne produit rien à 1200° (1), mais la vapeur de phosphore exerce une action très vive au rouge sombre : brillante incandescence et formation de phosphure.

Avec l'arsenic, réaction moins vive, mais nécessitant une température plus élevée.

A 1000°, le silicium et le bore n'agissent pas sur ces carbures alcalino-terreux.

Analyses. — Les dosages du carbone, du baryum et du strontium ont été faits par les méthodes que nous avons déjà indiquées pour le calcium.

Ces analyses nous ont donné les chiffres suivants :

	1.	2.	THÉORIE
Strontium	77,96	78,32	78,47
Carbone	21,55	21,41	21,52

	1.	2.	THÉORIE
Baryum	85,30	85,10	85,00
Carbone	15,10	14,87	15,00

Ces nouveaux composés répondent bien aux formules : C^2Sr et C^2Ba.

(1) Le résidu, repris par l'eau bouillante après dégagement de l'acétylène, fournit cependant quelques vapeurs ammoniacales.

Conclusions. — En résumé, les métaux alcalino-terreux, calcium, baryum et strontium, s'unissent avec facilité au carbone à la température du four électrique et produisent des carbures cristallisés. Ces corps sont immédiatement décomposables par l'eau froide, avec formation d'oxyde hydraté et dégagement d'acétylène pur.

Les métaux alcalins paraissent donner aussi des acétylures, mais ces derniers doivent se former à une température un peu moins élevée. En opérant dans les mêmes conditions que ci-dessus, nous avons obtenu des mélanges noirs, avec excès de charbon, dégageant une petite quantité de gaz acétylène au contact de l'eau, mais ne possédant pas une composition constante et ne présentant pas trace de cristallisation.

Cette nouvelle méthode de préparation des carbures alcalino-terreux au four électrique est déjà entrée dans la pratique industrielle, depuis la publication de nos premières recherches. Elle permet d'obtenir le gaz acétylène avec facilité ; la première application de ce carbure d'hydrogène à l'éclairage semble donner de bons résultats. La préparation industrielle du carbure de calcium a été étudiée en France, surtout par M. Bullier, et aux États-Unis, par M. Wilson.

Cette préparation si facile des carbures alcalino-terreux au four électrique, peut produire aussi quelques changements dans la fabrication de la baryte et de la strontiane. Ces deux oxydes et leurs sels pourront être obtenus rapidement, en partant des carbures formés par l'action du charbon sur les carbonates naturels de baryum et de strontium. Ces carbures seront décomposés par l'eau, avec production d'acétylène, et ils donneront de la strontiane ou de la baryte hydratée que l'on peut transformer en chlorure, en chlorate ou en azotate.

E. — **Carbure de cérium**.

Nos recherches sur les carbures alcalino-terreux nous ont conduit à étudier les combinaisons du carbone avec les métaux de la cérite. Nous devons rappeler que M. Otto Petterson, dans un Mémoire ayant pour titre : *Contributions à la Chimie des éléments des terres rares* (1), a préparé, en appliquant notre méthode du four électrique, les carbures de lanthane, yttrium, erbium et holmium. M. Petterson n'a donné à ce sujet aucune analyse des carbures d'hydrogène produits en présence de l'eau. C'est, au contraire, sur ce point que nos expériences ont été particulièrement dirigées.

Préparation du carbure de cérium. — Le bioxyde de cérium pur CeO^2 (2), de couleur blanche, est intimement mélangé avec du charbon de sucre dans les proportions suivantes :

Charbon de sucre.............................   48
Bioxyde de cérium............................ 192

Ces proportions correspondent à l'équation :

$$CeO^2 + 4\,C = C^2\,Ce + 2\,CO.$$

La réduction se fait au four électrique à une température relativement basse. L'oxyde fond tout d'abord ; il se produit

---

(1) PETTERSON. *Supplément des Comptes rendus de l'Académie royale suédoise*, t. II, 2ᵉ série, nᵒ 1, 1895.

(2) Pour préparer ce bioxyde, on est parti de la cérite qui a été tout d'abord attaquée par l'acide sulfurique. Les sulfates obtenus ont été transformés en oxalates, et enfin ces oxalates ont été amenés à l'état de nitrates. En appliquant à ces nitrates la méthode de Debray, ou plutôt, en fondant ces nitrates dans un bain de nitrate double de potassium et de sodium fusible à plus basse température, on a pu précipiter le cérium sous forme d'oxyde cérique empâté de nitrates basiques de lanthane et de didyme. En reprenant les nitrates par l'acide sulfurique étendu, il reste un oxyde de cérium jaune pâle, sur lequel on répète trois ou quatre fois le même traitement pour l'amener à un état de pureté suffisant.

ensuite un bouillonnement dû au dégagement d'oxyde de carbone. On arrête la chauffe, lorsque la matière est en fusion tranquille. Cette préparation s'effectue dans un tube de charbon, fermé à l'une de ses extrémités. Avec un courant de 300 ampères et 60 volts, la réduction complète de 100^{gr} d'oxyde de cérium exige huit à dix minutes. Elle se produit en trois minutes, avec 600^{gr} de matière, lorsque l'on dispose d'un courant de 900 ampères et 50 volts.

Nous avons eu l'occasion, dans ces recherches, de préparer plus de 4^{kg} de carbure de cérium.

Propriétés. — Le carbure de cérium se présente sous forme d'un culot homogène à cassure cristalline. Il se délite facilement en présence de l'air, en se recouvrant d'une poudre de couleur chamois; en même temps, il dégage une odeur alliacée caractéristique rappelant celle de l'allylène.

Examiné au microscope dans la benzine, le carbure, finement pulvérisé, présente des fragments cristallins, parmi lesquels se rencontrent des parties d'hexagone bien nettes, transparentes, d'un jaune rougeâtre. Quand ils ne renferment pas de graphite, ces petits cristaux colorés sont tout à fait transparents.

La densité du carbure de cérium prise dans la benzine est de 5,23.

Le fluor n'attaque pas ce carbure à froid, mais, par une légère élévation de température, il se produit une vive incandescence, et il se dégage un fluorure blanc volatil.

Le chlore attaque ce composé vers 230°, en formant du chlorure de cérium qui empâte le graphite lorsque le carbure en contient.

Le brome et l'iode réagissent de même avec incandescence, mais à des températures plus élevées.

Dans l'oxygène, le carbure de cérium brûle avec éclat au

rouge, en produisant un résidu cristallin d'oxyde et en dégageant de l'acide carbonique. La réaction est complète; elle nous a permis de doser le métal et le carbone total. La vapeur de soufre fournit également, avec incandescence, un sulfure de cérium qui, au contact des acides, dégage de l'hydrogène sulfuré. Le sélénium réagit de même au-dessous du rouge sombre.

L'azote et le phosphore sont sans action sur le carbure de cérium à la température de ramollissement du verre.

Le carbone se dissout dans le carbure de cérium en fusion et cristallise dans la masse sous forme de graphite.

L'acide chlorhydrique gazeux attaque le carbure de cérium à 650° avec incandescence. Il se produit du chlorure mélangé à un résidu volumineux de charbon; en même temps, il se dégage de l'hydrogène.

L'acide iodhydrique donne, au rouge sombre, un iodure dans les mêmes conditions.

Au rouge, l'hydrogène sulfuré fournit un mélange de graphite et de sulfure de cérium.

À la température de 600°, l'ammoniaque n'a pas produit d'azoture.

Les oxydants agissent énergiquement sur ce composé. Le chlorate de potassium l'attaque avec incandescence aussitôt qu'il est fondu.

La décomposition est moins vive avec l'azotate de potassium.

La potasse et le carbonate de potassium en fusion décomposent le carbure de cérium, avec un grand dégagement de chaleur, production d'hydrogène et d'oxyde d'un blanc jaunâtre.

L'acide sulfurique concentré n'agit pas à froid; à chaud, il fournit un dégagement d'acide sulfureux. L'acide nitrique fumant n'a pas d'action et l'acide étendu agit surtout par l'eau qu'il contient.

La réaction la plus caractéristique du carbure de cérium est celle qu'il donne au contact de l'eau. En laissant tomber quelques gouttes d'eau sur un fragment de carbure, la température est assez élevée pour qu'il y ait vaporisation du liquide. En présence d'un excès d'eau, la réaction, violente au début, ne tarde pas à se calmer et ne se termine qu'après dix à douze heures.

Le carbure de cérium produit, par sa décomposition, un hydrate de cérium blanc, qui, au contact de l'air, prend une coloration lie de vin.

Les gaz qui se dégagent sont formés surtout d'acétylène et de méthane. Ils nous ont donné, à l'analyse, les chiffres suivants (1) :

	1.	2.	3.	4.	5.
Acétylène...	75,00	75,50	76,69	76,42	75,64
Éthylène ...	3,52	4,23	»	»	»
Méthane....	21,48	20,27	»	»	»

Ces chiffres ont été obtenus avec des carbures bien exempts de calcium, et traités par un excès d'eau à la température ordinaire.

Cette décomposition, assez constante en acétylène et en méthane, nous avait amené à penser que nous pouvions nous trouver en présence de deux corps simples voisins, qui donneraient, sous forme de carbure gazeux, pour le premier, de l'acétylène, et pour le second, du méthane : c'est ce qui se produirait, par exemple, pour un mélange d'alumine et de chaux amenées à l'état de carbures.

En partant de cette idée, nous avons essayé de fractionner le carbure de cérium en l'attaquant par l'eau, par des acides minéraux très étendus, ou par des acides organiques dans des con-

(1) Pour séparer ces différents carbures, nous avons suivi les méthodes de M. Berthelot. Nous donnerons quelques détails sur ce sujet à propos du **carbure de lanthane**.

ditions différentes. Sur ce point, nos essais ont été infructueux.

L'action de la température élevée du four électrique, agissant sur le carbure de cérium, de façon à produire une distillation partielle, qui pouvait nous enrichir de l'un des carbures, les produits de tête ou de queue, ne nous a pas fourni de meilleurs résultats (1).

De ces différentes recherches, nous avons tiré les conclusions suivantes :

Lorsque l'on décompose le carbure de cérium par de l'eau glacée, la proportion des différents carbures gazeux varie d'une façon bien nette. Elle ressort des chiffres suivants :

	1.	2.	3.
Acétylène	78,47	79,7	80,0
Éthylène	2,63	»	»
Méthane	18,90	»	»

Si l'on décompose le carbure de cérium, non plus par l'eau, mais par des acides étendus, la proportion d'acétylène va encore varier. Un carbure de cérium qui, en présence d'un excès d'eau pure à la température ordinaire, donne un mélange gazeux renfermant 71 pour 100 d'acétylène n'en donnera plus que 65,8 pour 100 en présence d'acide chlorhydrique étendu, et 83 pour 100 au contact d'acide azotique.

Bien plus, si l'on examine le résidu de la décomposition par l'eau du carbure de cérium, si l'on épuise ce liquide par l'éther, on retrouve sous forme de carbures 3 à 4 pour 100 du carbone combiné. On obtient ainsi un mélange de carbures liquides saturés et non saturés.

La décomposition du carbure de cérium par l'eau est aussi

(1) Il ne faut pas oublier que dans les expériences de longue durée, faites avec notre four électrique, le cérium peut prendre une petite quantité de carbure de calcium. On doit toujours s'assurer si le carbure de cérium ainsi traité ne renferme pas de calcium.

complexe que celle du carbure d'uranium que nous décrirons
plus loin, mais elle s'effectue sans dégagement d'hydrogène.
Cette complexité est due aux réactions secondaires qui se produiront différemment suivant le milieu et la température.

Analyse. — Le cérium a été dosé à l'état d'oxyde CeO^2, par calcination
du sulfate, du nitrate ou par combustion directe du carbure dans l'oxygène.
Les chiffres présentent peu de différence, quelle que soit la méthode
employée; ils ont toujours été un peu plus forts que la valeur indiquée
par la théorie, ce qui tient vraisemblablement au poids atomique 141
que nous avons employé.

D'après les différents auteurs qui ont étudié le cérium et d'après
M. Schützenberger, l'oxyde CeO^2 n'aurait pas toujours une composition
constante.

Le carbone total a été dosé par combustion directe dans l'oxygène
et pesé sous forme d'acide carbonique.

Les échantillons renfermant du graphite ont été attaqués par l'acide
nitrique, et la teneur en graphite a été déterminée finalement par la
pesée de l'acide carbonique après combustion dans l'oxygène.

La formule C^2Ce exige théoriquement :

	POUR 100.
Ce...................................	85,45
C....................................	14,54

Nous avons trouvé les chiffres suivants :

	1.	2.	3.	4.	5.	6.
Cérium......	86,46	85,99	85,37	85,74	86,12	85,93
Carbone.....	14,90	14,81	»	»	»	»

CONCLUSIONS. — En résumé, le cérium fournit au four électrique, en présence du charbon, un carbure cristallisé de formule C^2Ce, analogue au carbure de calcium et décomposable
par l'eau à froid, en produisant un mélange gazeux d'acétylène,
d'éthylène, de méthane et des carbures liquides et solides plus
ou moins condensés.

F. — **Carbure de lanthane**.

Préparation. — L'oxyde de lanthane est facilement réduit par le charbon à la température du four électrique. Cependant, cette réduction exige une température plus élevée que celle de l'oxyde de cérium.

L'oxyde de lanthane est mélangé avec du charbon de sucre, finement pulvérisé, dans les proportions suivantes :

        Oxyde de lanthane............................ 100
        Charbon de sucre.............................   80

Ce mélange est tassé dans un tube de charbon, fermé à l'une de ses extrémités, et chauffé dans mon four électrique pendant douze minutes, au moyen de l'arc fourni par un courant de 358 ampères et 56 volts.

Propriétés. — On obtient ainsi un lingot homogène, bien fondu, à cassure cristalline, de couleur moins foncée que le carbure de cérium. Les fragments, examinés au microscope, sont transparents et colorés en jaune; ils possèdent un aspect cristallin très marqué.

La densité du carbure de lanthane cristallisé a été trouvée de 5,02 à + 20°. Elle est donc un peu plus élevée que celle indiquée par M. Petterson (4,71).

Le fluor n'attaque pas le carbure de lanthane, même pulvérisé, à la température ordinaire. Si l'on chauffe légèrement, il se produit une incandescence très vive avec formation de fluorure.

Le chlore attaque ce composé à 250°, avec incandescence et production de chlorure de lanthane. Le brome fournit les mêmes résultats à 255°. L'iode réagit de même et avec incandescence.

Le carbure de lanthane brûle dans l'oxygène plus difficilement que le carbure de cérium. Cependant au rouge la combustion devient complète, et cette réaction permet la séparation du lanthane, sous forme d'oxyde, et du carbone total sous forme d'acide carbonique.

Le soufre réagit avec difficulté sur le carbure de lanthane. On peut chauffer ce carbure dans la vapeur de soufre, à la température de ramollissement du verre, sans qu'il y ait formation de sulfure. Le produit repris par l'eau donne naissance à un carbure d'hydrogène et, attaqué par l'acide chlorhydrique, il ne donne que très peu d'hydrogène sulfuré.

La vapeur de sélénium produit une action plus énergique ; il se forme un séléniure décomposable par l'acide chlorhydrique étendu, avec dégagement d'hydrogène sélénié.

L'azote et le phosphore ne paraissent pas réagir à la température de 700° à 800°. Cependant le carbure de lanthane, qui a été chauffé, dans l'azote, abandonne un peu d'ammoniaque par la potasse en fusion.

Le carbone est soluble dans le carbure de lanthane fondu et, par refroidissement, il se dépose sous forme de graphite très bien cristallisé.

Les acides étendus attaquent facilement le carbure de lanthane, tandis que l'acide nitrique fumant exactement monohydraté n'a pas d'action sur lui. Au contraire, l'acide sulfurique concentré le décompose à chaud avec production d'acide sulfureux.

Le carbure de lanthane, chauffé dans un courant de gaz ammoniac, se décompose au rouge avec une légère incandescence, en produisant un azoture qui, traité par la potasse en fusion, dégage de l'alcali volatil. Il existe donc un azoture de lanthane dont nous poursuivons l'étude.

Le gaz acide chlorhydrique attaque le carbure de lanthane bien au-dessous du rouge sombre, en fournissant du chlorure de lanthane et de l'hydrogène carboné.

Ce carbure, chauffé au-dessous du rouge dans un courant de protoxyde ou de bioxyde d'azote, brûle avec une vive incandescence.

Les oxydants, tels que le permanganate en poudre, le chlorate et l'azotate de potassium en fusion, l'attaquent en produisant un grand dégagement de chaleur.

De même la potasse fondue le détruit avec production d'hydrogène.

L'eau décompose rapidement le carbure de lanthane à la température ordinaire. Il se forme de l'oxyde hydraté et un dégagement gazeux de carbures d'hydrogène. Le gaz, ainsi produit, renferme de l'acétylène, de l'éthylène et du formène.

L'acétylène a été absorbé par le sous-chlorure de cuivre ammoniacal, l'éthylène par le brome, et la composition du formène ou méthane restant a été établie par l'analyse eudiométrique. Pour s'assurer que ce dernier gaz était du méthane pur, on l'a traité par de l'alcool absolu, bien privé d'air, ainsi que l'a conseillé M. Berthelot (1). Après séparation du liquide, les vapeurs d'alcool ont été absorbées par l'acide sulfurique et une nouvelle analyse eudiométrique du résidu a donné les mêmes chiffres que précédemment. On ne se trouvait donc pas en présence d'un mélange d'éthane et d'hydrogène ; le dernier gaz isolé était bien du méthane.

Nous avons obtenu les chiffres suivants :

(1) M. Berthelot. Méthode universelle pour réduire et saturer d'hydrogène les composés organiques. *Ann. de ch. et de ph.*, 4ᵉ série, t. XX, p. 392, 1870.

	1.	2.	3.	4.
Acétylène	71.75	70,18	71,17	70,71
Éthylène	1,93	1,15	0,95	2,01
Méthane	27,22	28,67	27,88	27,98

Ces produits gazeux renferment la presque totalité du carbone combinée au lanthane.

Une expérience a été faite sur un poids déterminé de carbure renfermant 5 p. 100 de graphite. Le gaz obtenu a donné les chiffres de l'analyse n° 4. Ils correspondent à un poids de carbone représentant 11,66 p. 100, tandis que théoriquement, nous devrions obtenir 13,7 p. 100. Cette légère différence de carbone se retrouve sous forme d'une petite quantité de carbures liquides et solides, qui ont pu être séparés, par l'éther, de l'eau employée à la décomposition du carbure métallique.

Analyse. — Le carbone total a été dosé par combustion directe, dans l'oxygène. D'autre part, un poids déterminé de carbure a été attaqué par l'acide nitrique étendu ; le graphite séparé a été pesé sur filtre taré et la solution nitrique calcinée a fourni les chiffres de lanthane.

	1.	2.	THÉORIE pour C² La
Lanthane	85,42	85,80	85,23
Carbone	14,59	14 07	14,77

CONCLUSIONS. — L'oxyde de lanthane, mélangé de charbon et chauffé dans le four électrique, produit avec facilité un carbure transparent et cristallisé de formule C²La. Ce carbure est décomposable par l'eau, à la température ordinaire, en fournissant un mélange d'acétylène et de méthane accompagné de traces d'éthylène. La proportion de méthane est un peu plus forte que celle fournie par le carbure de cérium.

Au moment de sa destruction par l'eau, ce composé fournit aussi une très petite quantité de carbures liquides et solides.

G. — **Carbure d'yttrium**.

L'étude des carbures d'yttrium et de thorium a été faite en collaboration avec M. Etard.

Préparation de l'yttria. — Un certain nombre de minéraux tels que la gadolinite, l'euxénite, la monazite, contiennent les terres rares du groupe de l'yttria. La méthode habituelle de traitement de ces terres rares consiste à attaquer le minéral pulvérisé par l'acide sulfurique, et à précipiter les oxydes par l'acide oxalique.

Les oxalates sont lavés, puis grillés à 400° et attaqués cette fois par l'acide sulfurique étendu. La solution limpide est saturée de sulfate de potassium en cristaux. On sait que les sulfates doubles du groupe du cérium (lanthane, didyme) sont insolubles dans une solution de sulfate de potassium, tandis que les sulfates doubles du groupe de l'yttria, tels que l'erbium, l'holmium, etc., restent en solution dans le liquide.

Quand ces solutions sulfatées ne présentent plus les bandes caractéristiques du néodyme et du praséodyme (ancien didyme), on peut être assuré que le cérium et le lanthane sont entièrement précipités. Les eaux-mères sont reprises par l'acide oxalique, et l'on obtient, sous forme d'oxalates, la totalité des terres rares du groupe de l'yttria renfermant l'erbium, l'holmium, le thulium, etc.

Il s'agit de séparer l'yttria des autres oxydes et sur ce point nous proposons la méthode suivante : Ce mélange complexe des terres de l'yttria est neutralisé par l'acide sulfurique ; puis, on le précipite par du chromate neutre de potassium en fractionnant le précipité. Comme nous avons eu soin de n'ajouter qu'une petite quantité de chromate alcalin, environ 1/10 de la quantité nécessaire, il se produit tout d'abord un chromate basique des terres rares, dans lequel prédominent l'erbium, l'holmium, le thulium et autres corps simples. Le précipité étant basique, la solution devient riche en chromate acide et prend une couleur d'un beau rouge. Le magma, qui s'est déposé dans ces conditions ne tarde pas à cristalliser. On le sépare, on le lave avec facilité, et on le réduit en milieu acide par l'alcool, pour obtenir d'abord l'oxalate et enfin, par calcination, l'oxyde.

Les eaux-mères de couleur rouge sont traitées à nouveau par 1/10 de chromate de potassium et additionnées en même temps d'une quantité d'ammoniaque suffisante pour ramener la neutralité, ce que l'on reconnaît à la coloration jaune de la liqueur. Un nouveau dépôt d'abord floconneux, mais bientôt cristallin se produit. En continuant méthodiquement cette opération la dixième précipitation est formée de chromate basique d'yttria. La terre rare séparée ne fournit plus de bandes d'absorption et son poids atomique est de 89.

S'il en est besoin, on peut reprendre ces fractions en séries par la même méthode et, avec de la patience, on obtient aisément des centaines de grammes d'yttria, exempte des bandes d'absorption du néodyme, du praséodyme, de l'erbium, de l'holmium, du thulium et du samarium.

Ce procédé, plus rapide que ceux qui ont été indiqués jusqu'ici, nous a fourni l'yttria employée dans ces recherches.

Préparation du carbure d'yttrium. — L'yttria, en poudre très fine, est mélangée intimement avec du charbon de sucre, puis additionnée d'une petite quantité d'essence de térébenthine, de façon à former une pâte épaisse. Le tout est fortement comprimé, puis les fragments sont calcinés au four Perrot.

Ce mélange est chauffé au four électrique dans un cylindre de charbon fermé à l'une de ses extrémités. La réduction de l'yttria, par le charbon, se produit à une température plus élevée que celle de l'oxyde de cérium. Avec 900 ampères et 50 volts, il est nécessaire de chauffer 5 à 6 minutes. Pendant la réduction, il se dégage des vapeurs métalliques qui brûlent à l'orifice du tube avec une flamme blanche teintée de pourpre. L'yttrium et le cérium fournissent des vapeurs métalliques dans les mêmes conditions à peu près que les métaux alcalino-terreux.

Propriétés. — Le carbure d'yttrium C^2Y, se présente en lingots bien fondus, friables, et présentant une cassure cristalline très nette. Au microscope, on distingue nettement des cristaux jaunes, transparents, mélangés parfois de graphite.

La densité du carbure d'yttrium prise dans la benzine à $+ 18°$ est de 4,13. M. Petterson avait indiqué 4,18.

Nous décrirons quelques propriétés nouvelles du carbure d'yttrium.

Le fluor l'attaque à froid. Il brûle dans le chlore au-dessous du rouge sombre, en produisant une vive incandescence. Dans la vapeur de brome la réaction est identique. Le carbure d'yttrium brûle de même avec la plus grande facilité dans la vapeur d'iode, en produisant un iodure stable.

Il brûle dans l'oxygène, dans la vapeur de soufre et dans celle du sélénium.

Les acides concentrés l'attaquent difficilement.

L'acide sulfurique, à froid, ne produit aucun dégagement gazeux, tandis qu'à chaud, il donne de l'acide sulfureux.

L'eau le décompose à froid, en fournissant un oxyde hydraté blanc et un mélange de carbures d'hydrogène dont voici l'analyse :

	1.	2.
Acétylène	71,7	71,8
Méthane	19,0	18,8
Éthylène	4,8	4,45
Hydrogène	4,5	4,95

Les rapports des différents carbures gazeux sont donc assez voisins de ceux fournis par le carbure de cérium.

L'acétylène y prédomine et l'hydrogène s'y rencontre en petite quantité.

Analyse. — La méthode analytique, employée dans ces recherches, a été décrite précédemment à propos du carbure de cérium ; elle nous a donné les chiffres suivants :

	1.	2.	THÉORIE pour C^2Y
Yttrium	78,5	78,72	78,76
Carbone	21,4	21,55	21,23

II. — Carbure de thorium.

Préparation de l'oxyde de thorium. — L'oxyde de thorium se retire de la thorite ou de sa variété la plus riche, l'orangite. Ces minéraux sont des silicates hydratés de thorium, renfermant du fer, de la chaux, les terres rares du groupe du cérium (lanthane, didyme) et celle du groupe de l'yttrium (erbium, etc…).

Le minerai pulvérisé est traité par l'acide chlorhydrique bouillant. La solution des chlorures métalliques est précipitée ensuite par l'acide oxalique ; la thorine et les terres rares se déposent dans la solution acide. On les lave pour entraîner le fer, le calcium et le magnésium. Le mélange de ces oxalates est traité par une solution saturée d'oxalate d'ammoniaque, qui possède la propriété bien connue de dissoudre l'oxalate de thorium, sans toucher aux terres rares proprement dites. Le liquide filtré, puis traité par l'acide azotique, laisse déposer l'oxalate de thorium. On répète cette dissolution et cette précipitation jusqu'à ce que la terre soit absolument pure.

Cet oxyde de thorium, mis en solution à 20 p. 100 d'oxyde, ne présente au spectroscope aucune bande d'absorption sur une longueur de 20 centim. Il est absolument blanc ; son poids atomique est de 232. Enfin, disposé sur une mèche incandescente, il ne fournit qu'une lumière blafarde sans éclat et de couleur lilas. On sait aujourd'hui que c'est la réaction la plus sensible de la thorine pure.

Préparation du carbure. — Nous rappellerons tout d'abord que M. Troost (1) a obtenu au four électrique une fonte de thorium dont la composition se rapproche de la formule C^2 Th. Cette fonte avait la propriété de s'altérer au contact de l'air humide en foisonnant.

Pour obtenir le carbure cristallisé, nous avons chauffé au four électrique un mélange de 72 gr. de thorine et 6 gr. de charbon, aggloméré en petits cylindres, ainsi que nous l'avons indiqué pour l'yttria. Avec un courant de 900 ampères et 50 volts, la réduction s'accomplit en 4 minutes.

Propriétés. — Le carbure de thorium pur C^2 Th. se présente sous forme d'une matière homogène, bien fondue, à cassure cristalline et se clivant avec facilité. Quand on le regarde au microscope, on voit qu'il est formé de petits cristaux jaunes transparents mélangés de quelques lamelles de graphite.

La densité du carbure de thorium à $+ 18°$ est de 8,96.

L'action des hydracides sur ce composé est semblable à celle qu'ils exercent sur le carbure d'yttrium.

Légèrement chauffé, le carbure de thorium brûle dans l'oxygène avec un éclat éblouissant. Chauffé dans la vapeur de soufre, il fournit encore une très belle incandescence et laisse un sulfure de couleur foncée, attaquable par l'acide chlorhydrique, ce qui différencie ce composé de sulfure signalé par Chydenius.

Dans la vapeur de sélénium, incandescence très vive au-des-

(1) Troost. Sur la préparation du zirconium et du thorium. *Comptes rendus*, t. CXVI, p. 1227, 1893.

sous du rouge et formation d'un séléniure attaquable par l'acide chlorhydrique étendu, avec dégagement d'hydrogène sélénié.

L'acide chlorhydrique gazeux attaque le carbure de thorium, au rouge sombre, avec incandescence et formation d'un chlorure paraissant peu volatil.

Avec l'hydrogène sulfuré au rouge, la décomposition est lente et sans incandescence.

Chauffé dans le gaz ammoniac vers 500°, le carbure de thorium dégage de l'hydrogène et le résidu, repris par la potasse fondue, fournit des vapeurs ammoniacales. Il s'est donc produit un azoture de thorium.

Les acides concentrés ont peu d'action sur ce composé, tandis que les acides étendus l'attaquent avec rapidité.

La potasse, le chlorate et l'azotate de potassium en fusion décomposent ce carbure avec incandescence.

Le carbure de thorium, projeté dans l'eau froide, se décompose avec facilité, en fournissant un mélange gazeux qui nous a donné à l'analyse les chiffres suivants (1) :

	1.	2.
Acétylène	47,05	48,44
Méthane	31,06	27,69
Éthylène	5,88	5,64
Hydrogène	16,01	18,23

Nous avons constaté de plus, la formation d'hydrocarbures liquides et solides en petite quantité.

(1) L'acétylène a été dosé par le chlorure cuivreux ammoniacal. Le résidu, traité sur la cuve à eau par le brome, a indiqué le volume du carbure éthylénique. Enfin la combustion eudiométrique du gaz restant, démontre s'il renferme ou non un mélange de carbures $C^{2n}H^{2n+2}$ et d'hydrogène. Dans le cas de l'existence de l'hydrogène, on traite le gaz par l'alcool bouilli, on élimine les vapeurs d'alcool par l'acide sulfurique bouilli et l'on termine par une combustion eudiométrique du résidu, qui est formé d'hydrogène pur.

Analyse. — Nous avons obtenu les résultats suivants :

	1.	2.	THÉORIE pour C^2 Th.
Thorium................	89,70	89,53	90,62
Carbone................	10,30	10,47	9,37

En résumé, l'yttria, ainsi que M. Petterson l'a indiqué, fournit un carbure de formule C^2Y. Ce carbure peut être obtenu en cristaux transparents, décomposables par l'eau froide avec formation d'un mélange gazeux riche en acétylène, contenant du méthane, de l'éthylène, et une petite quantité d'hydrogène. Le thorium donne de même un carbure cristallisé et transparent de formule C^2 Th qui, en présence de l'eau, produit aussi des carbures gazeux renfermant moins d'acétylène et plus d'hydrogène libre. »

I. — **Carbure d'aluminium.**

On ne connaissait jusqu'ici aucune combinaison du carbone et de l'aluminium. La solubilité du carbone dans ce métal avait même été mise en doute par plusieurs savants (1).

Nous avons préparé au four électrique, de la façon suivante, un carbure d'aluminium de formule C^3Al^4, très bien cristallisé.

Préparation. — Pour obtenir ce nouveau composé, on se sert du four électrique à tube que nous avons décrit au début de cet ouvrage. Des nacelles de charbon assez épaisses, remplies d'aluminium, sont placées dans le tube de charbon, qui est traversé par un courant d'hydrogène. Chaque nacelle con-

---

(1) D'après M. Mallet, l'aluminium ne se combine pas au carbone ; au contraire, M. Franck, par la calcination d'un mélange de noir de fumée et d'aluminium, aurait obtenu un métal qui fournissait par l'acide chlorhydrique de l'hydrogène souillé d'acétylène.

tient environ 15 à 20 gr. d'aluminium ; on chauffe pendant
cinq à six minutes avec une force de 300 ampères et 65 volts.
Le refroidissement se termine dans le courant d'hydrogène, et
l'on trouve les nacelles remplies d'une masse métallique de
couleur grise, sur la surface de laquelle se rencontrent des
sphères métalliques, qui se sont formées par suite d'une
augmentation de volume au moment de la solidification.

Dès que l'on casse le contenu de la nacelle, l'aluminium
apparaît pailleté de cristaux brillants d'une belle couleur
jaune.

On obtient un aluminium qui présente le même aspect, lorsque l'on chauffe modérément ce métal, dans un creuset de charbon, au four électrique ; seulement, dans cette dernière préparation, les cristaux jaunes de carbure d'aluminium sont souillés
par une petite quantité d'azote. En réduisant au four électrique
un mélange de kaolin et de charbon, le résultat est identique.
Il se dégage d'abondantes vapeurs et il reste un culot métallique présentant une cassure cristalline bien nette, de couleur
jaune pâle.

Pour séparer ce carbure de l'excès de métal, on divise le
culot en fragments de 1 à 2 gr., et l'on attaque 2 à 3 gr. au plus
par l'acide chlorhydrique concentré. Cette attaque se fait dans
un tube à essai entouré d'eau glacée. Il est important, en effet,
d'empêcher la température de s'élever, et d'opérer le plus rapidement possible, car l'eau, même froide, décompose le carbure
d'aluminium, comme nous le verrons plus loin.

Lorsque l'attaque s'arrête par suite de la formation de chlorure d'aluminium, peu soluble dans l'acide chlorhydrique, on
lave à l'eau glacée, on décante le liquide, et l'on reprend le
métal par une nouvelle quantité d'acide. Dès qu'il ne se dégage
plus d'hydrogène, le résidu est lavé rapidement à l'eau froide,

puis avec de l'alcool concentré, enfin avec de l'éther, et séché
à l'étuve.

Pour que cette préparation soit bien faite, elle doit s'exécuter
en trente minutes environ. On dispose une série de tubes à essai
que l'on surveille tous en même temps.

L'emploi de l'acide chlorhydrique moins concentré détermine
une attaque beaucoup plus calme, mais aussi plus longue; il
fournit un produit déjà très altéré.

Propriétés. — Le carbure d'aluminium, préparé dans les
conditions que nous venons d'indiquer, se présente en beaux
cristaux jaunes, transparents, dont certains atteignent 5 à 6
millim. de diamètre. Quelques cristaux ont la forme d'hexagones bien réguliers et possèdent une certaine épaisseur. Leur
densité prise dans la benzine est de 2,36. La température la
plus élevée que puisse fournir l'arc électrique les décompose.

Le chlore attaque le carbure au rouge sombre avec incandescence. Il se forme du chlorure d'aluminium et il reste un
charbon lamellaire qui a conservé la forme des cristaux primitifs; c'est un carbone amorphe sans trace de graphite. Le
brome est sans action sur ce carbure à la température ordinaire, mais vers 700° l'incandescence se produit, il se fait du
bromure d'aluminium et un résidu de carbone. L'iode ne
paraît pas avoir d'action au rouge vif.

L'oxygène, au rouge sombre, n'attaque le carbure d'aluminium que superficiellement; ce phénomène tient à ce que l'alumine, qui se forme dès le début de la réaction, recouvre le
carbure d'une gaine protectrice. Au contraire, le soufre l'attaque
à la même température avec un grand dégagement de chaleur;
il se produit en quelques instants du sulfure d'aluminium et
des traces de sulfure de carbone. La plus grande partie du
charbon reste sous forme de minces lamelles.

L'azote et le phosphore ne décomposent pas le carbure d'aluminium au rouge sombre.

Certains oxydants attaquent ce carbure avec énergie. Mélangé avec du permanganate de potassium sec et légèrement chauffé, il produit une belle incandescence; il se forme de l'alumine et il se dégage de l'acide carbonique. Le bichromate de potassium et l'acide chromique le brûlent lentement au rouge sombre, l'oxyde puce de plomb et le massicot sont réduits avec incandescence, tandis que le chlorate et l'azotate de potassium sont sans action.

Une solution de bichromate alcalin, additionnée d'acide sulfurique, l'attaque lentement à froid et à l'ébullition. L'acide nitrique fumant est sans action à froid ou à chaud, mais l'addition d'une petite quantité d'eau détermine l'attaque qui se produit en quelques instants.

L'acide chlorhydrique concentré n'attaque que très lentement ce carbure, tandis que l'acide étendu le dissout en quelques heures. L'acide sulfurique, concentré et bouillant, est réduit avec formation d'acide sulfureux; l'acide étendu réagit surtout vers 100°.

La potasse en fusion attaque ce carbure très énergiquement à une température voisine de 300°; au contraire, les carbonates alcalins, au rouge vif, ne produisent qu'une décomposition incomplète.

La réaction la plus curieuse, que nous présente ce carbure d'aluminium, est la décomposition lente de l'eau qu'il produit à la température ordinaire. Nous avons démontré précédemment que les carbures alcalino-terreux cristallisés, de formule C^2Ca, se détruisaient au contact de l'eau en fournissant du gaz acétylène pur. Le carbure jaune d'aluminium, de formule C^3Al^4, se décompose en présence de l'eau en donnant du méthane CH^4.

Il suffit de placer dans un tube, rempli de mercure, quelques cristaux de ce composé avec une petite quantité d'eau, pour voir le dégagement se produire. Après douze heures, 0,145 de ce carbure ont donné 7cc5 de ce gaz, et après soixante-douze heures un volume de 35cc5. La décomposition, pour être complète, demande dix à douze jours. La chaleur l'accélère, mais la lumière ne paraît pas avoir d'effet.

Cette réaction, d'après nos analyses, est exprimée par la formule :

$$C^3 Al^4 + 12 H^2 O = 3 CH^4 + 2 \, [Al^2 (OH)^6] \ (1).$$

Analyse. — L'analyse de ce carbure d'aluminium nous a présenté de nombreuses difficultés à cause de sa facile décomposition par l'eau. Si les échantillons obtenus ne sont pas absolument purs, ils contiennent de l'alumine hydraté, qui complique beaucoup le dosage. La formule $C^3 Al^4$ exigerait théoriquement $C = 24,6$ et $Al = 75,4$.

Dosage de l'aluminium. — Nous avons employé deux méthodes pour doser l'aluminium :

1° Un poids connu de ce carbure est abandonné quelques heures au contact de l'acide chlorhydrique étendu, jusqu'à dissolution complète. Si le corps est absolument pur, il n'y a pas de résidu, sinon, on peut filtrer pour séparer une petite quantité de carbone et de produits insolubles. Le liquide limpide renferme du chlorure d'aluminium ; on l'évapore lentement, puis on le calcine avec précaution. Il ne reste que de l'alumine très légère qui donne par son poids la quantité d'aluminium que renferme le composé.

Nous avons trouvé ainsi :

Al pour 100 :   74,48   75,12.

(1) D'après cette formule, 0,100 de carbure doivent donner 48cc8 de méthane. Voici le détail de deux expériences :

1° 0,070 ont donné 31cc5 : il faudrait théoriquement 32,6.
2° 0,145 ont donné 69cc1 ; il faudrait théoriquement 70,99.

Le gaz recueilli dans ces conditions est du méthane, ainsi que l'établit l'analyse suivante : volume primitif 1cc6, oxygène ajouté 8cc5. Après détonation 7cc1, contraction 3cc. Après potasse 5cc6. Acide carbonique formé 1cc5.

2° Un poids donné de ce carbure d'aluminium, est attaqué par la potasse au creuset d'argent. On reprend le résidu par l'eau et la solution est neutralisée par l'acide chlorhydrique que l'on maintient en très léger excès. Le liquide, porté à l'ébullition, est traité en liqueur étendue par l'hyposulfite de soude. Il se produit un précipité d'alumine et de soufre. Après filtration on calcine et l'on pèse.

Al pour 100 :   74,7   74,9   75,7.

Dosage du carbone. — Lorsque l'on traite le carbure d'aluminium par le chlore, tout le métal est entraîné sous forme de chlorure et il reste du charbon. Il est facile d'enlever l'excès de chlore retenu par le charbon, en chauffant ce dernier dans un courant d'hydrogène, puis de brûler le carbone dans l'oxygène et de peser l'acide carbonique produit. Cette méthode nous a toujours donné des résultats trop faibles, même avec du chlore parfaitement desséché. Cela tient à ce que le chlore peut renfermer des traces d'oxygène et d'acide carbonique et à la présence d'une petite quantité d'alumine qui souille, le plus souvent, le produit ; cette alumine mélangée au charbon, est attaquée par le chlore avec production d'oxyde de carbone.

Le chiffre le plus rapproché que nous ayons trouvé par cette méthode était de 23,5, tandis que la formule C^3Al^4 exigerait 24,6.

Le seul procédé qui nous ait donné des résultats comparables consiste à décomposer par l'eau, à la température ordinaire, un poids déterminé de carbure et à mesurer le volume du gaz méthane dégagé. De ce dernier volume, il est facile de déduire le poids de carbone contenu dans le carbure d'aluminium.

Nous avons trouvé ainsi :

Carbone pour 100................ 24,2   24,7   24,8

Conclusions. — En résumé, le carbone peut s'unir à l'aluminium pour fournir un carbure jaune cristallisé de formule C^3Al^4. Ce nouveau composé possède des propriétés réductrices bien marquées ; sa réaction la plus curieuse est de décomposer lentement l'eau, à la température ordinaire, en dégageant du méthane ou formène CH^4. C'est le premier exemple d'une semblable décomposition. Peut-être ce carbure intervient-il dans les phénomènes géologiques qui produisent depuis des siècles des dégagements de formène.

J. — Carbure de manganèse.

Dans les recherches calorimétriques que MM. Troost et Hautefeuille ont entreprises sur les carbures de fer et de manganèse, ces savants ont fait mention d'un carbure Mn^3C qui se préparait au four à vent et qui, par refroidissement lent, fournissait de véritables solides de clivage (1).

Nous avons obtenu le même composé au four électrique et nous avons étudié sa décomposition en présence de l'eau.

Préparation. — Pour avoir ce carbure, on chauffe un mélange de charbon de sucre et d'oxyde salin Mn^3O^4 pur, dans les proportions suivantes : oxyde de manganèse 200, charbon de sucre 5o.

Il est utile d'opérer la réduction dans un tube de charbon, fermé à l'une de ses extrémités, à cause de la grande volatilité du manganèse à la température du four électrique. Avec un courant de 35o ampères et de 5o volts, la chauffe dure cinq minutes; avec 9oo ampères et 5o volts, la réduction est presque instantanée.

Propriétés. — Ce carbure, abandonné à l'air pendant plusieurs jours, se délite avec rapidité, ainsi que MM. Troost et Hautefeuille l'ont démontré.

Sa densité est de 6,89 à + 17°. Le fluor froid l'attaque en produisant une belle incandescence et en donnant un fluorure de

____

(1) TROOST et HAUTEFEUILLE. Sur les fontes manganésifères. *Comptes rendus,* t. LXXX, p. 909, 1875.

coloration violacée, dont nous poursuivons l'étude. Le chlore le décompose à une température peu élevée et, aussitôt que l'incandescence est commencée, elle se continue d'elle-même.

Légèrement chauffé, il brûle dans l'oxygène ainsi que dans le protoxyde et dans le bioxyde d'azote.

Le gaz ammoniac réagit sur le carbure de manganèse, au rouge sombre, avec mise en liberté d'hydrogène et formation d'un azoture métallique.

Les acides étendus attaquent facilement le carbure de manganèse ; l'acide chlorhydrique en particulier fournit alors des carbures d'hydrogène liquides, réaction analogue à celle étudiée anciennement par Cloëz avec la fonte de fer.

L'acide chlorhydrique gazeux donne, au-dessous du rouge, du chlorure de manganèse et un dégagement d'hydrogène entraînant une petite quantité de gaz carburés.

L'action de l'eau sur le carbure de manganèse nous intéressait tout particulièrement. Lorsque l'on met ce carbure sur la cuve à mercure, en présence d'un excès d'eau, il y a décomposition de cette dernière, formation d'un oxyde hydraté blanc et production d'un gaz brûlant avec une flamme peu éclairante.

L'analyse de ce corps gazeux nous a démontré qu'il ne renfermait ni acétylène, ni éthylène et qu'il consistait en un mélange de méthane et d'hydrogène. En employant des carbures plus ou moins riches en carbone, et préparés à des températures plus ou moins élevées, la combustion eudiométrique nous a fourni les chiffres suivants :

	1.	2.	3.
Méthane	51,00	51,32	50,60
Hydrogène	49,00	48,68	49,40

Lorsque ce carbure renferme un excès de manganèse métallique, ce dernier corps décompose l'eau et l'on obtient une plus grande quantité d'hydrogène. Un semblable échantillon (1) nous a donné en effet les chiffres suivants :

Méthane...................................... 43,57
Hydrogène 56,43

Le carbure, bien saturé de carbone, donne toujours à peu près le même rapport de méthane et d'hydrogène. De plus, on ne rencontre pas de carbures liquides ou solides dans l'eau qui a servi à cette décomposition.

En pesant le carbure mis en expérience, et en mesurant les gaz dégagés, il nous a été possible d'établir la formule de la réaction qui est la suivante (2) :

$$CMn^3 + 6H^2O = 3\,[Mn\,(OH)^2] + CH^4 + H^2.$$

Analyse. — Le dosage du carbone, en tenant compte du graphite que renfermait le composé, et le dosage du manganèse nous ont fourni les chiffres suivants pour Mn = 55 :

	1.	2.	THÉORIE Mn^3C.
Manganèse......................	93,5	93,22	93,23
Carbone...................	6,5	6,78	6,77

CONCLUSIONS. — Le carbure CMn^3, découvert par MM. Troost et Hautefeuille, peut se produire entre 1500° et 3000°. Lorsqu'il est pur, il décompose l'eau à la température ordinaire en donnant un mélange à parties égales de méthane et d'hydrogène. Cette réaction se produit suivant une formule simple.

(1) Ce carbure de manganèse avait été préparé au four à vent.

(2) Nous avons décomposé par l'eau 0ᵍʳ585 de carbure de manganèse à 2.3 de graphite, ce qui donne seulement 0,5726 de carbure Mn^3C. Nous avons recueilli à la pression de 761ᵐᵐ et à la température de + 12° un volume de 136ᶜᶜ. Ce gaz renfermait 51 p. 100 de méthane, soit 69ᶜᶜ3. Ramené à 0ᵐ et à 760° ce volume devient 66ᶜᶜ17 ; il contient 0,0354 de carbone. D'après la formule ci-dessus, on aurait dû obtenir 72ᶜᶜ4 de méthane, c'est-à-dire 0,0388 de carbone. chiffre voisin de celui que nous avons trouvé. Cette expérience vérifie donc notre équation.

K. — **Carbure d'uranium**.

L'oxyde d'uranium, préparé par l'industrie, renferme, comme impuretés, une petite quantité de fer, et une proportion notable de métal alcalin. En réalité, c'est une combinaison variable d'oxyde d'urane avec la soude, la potasse ou l'ammoniaque.

L'oxyde commercial est mis en solution dans l'acide nitrique pur, et le sel obtenu est soumis à deux cristallisations successives; les cristaux essorés sont mis en solution dans l'éther (méthode de Péligot) (1) et le mélange est distillé au bain-marie après avoir été additionné de son volume d'eau. Cette distillation s'effectue dans un appareil de verre. L'addition de l'eau a pour but d'éviter une réaction très vive, qui se produit à la fin de l'opération, avec projection d'une partie du liquide, par suite d'un dégagement brusque de vapeurs rutilantes.

La solution aqueuse d'azotate d'uranium est évaporée à siccité. Le résidu après calcination est entièrement formé d'oxyde jaune d'uranium. Une nouvelle calcination de deux heures, au four Perrot, l'amène à l'état d'oxyde vert que l'on utilise directement pour la préparation du carbure.

Préparation. — L'oxyde vert d'uranium est mélangé avec du charbon de sucre en poudre fine, dans les proportions suivantes :

Oxyde d'uranium.............................. 500 gr.
Charbon de sucre............................. 60 »

Le mélange (environ 800^{gr}) disposé dans un creuset de charbon, est chauffé au four électrique pendant huit à dix minutes,

---

(1) PÉLIGOT. Recherches sur l'uranium. *Ann. de chimie et de phys.*, 3e série, t. V, p. 7, 1842.

avec un courant de 900 ampères et 50 volts. Cinq minutes environ après le début de l'expérience, la réduction se produit et de
brillantes étincelles s'échappent du four. Quelques minutes plus
tard les étincelles disparaissent, et il reste dans le creuset le
carbure d'uranium liquide qu'on laisse se solidifier et se refroidir dans le four électrique.

Propriétés. — Ce carbure se présente sous forme de fragments denses, d'aspect métallique, à cassure cristalline rappelant
la couleur du bismuth. Il est plus ou moins riche en graphite
provenant en partie du carbone emprunté au creuset. Les fragments examinés au microscope sont nettement cristallisés, réflé-
chissent vivement la lumière et présentent parfois des surfaces
carrées régulières. Sa densité, prise à 18° dans la benzine, est
de 11,28.

Sa dureté n'est pas très grande ; il raye le verre et le cristal de
roche et ne raye pas le corindon ; frappé avec un corps dur, il
fournit comme l'uranium métallique, de brillantes étincelles.
Pulvérisé au mortier d'agate, sans précaution, il prend feu et la
combustion se continue.

Le fluor, à froid, n'a pas d'action sur lui ; mais légèrement
chauffé, il brûle dans ce gaz avec un vif éclat. Le chlore l'attaque à 350° avec incandescence, en fournissant un chlorure d'uranium volatil.

Le brome réagit à 390° en produisant une faible incandescence. Enfin l'iode l'attaque sans incandescence au-dessous du
rouge. Avec ce dernier corps simple, le carbure d'uranium
fournit une masse agglomérée, peu volatile, et qui est soluble
dans l'eau, à laquelle elle donne une coloration verte.

Le carbure d'uranium brûle avec éclat dans l'oxygène à 370°.
La réaction, commencée en un point, se propage dans toute la
masse, sans qu'il soit nécessaire de chauffer. Il se dégage en

abondance de l'acide carbonique, et il reste un oxyde d'un noir violacé fournissant une trace verte sur la porcelaine. Avec l'azotate ou le chlorate de potassium en fusion, il se produit une vive incandescence avec formation d'uranate alcalin.

Le carbure d'uranium brûle dans la vapeur de soufre, avec incandescence, à la température de fusion du verre. Il se forme du sulfure d'uranium et du sulfure de carbone.

Le sélénium réagit à une température plus basse que le soufre. L'incandescence est assez vive, et il reste un séléniure d'uranium.

L'azote attaque le carbure d'uranium à 1100° ; mais la transformation en azoture est incomplète. Le résidu traité, par la potasse, dégage nettement de l'ammoniaque. A 370°, dans le bioxyde d'azote, le carbure d'uranium devient incandescent et laisse un résidu noir de composition complexe.

Les acides chlorhydrique, sulfurique et azotique étendus l'attaquent lentement à froid, en fournissant une solution verte pour les premiers et jaune pour le dernier.

Les acides concentrés, sauf l'acide nitrique, n'agissent que difficilement à froid. Au contraire, en chauffant, la décomposition est rapide.

L'acide chlorhydrique gazeux réagit vers 600° avec incandescence. Il se produit un chlorure qui donne, avec l'eau, une solution brune instable. L'hydrogène sulfuré, à la même température, fournit un sulfure d'uranium.

Le gaz ammoniac donne, au rouge, un azoture sans que la décomposition soit complète.

Mais la réaction la plus curieuse que nous présente ce nouveau composé est fournie par son action sur l'eau.

Lorsque l'on met des fragments de carbure d'uranium en présence de l'eau à la température ordinaire, il se produit lentement un dégagement gazeux, qui s'accélère si la quantité d'eau est faible ou si la température augmente légèrement. Lorsque l'on opère à l'abri de l'air, il se fait en même temps un hydrate d'oxyde d'uranium de couleur verte. Au contact de l'air cet oxyde prend une teinte d'un gris foncé presque noir.

Le gaz, dégagé par le carbure d'uranium, n'est pas formé par un seul carbure d'hydrogène. Soumis à l'analyse, il nous a présenté la composition suivante :

	1.	2.
Acétylène	0,17	0,72
Éthylène	6,77	5,16
Méthane	78,05	80,60
Hydrogène	15,01	13,52

On obtient donc ici un mélange complexe de carbures d'hydrogène gazeux, et, si l'on totalise tout le carbone recueilli ainsi, d'un poids donné de carbure d'uranium, on s'aperçoit bien vite qu'il manque environ les deux tiers du poids de carbone qui est entré en combinaison avec l'uranium. La décomposition étant complète, nous fûmes alors conduit à épuiser, par l'éther pur, l'eau qui avait été employée pour cette réaction. En reprenant cet éther et en le distillant, nous avons obtenu tout notre carbone manquant, sous forme d'un mélange abondant de carbures liquides et solides.

Après évaporation de l'éther, le liquide a été distillé de 70° à 200° ; il est resté dans l'appareil un résidu bitumineux. Le liquide distillé est riche en carbures d'hydrogène. Nous en poursuivons l'étude, mais nous pouvons indiquer déjà qu'il renferme des carbures non saturés, car il réduit le nitrate d'argent ammoniaco-potassique en argentant, avec facilité, le tube à essai dans lequel se fait l'expérience.

Cette réaction ne peut être attribuée à une aldéhyde, car ce liquide ne colore pas la fuchsine sulfureuse.

La vapeur d'eau, au rouge sombre, décompose ce carbure avec incandescence en fournissant un oxyde noir et un dégagement d'acide carbonique.

Analyse. — Dosage du carbone total. — Le carbone total a été dosé, soit par attaque au chlore, soit par combustion directe.

Les chiffres trouvés par la première méthode ont toujours été un peu forts ; la combustion du carbone obtenu, après l'attaque du chlore, laissait un résidu de 2 à 3 p. 100.

Les chiffres obtenus par ce procédé sont les suivants :

CARBURE A.	1.	2.	3.	4.
Résidu après chlore puis calcination dans l'hydrogène........	12,062	13,009	11,781	10,475
Résidu après combustion dans l'oxygène.	2,670	3,036	2,382	1,550
Carbone brûlé (par diff.).	9,392	9,973	9,399	8,925

En employant la deuxième méthode, le carbure brûle facilement dans l'oxygène et d'une façon complète en donnant de l'oxyde vert d'uranium et de l'acide carbonique. Ce procédé a l'avantage de donner, sur le même échantillon, la teneur en uranium et en carbone.

L'acide carbonique recueilli dans la potasse et pesé, a donné :

	CARBURE A.		CARBURE B.
	1.	2.	
Carbone total..	8,67	9,02	8,38

Dosage du carbone combiné et du graphite. — Le carbone combiné a été dosé par différence, en retranchant le poids du graphite de celui du carbone total.

Le graphite a été analysé :

1° Par attaque du carbone provenant du traitement au chlore, au moyen de l'acide azotique bouillant et pesé sur filtre taré :

	CARBURE A.	CARBURE C.	
Graphite...............	1,3	1,1 1,2	1,08

2° Le carbure a été attaqué par l'acide chlorhydrique étendu bouillant, et le graphite recueilli sur un filtre taré ou sur du coton de verre. Dans ce dernier cas, il a été brûlé et pesé à l'état d'acide carbonique.

	CARBURE A.	CARBURE B.
Graphite (sur filtre taré)............	1,6	»
Graphite (par combustion)..........	1,58	1.6

Dosage de l'uranium. — La méthode de précipitation de l'uranium par l'ammoniaque a fourni des chiffres un peu faibles; les meilleurs résultats ont été obtenus en brûlant directement le carbone dans l'oxygène et en pesant le résidu, après calcination dans un courant d'hydrogène.

	CARBURE A.		CARBURE B.	CARBURE C.
	1.	2.		
Uranium pour 100......	90,3	91,1	91,3	91,13

Dosage de l'azote. — Les échantillons de carbures, préparés au four électrique, renfermaient tous une petite quantité d'azote facile à déceler au moyen de la potasse fondue. Cet azote a été dosé en volume par la méthode de Dumas.

Azote pour 100.......................... 0,4 à 0,2.

Calcium. — Quelques échantillons, lorsque la chauffe a été trop prolongée, contenaient de 0,1 à 0,2 de calcium. Il est vraisemblable que c'est à ce calcium, combiné à du carbone, que nous devons le dégagement d'acétylène.

En tenant compte de l'azote et du graphite, on obtient, comme rapport entre les quantités de carbone combiné et d'uranium, les nombres suivants :

	A1.	A2.	A3.	THÉORIE
Carbone combiné..........	7,6	7,5	6,9	6,97
Uranium	92,4	92,5	93,1	93,02

Ce qui correspond à la formule C^3Ur^2 pour $Ur = 240$ et C^3Ur^4 pour $Ur = 120$.

Dans de nouvelles expériences, faites dans un tube de charbon fermé à l'une de ses extrémités et traversé d'une façon continue, par un cou-

rant d'hydrogène, nous avons pu préparer un carbure d'uranium pur
exempt d'azote, donnant à l'analyse les chiffres suivants :

	1.	2.
Carbone combiné	7,20	7,16
Uranium	92,86	92,79

En résumé, l'uranium chauffé au four électrique, en présence
d'un excès de carbone fournit un carbure défini et cristallisé de
formule C^3Ur^2.

Ce nouveau corps se décompose au contact de l'eau froide et
donne, environ, le tiers de son carbone sous forme d'un carbure
gazeux riche en méthane. L'autre partie du carbone produit un
mélange de carbures liquides et solides et des matières bitumi-
neuses. Il est vraisemblable que cette réaction complexe tient
à des phénomènes de polymérisation, analogues à ceux que
M. Berthelot a décrits dans ses recherches sur la décomposition
pyrogénée des carbures d'hydrogène.

La présence de l'hydrogène dans le mélange gazeux peut être
due, d'un autre côté, à l'action secondaire d'un oxyde d'uranium hydraté qui doit être un puissant réducteur. Péligot a
démontré autrefois, en effet, que le protoxyde d'uranium
anhydre était très avide d'oxygène, puisqu'il était pyrophorique
et qu'il existait un sous-oxyde qui avait la propriété de décomposer l'eau.

On voit donc, par ces expériences, que la réaction de certains carbures sur l'eau froide peut être assez complexe. Cette
décomposition nous a semblé d'autant plus curieuse qu'elle permet d'obtenir les carbures d'hydrogène gazeux, liquides et
solides, points de départ des composés organiques, par la
simple action de l'eau, à la température ordinaire, sur un carbure métallique.

CLASSIFICATION DES CARBURES

Nouvelle théorie de la formation des pétroles.

Je résumerai dans ces conclusions l'ensemble de mes recherches sur la classe nouvelle des carbures métalliques.

A la haute température du four électrique, un certain nombre de métaux tels que l'or, le bismuth et l'étain, ne dissolvent pas de carbone.

Le cuivre liquide n'en prend qu'une très petite quantité, suffisante déjà pour changer ses propriétés et modifier profondément sa malléabilité.

L'argent, à sa température d'ébullition, dissout une petite quantité de charbon qu'il abandonne ensuite par refroidissement, sous forme de graphite.

Cette fonte d'argent, obtenue à très haute température, présente une propriété curieuse : celle d'augmenter de volume en passant de l'état liquide à l'état solide. Ce phénomène est analogue à celui que nous rencontrons dans le fer.

L'argent et le fer pur diminuent de volume en passant de l'état liquide à l'état solide. Au contraire, la fonte de fer et la fonte d'argent, dans les mêmes circonstances, augmentent de volume.

L'aluminium possède des propriétés identiques.

Les métaux du platine, à leur température d'ébullition, dissolvent le carbone avec facilité et l'abandonnent sous forme de graphite avant leur solidification. Ce graphite est foisonnant.

Un grand nombre de métaux vont, au contraire, à la température du four électrique, produire des composés définis et cristallisés.

Par l'action des métaux alcalins sur un courant de gaz acétylène, M. Berthelot a préparé les carbures de potassium (1) et de sodium.

En chauffant un mélange de lithine ou de carbonate de lithine et de charbon dans mon four électrique, j'ai pu obtenir, avec facilité, le carbure de lithium en cristaux transparents, dégageant par kilogramme 587^{lit} de gaz acétylène pur.

De même en chauffant dans mon four électrique un mélange d'oxyde et de charbon, j'ai pu, le premier, obtenir par une méthode générale, à l'état pur et cristallisé et par notables quantités, les carbures de calcium (2), de baryum et de strontium.

Tous ces carbures se détruisent au contact de l'eau froide avec dégagement d'acétylène. La réaction est complète, le gaz obtenu est absolument pur. Les trois carbures alcalino-terreux répondent à la formule C^2R et le carbure de lithium à la formule C^2Li^2.

La préparation industrielle de l'acétylène est fondée sur cette réaction.

Un autre type de carbure cristallisé en lamelles hexagonales, transparentes, de 1^{cm} de diamètre, nous est fourni par l'aluminium. Ce métal, fortement chauffé au four électrique, en présence de charbon, se remplit de lamelles jaunes de carbure, que l'on peut isoler par un traitement assez délicat au moyen d'une solution d'acide chlorhydrique étendu, refroidie à la température de la glace fondante.

Ce carbure métallique est décomposé par l'eau, à la température ordinaire, en fournissant de l'alumine et du gaz méthane pur. Il répond à la formule C^3Al^4.

---

(1) BERTHELOT. Sur une nouvelle classe de radicaux métalliques composés. *Ann. de chimie et de physique*, t. IX, p. 384, 1866.

(2) Les carbures de calcium et de baryum avaient été obtenus auparavant à l'état de poudres noires amorphes et très impures.

M. Lebeau (1) a obtenu, dans les mêmes conditions, le carbure de glucinium qui, lui aussi, fournit à froid avec l'eau un dégagement de méthane pur.

Les métaux de la cérite vont nous donner des carbures cristallisés, dont la formule sera semblable à celle des carbures alcalino-terreux C^2R.

Nous avons étudié spécialement la décomposition par l'eau des carbures de cérium C^2Ce, de lanthane C^3La, d'yttrium C^2Yt et de thorium C^2Th^2 (2).

Tous ces corps décomposent l'eau et fournissent un mélange gazeux, riche en acétylène et contenant du méthane. Avec le carbure de thorium, l'acétylène diminue et le méthane augmente.

Les premières expériences, entreprises sur le fer, ne nous ont jamais donné de composés cristallisés. Par le refroidissement lent d'une fonte saturée de carbone à 3500°, le fer n'a pas fourni de combinaison définie. Il n'en est plus de même dans le cas d'un refroidissement brusque; il est possible alors d'obtenir un carbure cristallisé.

On sait depuis longtemps, grâce aux recherches de MM. Troost et Hautefeuille, que le manganèse produit un carbure CMn^3. Ce carbure peut être préparé avec la plus grande facilité au four électrique et, au contact de l'eau froide, il se décompose, en donnant un mélange à volumes égaux de méthane et d'hydrogène.

Le carbure d'uranium C^3Ur^2, que j'ai obtenu par les mêmes procédés, m'a présenté une réaction plus complexe. Ce carbure très bien cristallisé et transparent lorsqu'il est en lamelles minces, se détruit au contact de l'eau et fournit un mélange

---

(1) LEBEAU. Préparation du carbure de glucinium. *Comptes rendus*, t. CXXI, p. 496.
(2) MOISSAN et ETARD. Sur les carbures d'yttrium et de thorium. *Comptes rendus*, t. CXXII, p. 573.

gazeux qui contient une grande quantité de méthane, de l'hydrogène et de l'éthylène.

Mais le fait le plus intéressant présenté par ce carbure est le suivant : L'action de l'eau froide ne dégage pas seulement des carbures gazeux ; il se produit en abondance des carbures liquides et solides. Les deux tiers du carbone de ce composé se retrouvent sous cette forme.

Les carbures de cérium et de lanthane, par leur décomposition par l'eau, nous ont fourni de même, bien qu'en quantité moindre, des carbures liquides et solides.

L'ensemble de ces carbures, décomposables par l'eau à la température ordinaire, avec production d'hydrogènes carbonés, constitue une première classe de composés de la famille des carbures métalliques.

La deuxième classe sera formée par des carbures ne décomposant pas l'eau à la température ordinaire, tels que les carbures de molybdène CMo^2, de tungstène CTg^2, de chrome CCr^4 et C^2Cr^3.

Ces derniers composés sont cristallisés, non transparents, à reflets métalliques. Ils possèdent une grande dureté et ne fondent qu'à une température très élevée. Nous avons pu les préparer tous au four électrique et nous avons donné le détail de ces expériences, ainsi que toutes les analyses, dans les chapitres précédents.

Les métalloïdes vont nous fournir aussi, avec le carbone, à la température du four électrique, des composés cristallisés et définis. Nous citerons, par exemple, le carbure de silicium obtenu à l'état amorphe par M. Schutzenberger (1) et préparé ensuite en beaux cristaux par M. Acheson ; le carbure de titane CTi, dont la dureté est assez grande pour permettre de tailler

(1) SCHUTZENBERGER. *Comptes rendus*, t. CXIV, p. 1089.

le diamant tendre ; le carbure de zirconium CZr (1) le carbure
de vanadium CVa.

Un fait général se dégage des nombreuses recherches que
j'ai entreprises au four électrique. Les composés, qui se produisent à haute température, sont toujours de formule très
simple et, le plus souvent, il n'existe qu'une seule combinaison.

La réaction qui nous a paru la plus curieuse dans ces recherches est la production facile de carbures d'hydrogène gazeux,
liquides ou solides, par l'action de l'eau froide sur certains de
ces carbures métalliques. Il nous a semblé que ces études pouvaient présenter quelque intérêt pour les géologues.

Les dégagements de méthane, plus ou moins pur, qui se
rencontrent dans certains terrains et qui durent depuis des
siècles, pourraient avoir pour origine l'action de l'eau sur le
carbure d'aluminium.

Une réaction du même ordre peut expliquer la formation des
carbures liquides.

On sait que les théories relatives à la formation des pétroles
sont les suivantes : 1° production par la décomposition de
matières organiques animales ou végétales ; 2° formation des
pétroles par réactions purement chimiques ; théorie émise pour
la première fois par M. Berthelot (2) et qui a fait le sujet d'une
importante publication de M. Mendeleef; 3° production de
pétroles par suite de phénomènes volcaniques, hypothèse indiquée par de Humboldt dès 1804.

En partant de 4^{kgr} de carbure d'uranium, nous avons obtenu,
dans une seule expérience, plus de 100^{gr} de carbures liquides.

Le mélange ainsi obtenu est formé, en grande partie, de car-

(1) MOISSAN et LENGFELD. Sur un nouveau carbure de zirconium. *Comptes rendus*,
t. CXXII, p. 651.

(2) BERTHELOT. Sur l'origine des carbures et des combustibles minéraux. *Ann. de
chim. et de phys.* (4), t. IX, p. 481, 1866.

bures éthyléniques et en petite quantité de carbures acétyléniques et de carbures saturés. Ces carbures prennent naissance
en présence d'une forte proportion de méthane et d'hydrogène
à la pression et à la température ordinaire, ce qui nous amène
à penser que, quand la décomposition se fera à une température
plus élevée, il ne se produira que des carbures saturés analogues
aux pétroles.

M. Berthelot a établi, en effet, que la fixation directe de
l'hydrogène sur un carbure non saturé, pouvait être produite par
l'action seule de la chaleur.

L'existence de ces nouveaux carbures métalliques, destruc-
tibles par l'eau, peut donc modifier les idées théoriques qui ont
été données jusqu'ici pour expliquer la formation des pétroles.

Il est bien certain que nous devons nous mettre en garde
contre des généralisations trop hâtives.

Vraisemblablement, il existe des pétroles d'origines différentes.
A Autun, par exemple, les schistes bitumineux paraissent bien
avoir été produits par la décomposition de matières organiques.

Au contraire, dans la Limagne, l'asphalte imprègne toutes
les fissures du calcaire d'eau douce aquitanien, qui est bien
pauvre en fossiles. Cet asphalte est en relation directe avec les
filons de pépérite (tufs basaltiques), par conséquent en relation
évidente avec les éruptions volcaniques de la Limagne.

Un sondage récent, fait à Riom à 1200^m de profondeur, a
produit l'écoulement de quelques litres de pétrole. La formation
de ce carbure liquide pourrait, dans ce terrain, être attribuée
à l'action de l'eau sur les carbures métalliques.

Nous avons démontré, à propos du carbure de calcium, dans
quelles conditions ce composé peut se brûler et donner de l'acide
carbonique.

Il est vraisemblable que dans les premières périodes géologiques de la Terre, la presque totalité du carbone se trouvait sous forme de carbures métalliques. Lorsque l'eau est intervenue dans les réactions, les carbures métalliques ont donné des carbures d'hydrogène et ces derniers, par oxydation de l'acide carbonique.

On pourrait peut-être trouver un exemple de cette réaction dans les environs de Saint-Nectaire. Les granits, qui forment, en cet endroit, la bordure du bassin tertiaire, laissent échapper d'une façon continue et en grande quantité du gaz acide carbonique.

Nous estimons aussi, que certains phénomènes volcaniques pourraient être attribués à l'action de l'eau, sur des carbures métalliques facilement décomposables.

Tous les géologues savent que la dernière manifestation d'un centre volcanique consiste dans des émanations carburées très variées, allant de l'asphalte et du pétrole au terme ultime de toute oxydation, à l'acide carbonique.

Un mouvement du sol, mettant en présence l'eau et les carbures métalliques, peut produire un dégagement violent de masses gazeuses. En même temps que la température s'élève, les phénomènes de polymérisation des carbures interviennent pour fournir toute une série de produits complexes.

Les composés hydrogénés du carbone peuvent donc se produire tout d'abord. Les phénomènes d'oxydation apparaissent ensuite et viennent compliquer les réactions. En certains endroits, une fissure volcanique peut agir comme une puissante cheminée d'appel. On sait que la nature des gaz recueillis dans les fumerolles, varie suivant que l'appareil volcanique est immergé dans l'océan, ou baigné par l'air atmosphérique. A Santorin, par exemple, M. Fouqué a recueilli de l'hydrogène libre dans les bouches volcaniques immergées, tandis qu'il n'a rencontré que de la vapeur d'eau dans les fissures aériennes.

L'existence de ces carbures métalliques si faciles à préparer aux hautes températures, et qui vraisemblablement doivent se rencontrer dans les masses profondes du globe (1), permettrait donc d'expliquer, dans quelques cas, la formation des carbures d'hydrogène gazeux, liquides ou solides, et pourrait être la cause de certaines éruptions volcaniques.

Siliciures.

La nouvelle méthode, qui nous a permis d'obtenir les carbures métalliques définis et cristallisés, peut s'appliquer de même à la préparation des siliciures. Ces composés étaient mal déterminés et peu connus jusqu'ici.

Nous donnerons comme exemple de cette étude l'action exercée par le silicium sur le fer, le chrome et l'argent; ces trois métaux ayant été choisis plus spécialement après quelques recherches préliminaires.

A. — Siliciure de fer.

Les recherches sur les fontes siliciées ont été assez nombreuses, mais il existe peu de travaux sur le siliciure de fer cristallisé. Par l'action du chlorure de silicium sur le fer porté au rouge, Frémy à obtenu des cristaux de siliciure de formule Si Fe (2).

Hahn (3) a indiqué l'existence d'un siliciure amorphe, Si Fe² qui, traité par l'acide fluorhydrique, abandonne un résidu soyeux cristallin de Si Fe.

(1) La différence entre la densité moyenne de la terre et celle de la couche superficielle semble indiquer l'existence d'une masse centrale riche en métal.

(2) *Encyclopédie chimique* de FRÉMY, article *Fer*.

(3) HAHN. Recherches chimiques sur les produits de la dissolution de la fonte dans les acides. *Annalen der Chemie und Pharmacie*, t. CXXIV, p. 57.

Enfin, nous rappellerons l'étude thermochimique de MM. Troost et Hautefeuille sur les fontes siliciées (1).

Nous avons pu obtenir un siliciure de fer cristallisé par union directe du fer et du silicium, soit dans un four à réverbère chauffé avec du charbon de cornue, soit au four électrique.

Préparation. — 1° On dispose, dans une nacelle de porcelaine, une brasque de silicium cristallisé, représentant environ le 1/10 du poids du métal employé. Sur ce silicium, on dispose un cylindre de fer doux et la nacelle est placée dans un tube de porcelaine que traverse un courant lent d'hydrogène pur et sec. On chauffe au moyen du charbon de cornue, à une température qui amène une légère déformation du tube, mais qui est inférieure, ainsi que l'on s'en est assuré dans une expérience préliminaire, à la température de fusion du fer doux.

On obtient, après la chauffe, un lingot blanc d'argent, dur et cassant, qui est formé par un siliciure de fer cristallisé, empâté dans un excès de métal.

Dans cette expérience, où deux corps solides, le silicium et le fer, sont portés à une température de 1200° environ, bien inférieure à leur point de fusion, il s'est produit un lingot métallique fondu. Cela tient, pensons-nous, à la tension de vapeur du silicium solide, qui permet à ce métalloïde de s'unir au fer et de fournir un siliciure plus fusible que le métal. Nous avons constaté déjà de semblables phénomènes avec le bore, et nous pensons qu'on peut donner la même explication pour le cheminement du carbone dans le fer. A cette température de 1200° le silicium, le bore, le carbone ont déjà une tension de vapeur qui, bien que très faible, leur permet de donner, avec le fer, et avant son point de fusion, des composés solides ou liquides.

(1) TROOST et HAUTEFEUILLE. Étude calorimétrique des siliciures de fer et de manganèse. *Comptes rendus*, t. LXXXI, p. 261.

2° On place, dans le creuset (1) du four électrique, 400^{gr} de fer doux en petits cylindres et 40^{gr} de silicium cristallisé. On chauffe quatre minutes avec un courant de 900 ampères et 50 volts. L'expérience doit être faite rapidement, afin d'éviter la formation du siliciure de carbone.

Si l'on augmente les proportions de silicium, le culot obtenu devient difficilement attaquable par les acides, et il est presque impossible de séparer le siliciure formé.

3° On peut encore chauffer au four électrique un mélange d'oxyde de fer et de silicium cristallisé, qui donne de la silice facilement volatile, et un lingot de siliciure de fer contenant un excès de métal.

Dans une expérience faite à la température d'une bonne forge, nous avons chauffé des cylindres de fer doux au milieu de cristaux de silicium. Comme il arrive toujours dans ces conditions, chaque cristal de silicium s'est entouré d'une petite couche d'azoture et d'oxyde, qui empêche la fusion complète et la réunion du métalloïde en un seul culot. Après l'expérience, les cylindres de fer, retirés de la masse, avaient conservé leur forme et n'étaient fondus en aucun point. Ils étaient transformés en siliciures, jusqu'à l'axe même du cylindre et l'on pouvait, par une réaction chimique, séparer et isoler, sous forme de silice, le silicium qu'ils renfermaient à la teneur de 2 o/o. C'est un nouvel exemple de la tension de vapeur du silicium et de la silice, bien avant leur point de fusion.

Les culots métalliques, préparés par un quelconque de ces procédés, sont attaqués par l'acide nitrique étendu de quatre fois son volume d'eau. L'attaque, très vive au début, se ralen-

---

(1) Le carbone du creuset n'intervient pas dans cette réaction, car nous avons démontré précisément que dans la fonte en fusion, le silicium déplaçait le carbone avec facilité.

tit peu à peu, au fur et à mesure que le métal disparaît.

Après décantation et lavage, il reste un siliciure cristallisé de formule Si Fe^3.

Propriétés physiques. — Le siliciure de fer se présente en petits cristaux prismatiques, brillants, possédant un éclat métallique ; sa densité est 7,00 à + 22° ; son point de fusion est inférieur à celui du fer et supérieur à celui de la fonte. Il agit sur l'aiguille aimantée.

Propriétés chimiques. — L'acide fluorhydrique, en solution aqueuse, attaque complètement le siliciure de fer, et la réaction ne tarde pas à devenir très vive. Ce résultat est en désaccord avec les expériences de Hahn qui a mentionné l'existence d'un siliciure de fer inattaquable par l'acide fluorhydrique. Lorsque le siliciure est réduit en poudre fine, l'acide chlorhydrique l'attaque lentement. L'acide nitrique n'a pas d'action sensible sur ce composé, mais l'eau régale le détruit avec formation de silice.

Les hydracides gazeux attaquent le siliciure de fer à une température qui varie du rouge sombre au rouge vif.

L'azotate et le chlorate de potassium, à leur point de fusion, sont sans action. Les carbonates alcalins fondus l'attaquent lentement, tandis qu'un mélange de nitrate et de carbonate le décompose avec facilité.

Analyse. — Le siliciure de fer était calciné avec un mélange de nitrate et de carbonate alcalins ; le fer a été dosé à l'état de sesquioxyde et le silicium à l'état de silice.

Nous avons obtenu ainsi les chiffres suivants :

	1.	2.	3.	4.	THÉORIE
Fer	79,20	81,10	82,12	81,43	80,00
Silicium	20,95	19,04	18,02	18,59	20,00

B. — Siliciure de chrome.

1° Lorsque dans une nacelle brasquée au silicium, on place des fragments de fonte de chrome à 2 o/o de carbone, métal beaucoup plus infusible que le fer, on peut, en chauffant à la température de 1200° dans un courant d'hydrogène, produire la fusion du chrome sous forme de siliciure de chrome. Ici encore, grâce à sa tension de vapeur à l'état solide, le silicium a passé dans le chrome, et en a produit la fusion.

Pour réussir cette expérience il est important de monter son fourneau à réverbère avec soin et d'en augmenter le tirage par un tuyau de 10 à 12 mètres. Dans quelques-unes de ces expériences, le tube de porcelaine s'est aplati et les deux parois se sont soudées l'une à l'autre.

2° On a chauffé au four électrique, dans un creuset de charbon, du chrome non carburé avec 15 o/o de son poids de silicium. En employant un courant de 900 ampères et 50 volts, la chauffe doit durer 9 minutes.

On obtient ainsi un culot à cassures cristallines, renfermant le siliciure noyé dans un excès de métal.

3° On chauffe au four électrique un mélange de silice : 60 parties ; sesquioxyde de chrome 200, charbon de sucre 70. Durée de la chauffe 10 minutes. Intensité du courant : 950 ampères et 70 volts. On obtient ainsi un culot très bien fondu, cassant et nettement cristallin. Quelques géodes qui se trouvent à l'intérieur du métal, sont tapissées d'aiguilles de siliciure de chrome.

Les culots métalliques grossièrement pulvérisés, sont traités par l'acide fluorhydrique concentré et froid. Après quelques instants, une attaque assez vive se produit ; on modère l'action de l'acide en ajoutant un peu d'eau, pour éviter toute élévation de température qui déterminerait l'attaque du siliciure. On lave à l'eau, et l'on reprend par l'acide fluorhydrique concentré et froid jusqu'au moment où toute attaque a cessé. On obtient finalement le siliciure $SiCr^2$ en petits prismes isolés ou soudés les uns aux autres.

Ce siliciure est souvent souillé d'une petite quantité de siliciure de carbone cristallisé, dont nous n'avons pu le séparer et dont on doit tenir compte dans l'analyse.

Ses propriétés chimiques rappellent assez celles du siliciure de fer. Il se conduit de même vis-à-vis des acides. Le chlore l'attaque au rouge avec incandescence. L'acide chlorhydrique gazeux le transforme vers 700° en chlorure de silicium et chlorure de chrome. Le nitrate de potasse en fusion donne rapidement un chromate et un silicate, enfin la potasse fondue l'attaque avec lenteur. Nous ajouterons que le siliciure de chrome raye le quartz et le corindon avec la plus grande facilité. La plupart des siliciures possèdent d'ailleurs une dureté beaucoup plus grande que les carbures correspondants. On trouvera parmi ces composés des corps plus durs que le siliciure de carbone.

Analyse. — L'analyse du siliciure de chrome nous a présenté certaines difficultés. L'attaque se faisait par un mélange de carbonate de potassium 2 parties, et d'azotate de potassium 8 parties. Le tout était repris par l'acide chlorhydrique. La séparation de la silice que l'on rend insoluble dans les acides, au bain de sable, par deux traitements successifs, est toujours délicate. La présence du siliciure de carbone que l'on sépare par une attaque spéciale aux acides et l'existence dans quelques échantillons d'un carbo-siliciure de chrome viennent encore compliquer l'analyse.

Nous avons obtenu les chiffres suivants :

	1.	2.	3.	THÉORIE pour Si Cr²
Chrome	80,22	79,83	80,36	78,79
Silicium	19,60	21,08	19,92	21,21

Action du silicium sur l'argent.

Lorsqu'on chauffe au four électrique un mélange de silicium cristallisé et d'argent pur, on obtient, si la température a été très élevée, un culot métallique qui est recouvert de beaux cristaux. Ceux-ci peuvent, à première vue, être pris pour du siliciure d'argent. En dissolvant l'argent dans l'acide azotique, on obtient un résidu d'hexagones transparents, colorés en jaune, dont l'analyse démontre qu'ils sont entièrement formés de siliciure de carbone.

Lorsque la température du four électrique est moins élevée, le silicium abandonne l'argent avant sa solidification ; il cristallise en partie sous forme de cristaux, transparents au microscope, analogues à ceux qui ont déjà été décrits par M. Vigouroux (1).

L'argent, qui entoure ces cristaux, ne nous a pas donné à l'analyse trace de silicium.

La même expérience a été faite dans le four à réverbère, ainsi que nous l'avons décrite plus haut, et l'argent n'a pas retenu plus de silicium. Il en a été de même dans des essais faits à la forge et dans des expériences réalisées au four Perrot, dans lequel le silicium était produit par le procédé de Deville (action du sodium sur le fluosilicate) au contact d'argent en fusion.

Dans ces différentes expériences, l'argent liquide dissout du silicium, mais il l'abandonne à l'état cristallin au moment de sa solidification.

Ce phénomène nous semble donc comparable à l'action qu'exerce le phosphore sur l'argent.

Ce métal dissout, en effet, une notable quantité de phosphore au-dessus de 1000° et, au point exact où il passe de l'état solide à l'état liquide, on voit la vapeur de phosphore rocher en abondance comme le fait l'oxygène (2).

Conclusions. — En résumé, l'action du silicium sur les métaux peut nous donner trois résultats différents :

1° Le silicium solide peut, grâce à sa tension de vapeur, s'unir

_____

(1) Vigouroux. Sur la réduction de la silice par l'aluminium. *Comptes rendus*, t. CXX, p. 1161.

(2) Hautefeuille et Perrey. Sur le rochage de l'or et de l'argent dans la vapeur de phosphore. *Comptes rendus*, t. XCVIII, p. 1378.

au métal solide et donner, par une action analogue à la cémentation, un véritable siliciure, dont le point de fusion est moins élevé que celui du métal.

2° Le silicium liquide peut s'unir au métal fondu au four électrique.

3° Le silicium se dissout dans le métal liquide, ne forme pas de combinaison avec lui, ou en produit une très instable, et se dépose à l'état de silicium cristallisé au moment de la solidification de ce métal.

M. Vigouroux, dans un travail important sur le silicium amorphe et ses composés, a poursuivi cette étude de la préparation des siliciures au four électrique. Il a obtenu ainsi les siliciures cristallisés de nickel, de cobalt, de manganèse, de cuivre et de platine.

C. — **Siliciure de carbone** (1).

Le siliciure de carbone amorphe, de formule Si C, a été découvert par M. Schutzenberger (2).

En chauffant au four électrique un mélange de silice, de coke, d'alumine et de chlorure de sodium, M. Acheson a obtenu le siliciure de carbone cristallisé coloré en bleu par du fer. Il a réalisé ensuite la préparation industrielle de ce composé dont il a utilisé la grande dureté et auquel il a donné le nom de carborundum.

Dans les recherches que j'ai poursuivies pour obtenir la cristallisation du carbone, j'avais eu l'occasion dès 1891, de rencontrer dans des culots de silicium, fondus dans un four à vent, au milieu d'une brasque en charbon, de petits cristaux de

(1) H. Moissan. *Comptes rendus*, t. CXVII, p. 425, 25 septembre 1893.
(2) Schutzenberger. *Comptes rendus*, t. CXIV, p. 1089, 1892.

siliciure de carbone. Mais je n'ai rien publié à cette époque sur ce sujet et la découverte du siliciure de carbone cristallisé appartient bien à M. Acheson.

L'étude de l'action de l'arc électrique sur le silicium, nous a conduit à préparer ce siliciure très bien cristallisé, par quatre procédés différents.

1° *Combinaison directe du silicium avec le carbone.* — En essayant de faire dissoudre du carbone dans le silicium maintenu en fusion, au moyen d'un four à vent, nous avons obtenu ce composé sous forme de beaux cristaux dont la longueur atteignait plusieurs millimètres; ces cristaux étaient mis en liberté, en dissolvant le culot de silicium, dans un mélange bouillant d'acide azotique monohydraté et d'acide fluorhydrique. Cette première préparation nous démontre que le siliciure de carbone se forme avec facilité, au milieu d'un dissolvant, à une température comprise entre 1200° et 1400°.

2° *Préparation au four électrique.* — On prépare le même composé beaucoup plus simplement en chauffant, dans mon four électrique, un mélange de silicium et de carbone, dans les proportions de 12 de carbone et de 28 de silicium. On obtient, dans ces conditions, un amas de cristaux qui se purifient très bien en les maintenant d'abord dans un mélange à l'ébullition d'acide fluorhydrique et d'acide azotique monohydraté, puis en les traitant par le mélange oxydant de M. Berthelot : acide nitrique et chlorate de potassium. Les cristaux sont le plus souvent colorés en jaune, mais peuvent être tout à fait transparents et quelquefois présenter la couleur bleue du saphir. Les cristaux transparents se préparent en opérant rapidement, dans un creuset de charbon fermé, et en employant du silicium aussi exempt de fer que possible.

2° *Cristallisation dans le fer fondu.* — On chauffe dans le four électrique du siliciure de fer en présence d'un excès de silicium. Le culot qui reste, après l'expérience, est attaqué par l'eau régale pour enlever tout le fer. Le résidu cristallin est maintenu plusieurs heures dans un mélange d'acide azotique monohydraté et d'acide fluorhydrique, enfin traité huit à dix fois par le mélange oxydant au chlorate de potassium.

On prépare de même un culot métallique, contenant des cristaux de siliciure de carbone, en chauffant dans le four électrique un mélange de fer, de silicium et de carbone, ou, plus simplement, un mélange de fer, de silice et de charbon.

3° *Réduction de la silice par le charbon.* — On peut obtenir le même composé en réduisant la silice par le charbon dans le creuset du four électrique. Les cristaux de siliciure de carbone ainsi préparés, sont moins colorés que ceux qui ont été obtenus par solubilité dans le fer, à la condition d'employer de la silice et du charbon bien purs.

4° *Action de la vapeur de carbone sur la vapeur de silicium.* — Un procédé, plus original, de préparation du siliciure de carbone cristallisé consiste à faire réagir la vapeur de carbone sur la vapeur du silicium. L'expérience se fait dans un petit creuset de charbon, de forme allongée, et renfermant un culot de silicium. Le bas du creuset est porté à la plus haute température du four électrique. Après l'expérience, on trouve dans l'appareil, des aiguilles prismatiques très peu colorées, très dures et cassantes de siliciure de carbone.

Propriétés. — Le siliciure de carbone cristallisé est, comme on vient de le voir, un composé qui se produit à une haute température. Sa stabilité est très grande, il résiste aux réactifs les plus énergiques. M. Schutzenberger avait d'ailleurs établi nettement cette propriété pour le siliciure amorphe.

Le siliciure de carbone bien exempt de fer est incolore ; ses cristaux très nets se présentent quelquefois sous forme d'hexagones réguliers (fig. 42).

Quelques-uns possèdent, mais rarement, des impressions triangulaires et des stries parallèles ; à première vue pour un œil exercé, il est impossible de les confondre avec celles du diamant. Du reste, ces cristaux agissent vivement sur la lumière polarisée et, dans ces conditions, s'irisent de belles couleurs. Leur densité est de 3,12 ; ils possèdent une grande dureté, rayent avec facilité l'acier chromé et le rubis. Il suffit de frotter avec une pointe de bois dur quelques poussières de siliciure de

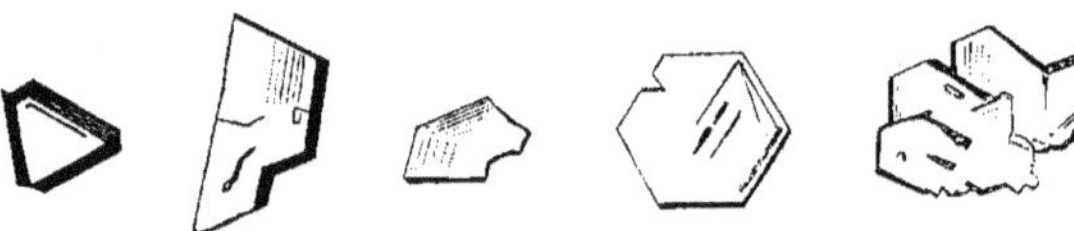

FIG. 42. — Siliciure de carbone. Gr. : 10 d.

carbone cristallisé sur la surface polie d'un rubis pour obtenir des raies profondes et très accusées.

Chauffés dans l'oxygène, à la température de 1000°, ils sont inaltérables. On peut les calciner de même à l'air, au moyen du chalumeau de Schlœsing sans qu'il y ait trace de combustion. La vapeur de soufre ne les attaque pas à 1000°. Dans un courant de chlore à 600°, pendant une heure et demie, l'attaque n'est que superficielle (1). Elle devient complète à une température de 1200°. L'azotate de potassium et le chlorate de potassium en fusion ne produisent aucune attaque.

Il en est de même de l'acide sulfurique bouillant et de l'acide chlorhydrique. Le mélange d'acide azotique monohydraté et d'acide fluorhydrique, qui dissout avec facilité le silicium, est sans action sur les cristaux de siliciure de carbone.

(1) Sur 0 gr. 283 on n'a perdu dans ces conditions que 0,012.

Le chromate de plomb attaque ce composé ; mais pour le brûler complètement dans un tube de verre, il faut répéter l'opération plusieurs fois sur le même échantillon.

La potasse caustique en fusion désagrège ce siliciure, lui fait d'abord subir un véritable clivage, puis finit par le dissoudre après une heure de chauffe au rouge sombre, avec production de carbonate et de silicate de potassium. Cette dernière réaction permet de doser la silice, tandis que le carbone peut être pesé sous forme d'acide carbonique, par combustion, en présence du chromate de plomb.

Analyse. — Le dosage du carbone se fait sur 100^{mg} à 200^{mg} que l'on chauffe dans une nacelle de platine, contenant du chromate de plomb, à une température un peu supérieure à 1000°. L'expérience s'exécute dans un tube de porcelaine de Berlin, traversé par un courant continu d'oxygène.

Le silicium, pesé à l'état de silice, a été obtenu en attaquant 200^{mg} de siliciure par un mélange d'azotate et de carbonate de potassium en fusion ; le résidu a été repris par l'acide chlorhydrique, puis évaporé à sec. Une fois l'attaque terminée, l'analyse se conduit comme un dosage de silice dans un silicate.

Nous avons obtenu ainsi les chiffres suivants :

	1.	2.	THÉORIE
Silicium	69.70	69,85	70,00
Carbone	30, »	29,80	30, »

Ces analyses nous ont permis d'établir que les cristaux de siliciure de carbone, provenant des différents procédés que nous avons décrits, répondaient tous à la formule Si C.

A ces températures de l'arc électrique, il ne se produit qu'une seule combinaison de silicium et de carbone, la plus simple, celle qui est formée d'une molécule de chaque élément. Ce siliciure dont la stabilité est grande, sera, pour nous, le type de ces nouveaux composés préparés au moyen du four électrique.

Borures.

Le bore peut donner, comme le silicium et le carbone, des séries de composés également définis et cristallisés. L'étude de ces nouvelles séries enrichira la chimie de corps parfois très stables, et dont certains, vraisemblablement, pourront avoir quelques applications industrielles. De plus, elle fournira d'utiles renseignements pour l'établissement de la valence et la classification des corps simples.

A. — Borure de fer.

Nous étudierons tout d'abord la préparation du borure de fer, qui peut servir de type, pour l'obtention d'un certain nombre de borures métalliques.

Cette préparation découlait d'ailleurs, tout naturellement, de l'action du bore sur les carbures de fer et elle nous a permis (1) d'aborder, en collaboration avec M. Charpy, l'étude des aciers au bore.

Préparation du borure de fer. — Ce nouveau composé peut s'obtenir : 1º Par l'action du chlorure de bore sur le fer réduit; 2º En faisant agir directement le bore sur le fer.

1º *Action du chlorure de bore sur le fer réduit.* — Du fer réduit bien pur est placé dans un tube de porcelaine traversé lentement par un courant de vapeurs de chlorure de bore. L'appareil est porté au rouge sombre; il se produit aussitôt du chlorure de fer volatil et il reste dans le tube un borure de fer amorphe, de couleur grise.

2º *Action du bore sur le fer.* — Cette préparation peut être

(1) H. MOISSAN et G. CHARPY. Sur les aciers au bore. *Comptes rendus*, t. CXX, p. 130.

faite dans un four à tube chauffé par un bon feu de coke. On brasque une nacelle de porcelaine avec la quantité de bore nécessaire à la combinaison, et l'on place, par-dessus, du fer de Suède ou du fer réduit. L'appareil est ensuite traversé par un courant très lent d'hydrogène, et l'on chauffe entre 1100° et 1200°. On laisse refroidir dans l'hydrogène et l'on obtient ainsi un culot métallique qui, lorsque la teneur en bore est voisine de 9 p. 100, présente une texture cristalline très nette et se casse avec facilité suivant des plans de clivage bien déterminés. De longues aiguilles traversent la masse et prennent souvent des teintes irisées.

Quand on place un cylindre de fer doux sur du bore amorphe bien pur, dans les conditions que nous venons d'indiquer, le bore produit un véritable phénomène de cémentation et bien avant le point de fusion du fer, que l'on ne saurait atteindre dans cet appareil, la fusion de la fonte borée se produit avec facilité. Cette fonte borée, lorsqu'elle renferme de 8 à 9 p. 100 de bore, fond à une température un peu inférieure à celle de la fonte ordinaire. Avec la pince thermo-électrique de M. Lechâtelier, nous avons trouvé que son point de fusion était voisin de 1050°.

Si la teneur en bore atteint 15 p. 100, la fusion devient beaucoup plus difficile, le culot présente une cassure conchoïdale et la cristallisation est confuse. Dans un bon feu de coke ou même dans un four chauffé avec du charbon de cornue, on ne fond qu'avec difficulté le mélange à 20 p. 100 de bore ; il vaut mieux dans ces conditions utiliser le four électrique.

On peut aussi obtenir une fonte borée au four électrique en chauffant, dans un creuset de charbon brasqué avec du bore, des morceaux de fer doux de bonne qualité. La réaction peut alors se produire sur des masses plus grandes et avec un courant de 3oo ampères et 65 volts, la chauffe ne doit pas durer plus de cinq à six minutes.

Si la température est trop élevée, le carbone du creuset intervient dans la réaction, et la fonte borée renferme une quantité variable de borure de carbone cristallisé.

Les culots métalliques préparés, soit au four à tube, soit au four électrique, sont concasssés et attaqués par l'acide chlorhydrique étendu de deux à trois fois son volume d'eau. On dissout ainsi l'excès de fer et il reste ensuite une matière cristalline qu'on lave à l'eau, puis à l'alcool et à l'éther, pour éviter dans sa dessiccation l'action simultanée de l'acide carbonique et de l'humidité. Les cristaux, obtenus dans ces conditions, présentent une composition constante. C'est le borure de fer, de formule Bo Fe.

Propriétés. — Le borure de fer se présente en cristaux brillants, d'un gris jaunâtre, de plusieurs millimètres de longueur. Sa densité est de 7,15 à 18°. Ces cristaux sont inaltérables dans l'air ou dans l'oxygène sec. En présence de l'air humide, ils se recouvrent avec facilité d'une couche ocreuse (1).

Chauffés dans un courant de chlore au rouge, ils sont attaqués avec incandescence et le chlore s'unit au bore et au fer ; le brome attaque ce composé plus facilement et il semble se former un bromure double de bore et de fer. L'iode est sans action à 1100°. Il en est de même pour l'acide iodhydrique.

Le borure de fer, chauffé dans l'oxygène, brûle avec éclat et, lorsque la combustion est commencée en un point, elle se continue sur toute la masse sans que l'on ait besoin de maintenir l'élévation de température. Dans toutes ces expériences, le borure de fer amorphe s'attaque plus facilement que le borure cristallisé. Comme cette action de

(1) Si l'on opère sur la cuve à mercure, en présence d'une petite quantité d'eau et d'un volume d'air déterminé, on constate après vingt-quatre heures, une diminution notable d'oxygène et l'on voit que chaque parcelle de borure s'est entourée d'une couche gélatineuse ayant l'apparence de la rouille.

l'oxygène est accentuée, lorsque le borure pulvérulent se trouve en présence d'humidité et d'acide carbonique, c'est bien à l'existence de ce borure de fer, que l'on doit attribuer les phénomènes d'incandescence qui se produisent parfois dans la dessiccation du bore impur, préparé par l'action du sodium sur l'acide borique.

Le borure amorphe est attaqué par le soufre, à une température peu supérieure à son point de fusion. Le borure cristallisé s'attaque de même avec incandescence, mais à une température plus élevée.

Le phosphore au rouge fournit un mélange de phosphure de fer et de phosphure de bore.

Le chlorate de potassium, à sa température de fusion, n'attaque pas le borure de fer, mais lorsqu'on élève la température, l'attaque commence et se continue avec incandescence. Il en est de même pour l'azotate de potassium en fusion.

Les carbonates alcalins fondus détruisent avec rapidité le borure de fer ; l'attaque est complète en quelques instants. La potasse fondue attaque vivement le borure de fer, mais sans incandescence.

L'acide sulfurique concentré ou étendu est sans action à froid. L'acide concentré, à sa température d'ébullition, décompose le borure de fer avec formation d'acide sulfureux et de sulfate de fer anhydre. L'acide chlorhydrique concentré attaque lentement, à chaud, ce composé, tandis que l'acide étendu n'exerce aucune action et permet, comme nous l'avons indiqué plus haut, d'en séparer l'excès de métal. L'acide fluorhydrique en solution n'attaque que lentement le borure, soit à froid, soit à chaud.

Le véritable dissolvant du borure de fer est l'acide nitrique, et par conséquent l'eau régale. L'acide nitrique très étendu ne le dissout qu'à l'aide de la chaleur, mais l'acide fumant ou hydraté l'attaque avec violence.

Analyse. — Le dosage du fer a toujours été fait à l'état de sesquioxyde ; on ne peut pas utiliser, pour ce composé, la solution de permanganate.

Le dosage du bore a été effectué sous forme de borate de chaux, par la méthode de Gooch, en séparant l'acide borique par l'alcool méthylique.

Dans cette dernière analyse, le borure de fer a été attaqué par l'acide azotique dans un appareil spécial que nous employons pour ce dosage, appareil que nous avons décrit précédemment (1). Après la cessation de tout dégagement gazeux, l'acide borique a été chassé par l'alcool méthylique et le liquide mis en digestion avec de la chaux vive. De l'augmentation de poids de la chaux, on déduit la teneur en bore. (Voir p. 368.)

Nous avons trouvé ainsi les chiffres suivants :

	1.	2.	3.	THÉORIE Bo Fe
Fer......	84,15	84,48	83,86	83,58
Bore.....	15,18	14,94	15,19	16,42

Le petit excès de fer, qu'indiquent ces analyses, provient de ce que les cristaux de borure de fer ont toujours retenu quelque trace de ce métal interposé. Le borure amorphe, obtenu par l'action du chlorure de bore sur le fer réduit, nous a fourni des chiffres plus exacts (analyse n° 3).

Ces analyses conduisent, pour le composé cristallisé que nous venons de décrire, à la formule Bo Fe.

En élevant la température du four électrique au moment de la préparation de la fonte borée, nous n'avons jamais pu obtenir d'autres combinaisons. A ces hautes températures, la chimie semble se simplifier, et l'on n'obtient plus qu'une seule combinaison toujours de formule très simple.

B. — Borures de nickel et de cobalt.

Les borures de nickel BoNi et de cobalt BoCo peuvent s'obtenir purs et cristallisés, par les procédés qui nous ont servi déjà à préparer le borure de fer; cette réaction se fait par union directe du bore et du métal. On peut la réaliser soit au four électrique, soit au four à réverbère ordinaire, chauffé au moyen de charbon de cornue.

(1) *Comptes rendus*, t. CXVI, p. 1087.

Préparation au four électrique. — Le métal est placé dans un creuset de charbon brasqué avec du bore en poudre. On chauffe cinq minutes avec un courant de 300 ampères et 50 volts.

Préparation au four à réverbère. — Une nacelle de porcelaine est brasquée avec 10^{gr} à 12^{gr} de bore en poudre. On dispose sur le bore, 100^{gr} de métal, et l'on chauffe dans un tube de porcelaine traversé par un courant très lent d'hydrogène pur et sec.

Quel que soit le mode de chauffage employé, on obtient un culot métallique cassant, formé de borure cristallin, en présence d'un excès de métal. Lorsque l'on a opéré au four électrique, la cristallisation est plus confuse.

Les culots métalliques sont concassés et attaqués par l'acide nitrique étendu de son volume d'eau. Pour le cobalt, on peut même prendre l'acide concentré du commerce. Lorsque l'attaque est terminée, il reste un borure cristallisé, le plus souvent en prismes, ayant le même aspect que le composé correspondant du fer. Le borure est ensuite lavé à l'eau distillée, puis à l'alcool et à l'éther. Il est enfin séché rapidement à l'étuve, car ces composés sont très altérables par l'air humide.

Propriétés physiques. — Les borures de cobalt et de nickel se présentent en prismes brillants de plusieurs millimètres de longueur. La densité du borure de cobalt à $+ 18°$ est de 7,24. Celle du borure de nickel 7,39. Ces deux composés rayent le quartz avec difficulté : ils sont magnétiques.

Propriétés chimiques. — Le chlore attaque ces deux borures au-dessus du rouge sombre avec incandescence ; il se dégage du chlorure de bore et il se forme un sublimé de couleur jaune pour le nickel et bleue pour le cobalt. Avec le brome, l'attaque a lieu au rouge naissant, mais elle est peu énergique. Le bromure de bore distille, et il reste un résidu vert dans le cas du cobalt et jaune pour le nickel. Les borures de nickel et de cobalt, préparés au four électrique, sont à peine attaqués par l'iode au point du ramollissement du verre. Au contraire, les mêmes composés, préparés au four à réverbère, sont nettement attaqués dans des conditions identiques.

A la température ordinaire, ces borures sont indécomposables par l'oxygène ou par l'air sec, mais ils s'altèrent rapidement au contact de l'air humide et surtout en présence de l'acide carbonique. Au-dessus du rouge sombre, ces borures brûlent avec éclat dans l'oxygène pur. Ils sont attaqués par la vapeur de soufre vers 700° avec incandescence.

A son point de fusion, le chlorate de potassium est sans action, mais si l'on élève la température, il attaque ces borures avec un grand dégagement de chaleur. Il en est de même pour l'azotate de potassium en fusion, qui réagit cependant moins violemment et sans incandescence. Un mélange d'azotate et de carbonate de sodium produit une transformation complète, en oxyde noir et borate alcalin. Les carbonates alcalins et les alcalis en fusion dissolvent les borures sans incandescence.

Sous l'action d'un courant de vapeur d'eau au rouge sombre, les borures de nickel et de cobalt sont décomposés, produisent un oxyde, et l'acide borique est entraîné par l'excès de vapeur d'eau.

L'acide chlorhydrique, surtout dilué, a peu d'action sur ces borures. L'acide nitrique, au contraire, les attaque vivement et l'action d'un mélange d'acide chlorhydrique et d'acide nitrique est très violente. L'acide sulfurique étendu ne produit pas d'attaque, tandis que l'acide concentré à chaud dégage de l'acide sulfureux.

Analyses. — 1° Le borure a été attaqué dans l'appareil à dosage du bore par l'acide nitrique étendu. L'acide borique, entraîné par l'alcool méthylique, a été pesé sous forme de borate de chaux en suivant les précautions que nous avons indiquées précédemment.

Le nickel et le cobalt, entrés en solution nitrique, ont été précipités par la potasse sous forme d'oxyde, lavés par décantation à l'eau bouillante, et pesés ensuite à l'état métallique après réduction par l'hydrogène.

2° Le borure a été attaqué par un mélange de nitrate et de carbonate de potassium. On reprend par l'eau; le cobalt ou le nickel reste insoluble sous forme d'oxyde et l'on pèse le métal. Le borate de potassium est introduit dans l'appareil à dosage du bore additionné d'acide azotique et l'analyse est continuée ainsi que nous l'avons indiqué plus haut.

Nous avons obtenu dans ces conditions les chiffres suivants en partant
des poids atomiques $Ni = 58.6$ et $Co = 58,7$:

	1.	2.	3.	THÉORIE pour Bo Ni
Nickel....	85,45	85,11	84,12	84,19
Bore.....	14,51	14,88	14.43	15,81

	1.	2.	3.	4.	THÉORIE pour Bo Co
Cobalt..	83,68	84,06	83,85	85,37	84.22
Bore...	15,89	16,04			15.78

CONCLUSIONS. — Les borures de nickel, Bo Ni et de cobalt
Bo Co s'obtiennent donc facilement cristallisés à partir de 1200°.
Ces nouveaux composés ont des propriétés analogues à celles du
borure de fer que nous avons décrit précédemment. Ces borures permettront de faire passer le bore dans un métal tel que le
fer, puisque à haute température, ainsi que nous l'avons démontré (1), le bore et le silicium déplacent le carbone d'une fonte
en fusion.

C. — **Borure de carbone**.

Dans l'action de l'arc électrique (2) sur le bore, le silicium et
le carbone, nous avons déjà appelé l'attention sur l'existence de
composés nouveaux, cristallisés produits à très haute température, possédant une stabilité telle, qu'ils sont inattaquables par
la plupart de nos réactifs, et ayant une dureté assez grande
pour être voisine, égale, ou même supérieure, à celle du diamant.
Nous avons déjà donné précédemment plusieurs procédés de

(1) H. MOISSAN. Déplacement du carbone par le bore et le silicium dans la fonte en
fusion. *Comptes rendus*, t. CXIX, p. 1172.
(2) H. MOISSAN. Action de l'arc électrique sur le diamant, le bore amorphe et le silicium cristallisé. *Comptes rendus*, t. CXVII, p. 423.

préparation du siliciure de carbone (1) et nous décrirons maintenant un nouveau composé similaire, le borure de carbone.

Wöhler et Deville (2) ont indiqué en 1857 l'existence d'une variété de bore à laquelle ils ont donné le nom de *bore adamantin*. M. Hampe (3) reprenant cette expérience, a démontré qu'on se trouvait en présence d'un mélange de différents composés renfermant en particulier un borure d'aluminium et un carbo-borure d'aluminium, tous les deux définis et cristallisés.

Dans des recherches plus récentes sur le même sujet, M. Joly (4) a pu isoler dans ce mélange une petite quantité d'un borure de carbone dans lequel le dosage du carbone, après attaque par le chlore, l'a conduit à la formule Bo^6C.

Lorsque l'on fait réagir le bore sur le carbone, à la température du four électrique il se forme deux borures ; l'un stable, l'autre attaquable par le mélange de chlorate de potassium et d'acide azotique. Le premier répond à la formule Bo^6C ; c'est ce composé que nous allons décrire.

Formation. — Ce borure de carbone peut se produire :

1° Lorsque l'on fait jaillir l'arc électrique entre deux charbons agglomérés au moyen d'un mélange d'acide borique et de silicate d'alumine. Dans ces conditions il est toujours souillé de siliciure de carbone.

2° Quand on place une petite quantité de bore au milieu de l'arc électrique jaillissant entre deux électrodes de charbon.

3° En chauffant au four électrique, vers 3000°, du bore pur dans un petit creuset de charbon muni de son couvercle.

<hr>

(1) H. MOISSAN. Préparation et propriétés du siliciure de carbone cristallisé. *Comptes rendus*. t. CXVII, p. 425.

(2) WÖHLER et SAINTE-CLAIRE-DEVILLE. *Annales de chimie et de physique*, 3e série, t. LII, p. 63, 1858.

(3) HAMPE. *Ann. der Chemie*, t. CLXXXIII, p. 75, 1876.

(4) JOLY. Sur le Bore. *Comptes rendus*, t. XCVII, p. 456.

4° Ce borure se forme aussi au milieu des métaux en fusion. Il se produit lorsqu'on chauffe au four électrique, dans un creuset de charbon, un borure de fer riche en bore; on attaque ensuite le culot fondu par l'acide chlorhydrique, puis par l'eau régale; et l'on sépare un résidu noir formé de graphite et de borure de carbone.

Si l'on a employé, pour cette expérience, de la fonte silicieuse le résidu obtenu, après traitement par les acides, est formé par un mélange de borure de carbone et de siliciure de carbone.

5° En soumettant à l'action dissolvante de l'argent et du cuivre chauffés au four électrique, un mélange de charbon de sucre et de bore pur; il se produit, dans ce cas, des cristaux très nets de borure de carbone.

1° *Préparation par union directe du bore et du carbone.* — On chauffe au four électrique, dans un creuset de charbon, un mélange de 66 parties de bore amorphe et de 12 parties de charbon de sucre. Le courant employé mesure 250 à 300 ampères et 70 volts. La réaction est terminée en six ou sept minutes.

Après refroidissement du creuset, on recueille une masse noire, possédant l'aspect du graphite, à cassure brillante, présentant un commencement de fusion. Après attaque prolongée par l'acide nitrique fumant, la matière se désagrège, et il reste une poudre cristalline à laquelle on fait subir six traitements au chlorate de potassium et à l'acide azotique monohydraté. On lave à l'eau puis on sèche.

2° *Préparation par dissolution dans le borure de fer.* — Le fer se combine au bore avec facilité pour produire des borures définis que nous avons décrits précédemment. Lorsque l'on ajoute à du fer un excès de bore et de carbone, et que l'on chauffe le tout au four électrique dans les conditions précédentes, il se forme un culot à cassure très brillante. Après attaque par l'eau régale, le métal abandonne un résidu formé presque entièrement de borure de carbone. Les cristaux, dans ce cas, sont mal définis ; après six attaques au chlorate de potassium, ils ne renferment plus de graphite et leur analyse conduit à l'analyse Bo^{6}C.

3° *Préparation par dissolution dans le cuivre et dans l'argent.* — Le fer dissolvant avec facilité un notable excès de bore, nous avons cherché à employer, dans cette préparation, des métaux qui, au moment où ils se refroidissent, ne forment pas de combinaisons déterminées avec ce métalloïde. L'argent et surtout le cuivre nous ont fourni les meilleurs résultats.

Le borure de carbone, obtenu dans l'argent, après attaque de ce métal par l'acide azotique, est d'une grande pureté, mais sa cristallisation est confuse. Avec le cuivre on obtient des cristaux brillants d'une grande netteté.

· On prépare un mélange intime de bore et de charbon de sucre comme nous l'avons indiqué précédemment (bore 66, carbone 12) et l'on place 15^{gr} de ce mélange dans un creuset de charbon avec 150^{gr} de grosse limaille de cuivre bien pur (1).

La chauffe dure de six à sept minutes, avec un courant de 350 ampères et 70 volts. Quelques instants après, on retire du four un culot malléable, qui a conservé l'aspect du cuivre métallique bien que légèrement noirci à la surface. La fusion se fait très rapidement ; il est facile d'obtenir, en trois heures, la quantité de culots de cuivre nécessaire à la préparation de 200^{gr} environ de borure de carbone.

Une simple attaque par l'acide azotique ordinaire permet d'obtenir le borure très bien cristallisé, et ne renfermant plus qu'une petite quantité de graphite. Pour séparer ce dernier

____

(1) Il faut avoir soin que cette limaille de cuivre ne contienne pas de sable qui fournirait du siliciure de carbone cristallisé.

corps, on fait subir au mélange six à huit attaques au chlorate de potassium sec et à l'acide azotique concentré, puis on le traite par l'acide sulfurique bouillant pendant plusieurs heures. Enfin on le laisse digérer à nouveau avec le mélange de chlorate et d'acide nitrique, on lave à l'eau puis on sèche.

Propriétés. — Ce borure de carbone appartient, comme nous le faisions remarquer plus haut, à la même classe de composés que le siliciure de carbone. Il possède comme lui une grande stabilité et une grande dureté ; le borure de carbone se présente en cristaux noirs, brillants, d'une densité de 2,51.

Le chlore l'attaque au-dessous de 1000°, sans incandescence, ainsi que l'a fait remarquer M. Joly. Il se forme un chlorure de bore et il reste un résidu de carbone poreux très brillant. Le brome et l'iode sont sans action.

Chauffé dans l'oxygène à 500°, il ne produit pas d'acide carbonique, mais à 1000°, il brûle lentement, avec plus de difficulté que le diamant, en fournissant de l'acide carbonique et un résidu noir enduit d'acide borique fondu.

Le soufre ne réagit pas sur le borure de carbone à la température de ramollissement du verre. Il en est de même du phosphore et de l'azote à 1200°. Ce composé est inattaquable par tous les acides. L'acide fluorhydrique concentré, l'acide azotique monohydraté ou leur mélange, ne l'attaque pas à l'ébullition. Chauffé en tube scellé à 150° pendant quatre heures, il n'abandonne rien à l'acide nitrique fumant. Les solutions concentrées d'acide iodique et d'acide chromique sont aussi sans action, soit à l'ébullition, soit en tubes scellés à la température de 150°.

Au rouge sombre, il est attaqué par la potasse en fusion et par un mélange fondu de carbonate de sodium et de potassium.

Le caractère le plus curieux de ce nouveau composé est son excessive dureté ; tandis que le siliciure de carbone arrive péniblement à polir le diamant sans pouvoir le tailler, il nous a été possible de produire des facettes, sur un diamant, au moyen de poussière de borure de carbone.

Ce composé est en effet très friable; on peut l'obtenir en poudre fine dans un mortier d'Abiche neuf, le mélanger d'huile et s'en servir au lieu d'égrisée sur une meule en acier pour la taille des diamants. La dureté de ce borure paraît plus faible que celle du diamant, car l'usure est plus lente, mais les facettes se taillent avec une grande netteté et c'est, avec le carbure de titane, le premier exemple d'un corps défini pouvant user le diamant. La dureté de ce composé est donc bien supérieure à celle du siliciure de carbone.

Analyse. — Dosage du carbone — Nous avons dosé le carbone par deux méthodes différentes : 1º en attaquant la matière par le chlore, en chauffant ensuite la nacelle dans un courant d'hydrogène, et enfin en brûlant le charbon dans un courant d'oxygène; du poids de l'acide carbonique recueilli on déduisait la teneur en carbone.

2º Un poids déterminé de borure de carbone est mélangé de chromate de plomb en grand excès, et chauffé ensuite à haute température dans un tube de porcelaine. On recueille et l'on pèse l'acide carbonique qui donne ainsi la quantité de carbone.

Dosage du bore. — Le borure de carbone est attaqué par un mélange de carbonate de potassium et de sodium dans un creuset de platine; on reprend ensuite par l'eau, on additionne d'acide azotique et le dosage du bore est effectué par l'alcool méthylique et la chaux, d'après la méthode de Gooch (1) et au moyen de l'appareil que nous avons décrit précédemment (2).

Nous avons obtenu les chiffres suivants :

	1.	2.	3.	THÉORIE
Bore.....	84,57	84,19	84,52	84,62
Carbone..	15,60	14,91	15,55	15,38

(1) Gooch. Dosage de l'acide borique. *American Journal*, vol. IX, p. 23, 1887.
(2) H. Moissan. Sur le dosage du bore. *Comptes rendus*, t. CXVI, p. 1087.

CONCLUSIONS

Le four électrique, que nous avons décrit au début de cet ouvrage, nous a permis d'aborder un certain nombre de problèmes insolubles jusqu'ici. Grâce à lui, nous avons pu saturer de carbone la fonte liquide à 3500° et par un refroidissement brusque, obtenir dans ce culot de fonte les variétés de carbone possédant une densité de 3,5.

Nous avons pu reproduire ainsi le diamant noir et le diamant transparent. Ce dernier en octaèdres réguliers, en cubes, en fragments à cristallisation confuse, en gouttes, en cristaux qui se brisent à la longue, soit d'une transparence et d'une limpidité parfaite, soit avec des crapauds, tel qu'on le rencontre dans la nature. Ces cristaux et ces fragments, bien que très petits, sont en tous points semblables à ceux que l'on trouve au Cap et au Brésil.

Il nous a été possible d'établir que, à la pression ordinaire, le bore et le carbone passent de l'état solide à l'état gazeux, sans prendre l'état liquide. Au contraire, sous l'action d'une pression très énergique le carbone devient liquide, sa densité augmente, il fournit la variété diamant.

Au moyen du four électrique, nous avons pu ramener tous les états du carbone, à la forme stable à 3000°, à la pression ordinaire, c'est-à-dire au graphite. Après une étude des différents graphites, nous avons démontré que la stabilité de ces carbones était fonction de la température à laquelle ils avaient été portés ; enfin nous avons préparé la variété foisonnante.

En reculant la limite des températures auxquelles nous soumettons les différents corps, dans le laboratoire, nous avons pu aborder de nouvelles recherches physiques sur la fusion et la volatilisation de quelques corps simples et composés.

Nous avons fondu, avec facilité, la chaux, la magnésie, le molybdène, le tungstène, le vanadium, et le zirconium. En employant un arc de plus en plus intense, nous avons volatilisé en grande quantité, la silice, la zircone, la chaux, l'aluminium, le cuivre, l'or, le platine, le fer, l'uranium, le silicium, le bore et le carbone. Grâce à cette volatilisation, nous avons obtenu les oxydes métalliques cristallisés.

Cette élévation de température nous a permis de généraliser quelques réactions que nous regardions jusqu'ici comme limitées par suite de l'insuffisance de nos moyens d'action.

Au four électrique, les carbonates de baryum et de strontium se dédoublent en acide carbonique et en baryte ou strontiane. Les oxydes que l'on regardait comme irréductibles sont décomposés. Nous avons réduit, par le charbon, l'alumine, la silice, les oxydes alcalino-terreux, les oxydes d'uranium, de vanadium, de zirconium. Les réductions par le charbon, qu'il était difficile d'obtenir dans les fourneaux à vent, vont se faire en quelques minutes dans nos appareils. Je citerai comme exemple la préparation du manganèse, du chrome, du tungstène et du molybdène. Et comme, à cette haute température, les métaux réfractaires deviennent liquides, on peut, sous cette forme, éviter plus facilement l'action de l'oxygène et de l'azote et les obtenir dans un grand état de pureté. Le plus souvent, il est vrai, ils sont combinés au carbone, mais il est facile, par une deuxième fusion, de les affiner et de les obtenir sous forme de lingots qui, pour certains, ne rayent plus le verre et peuvent se travailler à la lime.

Ces nouvelles préparations doivent être exécutées sur des

masses assez grandes. Très souvent nos creusets renfermaient 1000 à 1200 grammes d'oxyde à réduire; le rendement dans ces conditions, devient assez important, et c'est par kilogrammes qu'ont été obtenus tous nos échantillons de laboratoire.

Ces faits nous ont permis de reprendre, dans des conditions toutes nouvelles, l'étude du chrome, du manganèse, du molybdène, du tungstène, de l'uranium, du vanadium et du zirconium.

Lorsque, dans ces expériences, on utilise des courants intenses, on évite parfois la formation d'impuretés qui ne peuvent subsister à cette température élevée. Je citerai, comme exemple, la préparation du titane fondu qui s'obtient exempt d'azote si le four est actionné par un courant de 1200 ampères et 70 volts. Au contraire avec 400 ampères et 60 volts, on ne prépare que de l'azoture de titane.

Nous pensons que ces recherches présenteront de nombreuses applications. Nos différentes méthodes de préparation peuvent entrer avec facilité dans la pratique, et l'industrie des métaux pourra en tirer quelque utilité.

Il ne faut pas oublier que ces métaux réfractaires, que l'on obtient si facilement au four électrique, peuvent aussi se préparer, unis à l'aluminium, ainsi que nous l'avons démontré, lorsque l'on réduit leurs composés oxygénés par ce métal.

On peut employer les alliages d'aluminium et de ces métaux réfractaires pour faire passer le corps réfractaire dans un métal quelconque, dont on enlèvera ensuite, avec facilité, l'excès d'aluminium.

Ce nouveau procédé de préparation des alliages et le four électrique permettront d'obtenir des bains métalliques nouveaux et dans des conditions bien déterminées.

Un certain nombre de ces métaux réfractaires fourniront vraisemblablement des alliages intéressants.

Le four électrique nous a permis d'aborder l'étude de plusieurs séries nouvelles de composés cristallisés. Nous voulons parler des borures, des siliciures et des carbures.

Ces composés ont des formules peu complexes; à une température très élevée, il ne se forme le plus souvent qu'une seule combinaison. Cette chimie des hautes températures est une chimie simple.

Les siliciures sont des corps d'une grande dureté dont quelques-uns, tels que ceux de bore et de titane, peuvent user le diamant tendre.

Certains métaux fondus n'ont pas d'action sur le carbone à leur température d'ébullition : l'or et le bismuth, par exemple.

D'autres dissolvent le carbone à haute température et l'abandonnent ensuite sous forme de graphite, avant leur point de solidification : tels les métaux de la famille du platine.

Enfin un grand nombre de métaux forment, avec le charbon, des composés définis et cristallisés.

Ces carbures peuvent se diviser en deux classes. La première renfermera les corps qui décomposent l'eau à froid : carbures alcalins et alcalino-terreux, carbures d'aluminium, de glucinium, de cérium, de lanthane, de thorium, etc... La seconde sera formée des carbures stables, produits par le chrome, le molybdène, le tungstène et le titane par exemple.

Les carbures, décomposables par l'eau froide, fournissent, ainsi que nous l'avons établi, tantôt un seul carbure d'hydrogène dans un grand état de pureté : lithium, calcium, aluminium ; tantôt un mélange d'hydrogène et de méthane : manganèse ; tantôt enfin, un mélange plus complexe d'acétylène, de méthane, d'éthylène et d'hydrogène : thorium. Mais le phénomène le plus curieux, nous est présenté par la décomposition, en présence de l'eau, des carbures de cérium ou d'uranium. Dans ce cas, non seulement il se produit un mélange de carbures gazeux, mais il se forme une notable quantité de carbures liquides et solides.

Ces nouvelles réactions ont joué évidemment un rôle capital dans la formation géologique des carbures gazeux naturels, des schistes et des pétroles. Elles permettront, peut-être, d'expliquer aussi les manifestations des centres volcaniques accompagnées d'émanations carburées gazeuses, liquides et solides. Enfin ces carbures ont dû avoir une grande importance dans les premières réactions pyrogénées qui se sont passées à la surface de la terre.

Le carbone de tous nos composés organiques actuels a dû se trouver originairement combiné aux métaux sous forme de carbures métalliques. Il est vraisemblable pour nous, que ce sont ces composés qui peuvent subsister dans les astres à température élevée. Nous ajouterons que, pour cette même période, l'azote devait se rencontrer sous forme d'azotures métalliques, tandis que vraisemblablement l'hydrogène existait en grande quantité à l'état de liberté, dans un milieu gazeux complexe renfermant peu de carbures d'hydrogène et de composés cyanés. Le four électrique semble bien réaliser les conditions de cette époque géologique reculée.

BIBLIOGRAPHIE

Des travaux de **M**. **MOISSAN** sur le **Four** électrique.

Notes publiées aux **Comptes rendus des séances de l'Académie des Sciences.**

1892

Description d'un nouveau four électrique, t. CXV, p. 1031.
Action d'une haute température sur les oxydes métalliques, t. CXV, p. 1034.

1893

Sur la préparation du carbone sous une forte pression, t. CXVI, p. 218.
Étude de la météorite de Cañon Diablo, t. CXVI, p. 288.
Sur la présence du graphite, du carbonado et de diamants microscopiques dans la terre bleue du Cap, t. CXVI, p. 292.
Sur la préparation de l'uranium à haute température, t. CXVI, p. 347.
Préparation rapide du chrome et du manganèse à haute température, t. CXVI, p. 349.
Analyse des cendres du diamant, t. CXVI, p. 458.
Sur quelques propriétés nouvelles du diamant, t. CXVI, p. 460.
Sur un four électrique (en collaboration avec M. VIOLLE), t. CXVI, p. 549.
Sur la préparation d'une variété de graphite foisonnant, t. CXVI, p. 608.
Sur la volatilisation de la silice de la zircone et sur la réduction de ces composés par le charbon, t. CXVI, p. 1222.
Préparation au four électrique de quelques métaux réfractaires: tungstène, molybdène, vanadium, t. CXVI, p. 1225.
Recherches sur le fer d'Orifak, t. CXVI, p. 1269.
Étude de quelques phénomènes nouveaux de fusion et de volatilisation produits au moyen de la chaleur de l'arc électrique, t. CXVI, p. 1429.
Action de l'arc électrique sur le diamant, le bore amorphe et le silicium cristallisé, t. CXVII, p. 423.
Préparation et propriétés du siliciure de carbone cristallisé, t. CXVII, p. 425.
Sur un nouveau modèle de four électrique à réverbère et à électrodes mobiles, t. CXVII, p. 679.

1894

Nouvelles expériences sur la reproduction du diamant, t. CXVIII, p. 320.
Carbure de calcium cristallisé, propriétés de ce nouveau corps, t. CXVIII, p. 501.
Détermination de la densité de la magnésie fondue, t. CXVIII, p. 506.
Préparation et propriétés du borure de carbone, t. CXVIII, p. 556.
Étude des carbures cristallisés de baryum et de strontium, t. CXVIII, p. 683.
Impuretés de l'aluminium industriel, t. CXIX, p. 12.
Préparation du carbure d'aluminium cristallisé, t. CXIX, p. 16.
Nouvelles recherches sur le chrome, t. CXIX, p. 185.
Sur la vaporisation du carbone, t. CXIX, p. 776.
Réduction de l'alumine par le carbone, t. CXIX, p. 423.
Études des différentes variétés de graphite, t. CXIX, p. 976.
Déplacement du carbone par le bore et le silicium dans la fonte en fusion, t. CXIX, p. 1172.
Étude des graphites du fer, t. CXIX, p. 1245.

1895

Préparation au four électrique de graphites foisonnants, t. CXX, p. 17.
Préparation et propriétés du borure de fer, t. CXX, p. 173.
Préparation et propriétés du titane, t. CXX, p. 290.
Préparation et propriétés du molybdène pur fondu, t. CXX, p. 1320.
Réduction de la silice par le carbone, t. CXX, p. 1393.
Sur un échantillon de carbon noir du Brésil, t. CXXI, p. 449.
Étude de quelques météorites, t. CXXI, p. 483.
Étude du graphite extrait d'une pegmatite, t. CXXI, p. 538.
Étude de quelques variétés de graphite, t. CXXI, p. 540.
Action du silicium sur le fer, le chrome et l'argent, t. CXXI, p. 621.
Sur la présence du sodium dans l'aluminium préparé par électrolyse, t. CXXI, p. 794.
Analyse de l'aluminium et de ses alliages, t. CXXI, p. 851.

1896

Étude du carbure d'uranium, t. CXXII, p. 274.
Préparation et propriétés du carbure de cérium, t. CXXII, p. 357.
Sur le carbure de lithium, t. CXXII, p. 362.
Sur le carbure de manganèse, t. CXXII, p. 421.
Étude des borures de nickel et de cobalt, t. CXXII, p. 424.
Sur les carbures d'yttrium et de thorium, t. CXXII, p. 573 (en collaboration avec M. ETARD).
Sur un nouveau carbure de zirconium, t. CXXII, p. 651 (en collaboration avec M. LENGFELD).

Préparation et propriétés de l'uranium, t. CXII, p. 1088.
Étude de la fonte et du carbure de vanadium, t. CXXII, p. 1297.
Sur une nouvelle méthode de préparation des alliages d'aluminium, t. CXXII, p. 1302.
*Sur la formation des carbures d'hydrogène gazeux liquides et solides par l'action de
l'eau sur les carbures métalliques. — Classification des carbures*, t. CXXII, p. 1462.
Recherches sur le tungstène, t. CXXIII, p. 13.
Sur la solubilité du carbone dans le rhodium, l'iridium et le palladium, t. CXXIII,
p. 16.
Étude du carbure de lanthane, t. CXXIII, p. 148.
Sur quelques expériences relatives à la préparation du diamant, t. CXXIII, p. 206.
Étude du diamant noir, t. CXXIII, p. 210.
Étude des sables diamantifères du Brésil. t. CXXIII, p. 277.

MÉMOIRES PUBLIÉS AUX **Annales de chimie et de physique**.

1895

Action d'une haute température sur les oxydes métalliques, 7ᵉ série, t. IV, p. 136.
Sur quelques modèles nouveaux de fours électriques à réverbère et à électrodes mobiles,
7ᵉ série, t. IV, p. 365.

1896

Recherches sur les différentes variétés de carbone (premier mémoire). Étude du carbone
amorphe, 7ᵉ série, t. VIII, p. 289.
Recherches sur les différentes variétés de carbone (deuxième mémoire). Étude du gra-
phite, 7ᵉ série, t. VIII. p. 305.
Recherches sur les différentes variétés de carbone (troisième mémoire.) Reproduction
du diamant, 7ᵉ série, t. VIII, p. 466.
Préparation du chrome pur au four électrique, 7ᵉ série, t. VIII, p. 559.
Recherches sur le tungstène, 7ᵉ série. t. VIII, p. 570.
Sur la volatilisation de quelques corps réfractaires, 7ᵉ série, t. VIII, p. 133.
Préparation et propriétés du titane, 7ᵉ série, t. IX, p. 229.
Préparation et propriétés du molybdène pur fondu, 7ᵉ série, t. IX, p. 238.
Préparation et propriétés des carbures alcalino-terreux cristallisés, 7ᵉ série, t. IX, p. 247.
Préparation et propriétés de l'uranium, 7ᵉ série, t. IX, p. 264.
Étude de quelques borures, 7ᵉ série, t. IX, p. 264.
Sur la préparation du manganèse au four électrique, 7ᵉ série, t. IX, p. 286.
Étude de quelques composés du silicium, 7ᵉ série, t. IX, p. 289.
Sur la préparation du silicium au four électrique, 7ᵉ série, t. IX, p. 300.
Étude de quelques carbures métalliques décomposables par l'eau froide, 7ᵉ série, t. IX,
p. 302.
Recherches sur l'aluminium, 7ᵉ série, t. IX, p. 337.

TABLE DES MATIÈRES

—

ERRATA

P. 36, ligne 11, *à la place de* : 75 ampères et 250 volts, *lire* : 75 volts et 250 ampères.
P. 40, ligne 12, *à la place de* : C_2O^3, CaO, *lire* : Cr_2O^3, CaO.
P. 51, ligne 4, *à la place de* : rayent le fer, *lire* : rayent le verre.
P. 66, ligne 24, *à la place de* : plomb, *lire* : plomb, mercure, etc.
P. 130, ligne 22, *à la place de* : $0^{mm}{,}5$, *lire* : $0^{mgr}{,}5$.
P. 131, ligne 10, *à la place de* : $0^{mm}{,}5$, *lire* : $0^{mgr}{,}5$.
P. 132, ligne 10, *à la place de* : 50 ^{mgr} à 100^{mgr}, *lire* : 10^{mgr} à 500^{mgr}.
P. 143, ligne 12, *à la place de* : ne fond que, *lire* : ne font que.

IMPRIMERIE LEMALE ET Cie, HAVRE

www.ingramcontent.com/pod-product-compliance
Lightning Source LLC
LaVergne TN
LVHW020602180726
843502LV00002B/334